数据安全与隐私保护丛书

U0277492

身份基类哈希证明系统的构造及应用

周彦伟　著

西安电子科技大学出版社

内 容 简 介

本书主要介绍身份基类哈希证明系统的构造及其在抗泄露密码机制方面的应用。全书共7章，第1章介绍身份基类哈希证明系统的研究动机及目标、研究现状与进展等，第2章介绍相关的数学基础及密码技术，第3章介绍身份基哈希证明系统及其构造方法，第4章介绍可更新身份基哈希证明系统及其构造方法，第5章介绍双封装密钥身份基哈希证明系统及其构造方法，第6章介绍基于最小假设构造抗泄露身份基加密机制的通用方法，第7章介绍身份基加密机制挑战后泄露容忍性的实现方法。

本书可作为网络空间安全、密码科学与技术等专业高年级本科生和研究生相关课程的教材，也可作为相关科研人员和工程技术人员的参考用书。

图书在版编目(CIP)数据

身份基类哈希证明系统的构造及应用 / 周彦伟著. --西安：西安电子科技大学出版社，2023.12

ISBN 978-7-5606-6984-7

Ⅰ.①身… Ⅱ.①周… Ⅲ.①密码学—机器证明—研究 Ⅳ.①TN918.4

中国国家版本馆CIP数据核字(2023)第179093号

策　　划　刘小莉
责任编辑　武翠琴
出版发行　西安电子科技大学出版社(西安市太白南路2号)
电　　话　(029)88202421　88201467　　邮　　编　710071
网　　址　www.xduph.com　　电子邮箱　xdupfxb001@163.com
经　　销　新华书店
印刷单位　陕西日报印务有限公司
版　　次　2023年12月第1版　2023年12月第1次印刷
开　　本　787毫米×1092毫米　1/16　印张　9.75
字　　数　219千字
定　　价　36.00元
ISBN 978-7-5606-6984-7/TN
XDUP　7286001-1

＊＊＊如有印装问题可调换＊＊＊

序　言

信息化的发展是一把双刃剑，受益与风险共存，从计算机广泛应用到互联网诞生，网络与数据安全攻击从未停止过，安全事件频繁发生。针对这种形势，我国于2014年成立了“中央网络安全和信息化领导小组”，网络空间安全被提升到国家安全的战略高度；2018年，领导小组升格为“中国共产党中央网络安全和信息化委员会”，网络空间安全战略高度再次全面提升。从国家战略到学科建设，从关键信息基础设施到普通民用设施，网络与数据安全获得了前所未有的重视，成为公众、企业和监管部门所关注的重点领域。近几年，国家陆续出台了《中华人民共和国网络安全法》《中华人民共和国密码法》《中华人民共和国数据安全法》《中华人民共和国个人信息保护法》，从多维度构建了网络与数据安全领域的法律保障体系。

随着云计算、大数据、人工智能、移动物联网和区块链等技术的快速发展和深度应用，隐私泄露问题愈演愈烈，数据安全风险日益加剧，各种数据安全事件和隐私泄露事件屡屡发生。为此，学术界和产业界一直在探索以隐私保护为核心的隐私计算技术，其中密码技术仍然是数据安全的核心基础。近年来，以差分隐私、数据泛化为主流的隐私保护算法和以同态密码、安全多方计算为代表的密码算法，构成了数据安全与隐私保护的重要技术基础。然而，数字经济的发展不断催生出新技术、新产业、新业态、新模式，发展与安全的协调、应用与监管的规范和公平与效率的统一，成为新时代数字经济发展面临的挑战，构建集技术、标准和法律于一体的数据安全解决方案已迫在眉睫。从技术的角度，密态数据计算下的“数据可用不可见”和联邦学习下的“模型动数据不动”，成为学术界和产业界关注的热点。如何从多维度、多渠道推进数据安全与隐私保护技术的研究、应用和产业化，是当前学术界和产业界所面临的重要任务。

“数据安全与隐私保护丛书”旨在为各行各业的科技工作者、管理工作者和企业技术人员提供一套较为完整的基础丛书，帮助读者较为系统地学习网络与数据安全方面的相关理论、算法和技术，了解新的发展趋势和技术应用。本丛书包括身份基类哈希证明系统、差分隐私、属性密码、区块链、云数据安全存储、可搜索加密、基因数据、关系图数据、空间数据等隐私保护理论与方法，以及与隐私管理相关的理性隐私计算与法律等内容。本丛书的主要特色是突出了现代基础理论与算法，融入了作者最新的研究成果，展现了最新的发展趋势，提供了具体的解决方案。本丛书可作为信息安全、网络空间安全、密码科学与技术等专业的本科生和研究生的学习教材，也可以作为科技工作者的参考资料，还可以作为企业技术研发人员和监管部门管理人员的学习材料。

本丛书从规划到逐步完成，要感谢贵州大学和陕西师范大学两支密码学与数据安全团队的全程协作，要感谢国家自然科学基金项目和其他相关科研项目的资助，要感谢所有作者们的辛勤撰写和研究生团队的资料收集，要感谢中国保密协会隐私保护专委会的支持，更要感谢为本丛书评审和提出宝贵建议的专家和学者。最后，衷心感谢西安电子科技大学出版社的领导和编辑，他们的支持和辛勤工作是本丛书得以出版的重要基础。

“数据安全与隐私保护丛书”编委会

2023 年 2 月

“数据安全与隐私保护丛书”编委会

主任委员

马建峰　西安电子科技大学　教授

副主任委员

彭长根　贵州大学　教授

吴振强　陕西师范大学　教授

委员（按姓氏拼音排序）

谷大武　上海交通大学　教授

何德彪　武汉大学　教授

黄欣沂　福建师范大学　教授

纪守领　浙江大学　教授

李洪伟　电子科技大学　教授

李　进　广州大学　教授

林东岱　中国科学院信息工程研究所　研究员

罗　平　清华大学　教授

沈　剑　南京信息工程大学　教授

向　涛　重庆大学　教授

徐茂智　北京大学　教授

赵运磊　复旦大学　教授

前　言

哈希证明系统是一个非常实用的密码基础工具，自2002年由Cramer和Shoup提出以来，在密码学领域得到了广泛的关注和应用。哈希证明系统的概念被推广到身份基密码体制中以后，研究者提出了称为身份基哈希证明系统的新密码工具。随后，以身份基哈希证明系统为底层工具又提出了抗泄露身份基加密机制的通用构造方法。然而，上述方法仅能抵抗有界的泄露攻击，并且仅具有选择明文攻击的安全性。为了抵抗现实环境中普遍存在的连续泄露攻击，在身份基哈希证明系统的基础上提出了新密码工具——可更新身份基哈希证明系统。目前，研究者通常基于非交互式零知识论证系统、一次性损耗滤波器、一次性签名等底层密码工具来提出选择密文安全的抗泄露身份基加密机制和公钥加密机制的通用构造方法。然而，由于底层密码工具的计算效率较低，导致上述的通用构造方法尚未达到理想的计算效率。为进一步提高计算效率，研究者提出了双封装密钥身份基哈希证明系统的新密码工具。特别地，本书将身份基哈希证明系统、可更新身份基哈希证明系统和双封装密钥身份基哈希证明系统这三个密码工具统称为身份基类哈希证明系统。

本书重点介绍身份基类哈希证明系统及其在抗泄露密码机制构造方面的应用，分别对哈希证明系统、身份基哈希证明系统、可更新身份基哈希证明系统和双封装密钥身份基哈希证明系统进行介绍，并从安全模型、实例构造和安全性证明等方面进行了详细阐述。除此之外，本书还详细介绍了上述密码工具在抗泄露密码机制方案构造方面的应用。

本书的内容安排如下：

第1章简要介绍了身份基类哈希证明系统的研究动机及目标，对其当前的研究现状与进展进行了描述，同时还概述了身份基类哈希证明系统在抗泄露的身份基加密机制、选择密文安全的高效加密机制等方面的应用情况。

第2章详细介绍了本书所使用的相关数学理论和密码学基础技术，包括哈希函数、强随机性提取器、区别引理、复杂性假设、卡梅隆哈希函数、一次性损耗滤波器、非交互式零知识论证和消息验证码等。

第3章详细介绍了身份基哈希证明系统的形式化定义及安全模型，并分别在选择身份安全模型和适应性安全模型下对相应的实例进行了介绍，同时给出了有效封装密文与无效封装密文不可区分性的形式化证明过程。此外，本章还介绍了以身份基哈希证明系统为底层工具设计泄露容忍的可撤销身份基加密机制的通用构造方法。

第4章详细介绍了可更新身份基哈希证明系统的形式化定义及安全模型，并分别在选择身份安全模型和适应性安全模型下对相应的实例进行了介绍。此外，本章还介绍了以可更新身份基哈希证明系统为底层工具设计连续泄露容忍的身份基加密机制的通用构造方法。

第 5 章详细介绍了双封装密钥身份基哈希证明系统的形式化定义及安全模型，并分别在选择身份安全模型和适应性安全模型下对相应的实例进行了介绍。此外，本章还介绍了以双封装密钥身份基哈希证明系统为底层工具设计新型的具有选择密文安全性和泄露容忍性的身份基加密机制和公钥加密机制的通用构造方法。

第 6 章详细介绍了身份基类哈希证明系统的通用构造方法，分别设计了具有自适应安全性的身份基哈希证明系统、可更新身份基哈希证明系统和双封装密钥身份基哈希证明系统，并对相应构造中有效封装密文与无效封装密文的不可区分性进行了形式化证明。

第 7 章详细介绍了身份基加密机制挑战后泄露容忍性的实现方法，提出了身份基加密机制熵泄露容忍性的属性要求和安全性定义，并在状态分离模型中联合熵泄露容忍的身份基加密机制和二源提取器设计了具有挑战后泄露容忍性的身份基加密机制，并对上述构造在选择明文攻击下的安全性进行了形式化证明。

本书在编写过程中得到了博士生导师杨波教授的大力支持和帮助，在此表示感谢。此外，本书的出版得到国家自然科学基金(62272287)、陕西师范大学优秀学术著作出版资助基金和中央高校基本科研业务费专项资金(GK202301009)的资助，在此表示感谢。

由于作者水平有限，书中不足之处在所难免，敬请广大读者批评指正。

作　者

2023 年 2 月

目　录

第1章 绪　论

本章主要介绍身份基类哈希证明系统的研究动机及目标，并详细分析身份基类哈希证明系统的研究现状与进展。此外，本章还以抗泄露密码机制的构造为例，概述了身份基类哈希证明系统在密码机制构造方面的应用前景。

1.1 身份基类哈希证明系统的研究动机及目标

传统密码机制均在理想的安全模型中对其相应的安全性进行了证明，其中该理想的安全模型均假设任意的敌手仅能接触密码机制特定的输入和输出，无法获知密码机制运行过程中的任何内部秘密信息，如随机数、用户私钥等。然而，现实环境中往往存在各种各样的泄露攻击(如边信道、冷启动等)，使得敌手能够获得密码机制内部参与者的部分秘密信息，导致在传统理想安全模型下被证明为安全的密码机制在现实环境中不再保持其所声称的安全性。为了进一步增强密码机制的实用性，提升其抵抗泄露攻击的能力，需要研究抵抗泄露攻击的密码机制。

近年来，为了缩短实际应用需求与理论研究成果之间的差距，抗泄露密码机制的研究已引起研究者的广泛关注，即在内部秘密信息存在部分泄露的前提下，设计仍然能够保持安全性的密码机制，抗泄露密码机制的设计已成为当前该领域的热点研究问题。

为得到抗泄露攻击的公钥加密(Public-Key Encryption，PKE)机制，研究者使用哈希证明系统(Hash Proof System，HPS)[1]和强随机性提取器提出了构造选择明文攻击(Chosen Plaintext Attacks，CPA)安全的抗泄露 PKE 机制的通用方法[2]；随后，具有选择密文攻击(Chosen Ciphertext Attacks，CCA)安全性的抗泄露 PKE 机制的通用构造方法相继被提出[3, 4]；此外，研究者还对基于 HPS 实现 PKE 机制抗连续泄露攻击的方法进行了讨论。

类似地，为了方便研究身份基密码机制的泄露容忍性，研究者相继提出了身份基哈希证明系统、可更新身份基哈希证明系统和双封装密钥身份基哈希证明系统等密码工具，本书将这些工具统称为身份基类哈希证明系统。由于身份基类哈希证明系统是构造抗泄露身份基密码机制的核心工具，因此本书将对这些工具的形式化定义、安全模型和具体的实例构造进行详细介绍。此外，还将介绍基于上述工具构造抗泄露身份基加密(Identity-Based Encryption，IBE)机制、抗连续泄露 IBE 机制、具有 CCA 安全性的抗泄露 IBE 机制和抗挑战后泄露攻击的 IBE 机制等密码机制的方法，并对相应的安全性进行形式化证明。

1.2 身份基类哈希证明系统的研究现状与进展

2002年，Cramer和Shoup[1]提出了称为哈希证明系统的新密码工具，并基于HPS构造了具有CCA安全性的PKE机制。后来，Naor和Segev[2]提出了泄露容忍的CPA安全性和泄露容忍的CCA安全性，并基于HPS和强随机性提取器(Strong Randomness Extractor，Ext)设计了具有CPA安全性的抗泄露PKE机制。对于一个加密机制而言，CCA安全性是一个非常实用且重要的安全属性，为进一步提高抗泄露PKE机制的实用性，Qin等人[3,4]基于HPS和一次性损耗滤波器(One-Time Lossy Filter，OT-LF)设计了具有CCA安全性的抗泄露PKE机制的通用构造方法，并针对该方法提出了相应的实例化方案，具体的设计思路如图1-1所示。其中，HPS输出的封装密钥k经Ext处理后得到k'，然后通过异或操作$c_2=k'\oplus M$对明文消息M进行掩盖；此外，使用OT-LF对相应的密文元素c_1和c_2进行关联性处理，并生成相应的合法性验证元素v，达到防止密文$C=(c_1, c_2, v)$扩张的目的。

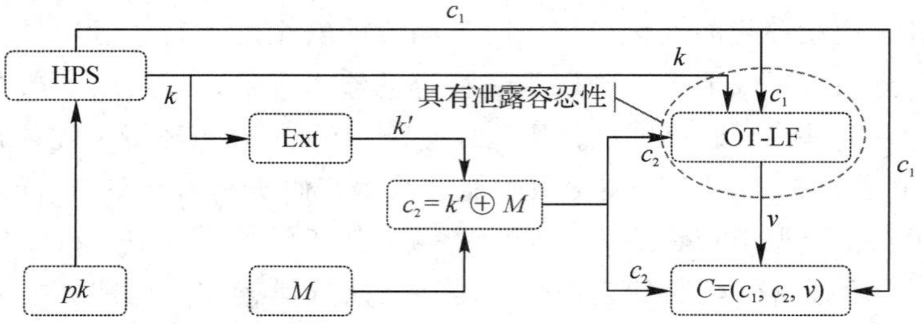

图1-1 具有CCA安全性的抗泄露PKE机制

特别地，PKE机制实现CCA安全性的方法通常有两种：① CPA安全的PKE机制结合非交互式零知识(Non-Interactive Zero-Knowledge，NIZK)证明系统；② 基于平滑的HPS机制。因此，CPA安全的抗泄露PKE机制结合NIZK证明系统能够得到CCA安全的抗泄露PKE机制。此外，Canetti、Halevi和Katz[5]提出了基于选择安全的IBE机制和强一次性签名(One-Time Signature，OTS)构造CCA安全的PKE机制的方法(简称CHK转换)；相类似地，基于该方法的思路也可以通过IBE机制构造抗泄露的PKE机制。然而，Boneh和Katz[6]指出CHK转换尚未达到最佳的计算效率，并提出了相应的改进方法(简称BK转换)。

由于连续泄露模型中敌手能够进行持续的泄露攻击，使得具有连续泄露容忍的密码机制更加接近现实环境的实际应用需求，因此Dodis等人[7]详细介绍了连续泄露模型中敌手攻击能力的定义，同时给出了连续泄露模型与有界泄露模型之间的转换联系。基于文献[7]提出的转换策略，Yang等人[8]提出了一个新的密码学原语，称为可更新哈希证明系统(Updatable Hash Proof System，U-HPS)，并基于该原语构造了抗连续泄露的PKE机制，该方法的具体思路如图1-2所示。其中，U-HPS输出的封装密钥k经Ext处理后得到k'，然后用其来掩盖明文消息M；且U-HPS的密钥更新算法将对应的秘密钥sk进行更新，产生新的秘密钥sk'，使得敌手所收集的对sk的泄露信息对sk'而言是不起作用的，因此敌手

需要重新收集关于 sk' 的泄露信息，由此可达到抵抗连续泄露攻击的目的。

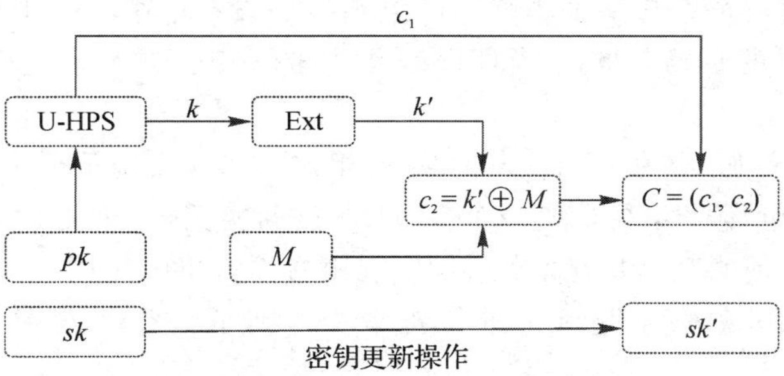

图 1-2　抗连续泄露的 PKE 机制

2010 年，Alwen 等人[9]将 HPS 的概念扩展到基于身份的密码学中，提出了一个新的密码工具——身份基哈希证明系统(Identity-Based Hash Proof System，IB-HPS)，并基于 IB-HPS 和 Ext 提出了具有 CPA 安全性的抗泄露 IBE 机制的通用构造方法。使用 IB-HPS 可以更加简单且高效地构造多种密码机制，而且这些方案普遍具有抗密钥泄露攻击、身份匿名等优良的隐私保护性质。由于具备隐私保护的应用价值，IB-HPS 自提出以来，在国内外密码学领域受到了广泛关注。IB-HPS 中有两个核心问题：子集合成员关系问题和投影哈希函数的构造问题。其中，子集合成员关系问题是指一个全集合 $\mathcal{C}$ 的子集 $\mathcal{V}$ 中的元素与另外一个子集 $\mathcal{V}'$ 中的元素是计算不可区分的；投影哈希函数需要具备两个性质，即投影性和光滑性。投影性是指在以子集 $\mathcal{V}$ 中的元素作为输入时，投影哈希函数有公开和私有两种不同的计算方式，但这两种计算方式得到的结果是相同的。光滑性是指在以子集 $\mathcal{V}'$ 中的元素作为输入时，投影哈希函数的输出值与相应的均匀分布是统计不可区分的。在实际使用中，用户直接使用子集 $\mathcal{V}$ 中的元素作为投影哈希函数的输入，但在安全性证明过程中需要将子集 $\mathcal{V}$ 中的元素替换为子集 $\mathcal{V}'$ 中的元素作为投影哈希函数的输入，从而证明所构造的密码机制的安全性。

同年，Chow 等人[10]基于判定型双线性 Diffie-Hellman(Decisional Bilinear Diffie-Hellman，DBDH)假设，设计了三个 IB-HPS 的具体实例。其中，第一个方案基于选择身份安全的 Boneh-Boyen IBE 机制[11]，第二个方案基于全安全的 Waters IBE 机制[12]，这两个方案基于的复杂性假设都是 DBDH 假设；第三个方案基于 Lewko-Waters IBE 机制[13]，达到了全安全且具有较短的公开参数，其安全性基于合数阶双线性群上的静态安全性假设。此外，Chow 等人[10]基于 IB-HPS 设计了抗泄露 IBE 机制的通用构造方法，具体思路如图 1-3 所示。其中，IB-HPS 输出的封装密钥 k 经 Ext 处理后得到 k'，然后通过异或操作 $c_2=k'\oplus M$ 来掩盖明文消息 M。

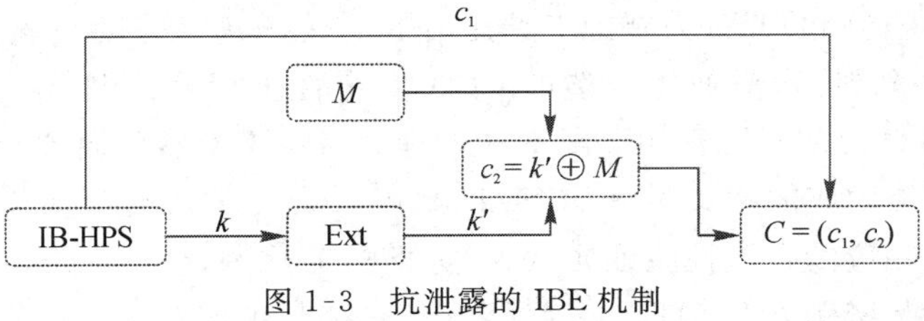

图 1-3　抗泄露的 IBE 机制

为满足身份的隐私保护需求，Chen 等人[14, 15]提出了 IB-HPS 匿名性的形式化定义，并构造了四个具体的实例，其中三个实例在随机谕言机模型下证明了安全性，另一个虽在标准模型下设计，但其安全性却基于非静态的复杂性假设；此外，他们还提出了基于身份的可提取哈希证明系统的密码工具，并利用该工具构造了基于求解型复杂性假设的身份基密钥封装机制。

由于基于后量子假设的 IB-HPS 的实例相对较少，Lai 等人[16, 17]基于标准 LWE (Learning With Error)假设，构造了一个 IB-HPS 的新实例，并利用随机格上离散高斯分布与光滑参数的性质，证明其满足光滑性；同时在随机谕言机的作用下，利用 Gentry 等人[18]所提出的原像抽样函数对身份私钥进行提取，得到了一个光滑并且密文尺寸较小的 IB-HPS。

为了在标准模型下获得基于静态复杂性假设的 IB-HPS，侯红霞等人[19]在合数阶双线性群上设计了一个匿名的 IB-HPS，使用额外子群中的随机数对公开参数和密文进行盲化，实现了其匿名性；此外，他们还采用对偶系统加密技术在标准模型下证明了其所满足的相应安全性。

为了设计能抵抗连续泄露攻击的 IBE 机制，Zhou 等人[20]提出了可更新身份基哈希证明系统(Updatable Identity-Based Hash Proof System，U-IB-HPS)的新密码工具，并基于该工具设计了抗连续泄露的 IBE 机制、抗连续泄露的身份基混合加密机制和抗连续泄露的身份基密钥协商协议等密码机制的通用构造方法；此外，他们还设计了具有匿名性的 U-IB-HPS，以构造匿名的抗连续泄露的 IBE 机制[21]。受 Qin 等人[3, 4]工作的启发，Zhou 等人[20]提出了具有 CCA 安全性的抗连续泄露的 IBE 机制的通用构造方法，具体思路如图 1-4 所示。其中，U-IB-HPS 输出的封装密钥 k 经 Ext 处理后得到 k'，通过异或操作 $c_2=k'\oplus M$ 来掩盖明文消息 M，OT-LF 对相应的密文元素 c_1 和 c_2 进行处理并生成相应的合法性验证元素 v，防止密文 $C=(c_1, c_2, v)$被扩张。

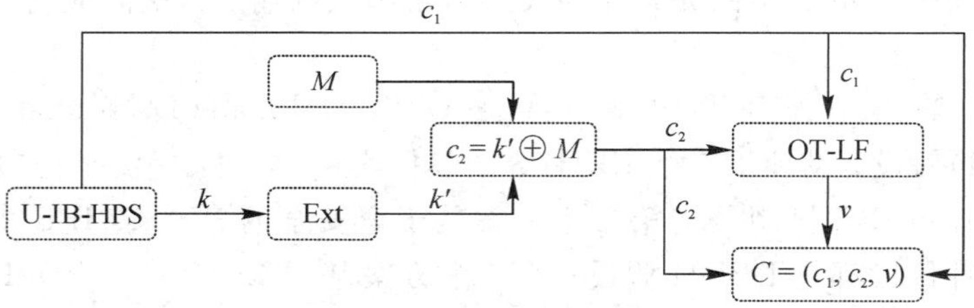

图 1-4 具有 CCA 安全性的抗连续泄露的 IBE 机制

为了构造性能更优的 U-IB-HPS，文献[22]基于向量正交技术提出了一个新的 U-IB-HPS 的具体构造，该构造具有更加完美的密钥更新功能。虽然基于 OT-LF 能够达到 CCA 安全性，但对应的计算效率较低。为了获得具有更佳计算效率的抗泄露 IBE 机制，文献[23]以 IB-HPS、对称加密机制和 OTS 为基础工具提出了具有 CCA 安全性的抗泄露 IBE 机制的新构造，并基于底层密码技术对通用构造的 CCA 安全性进行了证明，具体思路如图 1-5 所示。其中，IB-HPS 输出的封装密钥 k 经 Ext 处理后得到 k'，然后通过异或操作 $c_2=k'\oplus T$ 来掩盖对称加密算法生成的密文 $T=\mathrm{DEM.Enc}(k'', M)$，OTS 对相应的密文元素 T、c_1 和 c_2 进行处理并生成相应的合法性验证元素 δ，防止密文 $C=(c_1, c_2, vk, \delta)$被扩张。特别地，经 Ext 处理后的封装密钥 k'与 OTS 的验证公钥 vk 一起生成对称加密算法的对称密钥 k''，因此 T 与 vk 相关，这也从另一方面说明 δ 具备了验证 vk 合法性的作用。

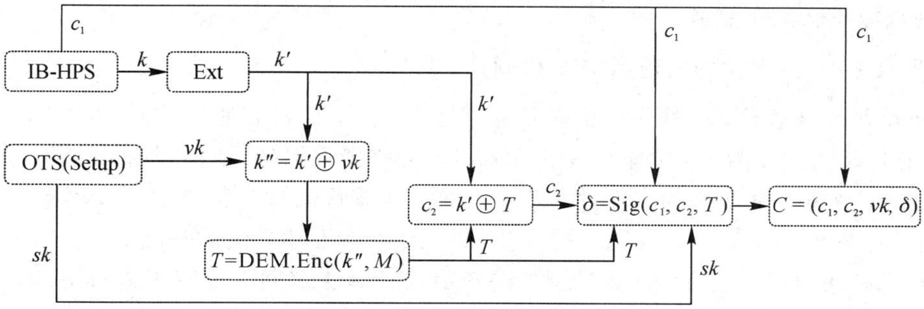

图 1-5　计算效率更优的具有 CCA 安全性的抗泄露 IBE 机制

为了得到更加高效的具有 CCA 安全性的抗泄露加密机制，Zhou 等人[24, 25]在 IB-HPS 的基础上，提出了一个新的密码工具——双封装密钥身份基哈希证明系统(Identity-Based Hash Proof System with Two Encapsulated Key，T-IB-HPS)，并定义了该工具的相关安全属性，如正确性、通用性、平滑性和有效封装密文与无效封装密文的不可区分性等。OT-LF 和 OTS 均是非对称密码机制，相对于对称密码机制而言它们的计算开销较大，文献[25]提出了基于消息验证码(Message Authentication Code，MAC)的具有 CCA 安全性的抗泄露 IBE 机制的高效构造方法，具体思路如图 1-6 所示。其中，T-IB-HPS 输出两个封装密钥 k_1 和 k_2，k_1 经 Ext 处理后得到 k'，然后通过异或操作 $c_2=k'\oplus M$ 来掩盖明文消息 M；而 k_2 作为 MAC 的对称密钥生成对密文元素 c_1 和 c_2 的验证元素 v，防止密文 $C=(c_1, c_2, v)$ 被扩张。更详细地讲，底层 T-IB-HPS 的封装算法 Encap(id)在输出封装密文 c_1 的同时输出了两个互不相同的封装密钥 k_1 和 k_2，其中一个封装密钥 k_1 完成对明文消息 M 的加密，并生成相应的密文 c_2；另一个封装密钥 k_2 作为 MAC 的对称密钥对输入消息 $\mathcal{H}(c_1, c_2)$产生相应的密文标签 Tag，实现密文的防扩展性(其中 $\mathcal{H}$ 是抗碰撞的密码学哈希函数，可实现不同消息空间的转换；k_2 是消息验证码标签生成算法的输入密钥)；除接收者之外的任何敌手，要想获知对应的封装密钥 k_1 和 k_2，其必须掌握接收者的私钥 sk_{id} 才能从相应的密文 c_1 中解封装获得，由私钥 sk_{id} 的安全性保证了上述 IBE 机制的安全性。

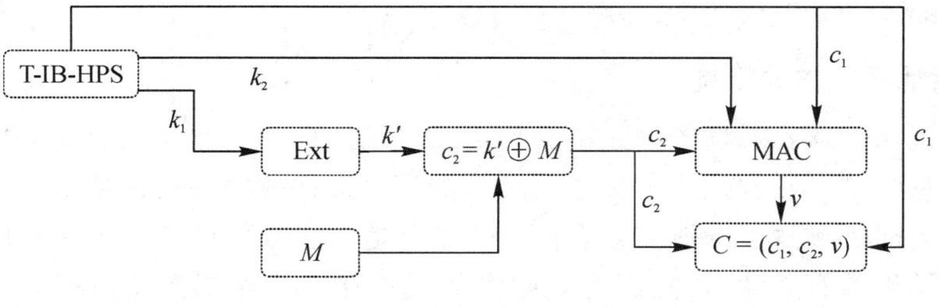

图 1-6　具有 CCA 安全性的抗泄露 IBE 机制的高效构造方法

1.3　身份基类哈希证明系统在抗泄露密码机制中的应用

身份基类哈希证明系统可视为密钥封装机制，常与 Ext 结合在一起构造抗泄露攻击的密码机制，如抗泄露的 IBE 机制、抗泄露的身份基混合加密机制、抗泄露的 PKE 机制、抗泄露的数据安全传输机制等。

1. 具有 CPA 安全性的抗泄露 IBE 机制

Alwen 等人[9]基于 IB-HPS 提出了泄露容忍的 IBE 机制的通用构造方法，该方法将 IB-HPS 的封装密钥作为 Ext 的输入，由 IB-HPS 的平滑性可知，Ext 的输出与均匀随机是不可区分的；此外，由 Ext 的安全性可知，当敌手所掌握的额外信息的长度不超过设定泄露参数时，它的输出依然是均匀随机的。Zhou 等人[20]在上述方法的基础上，提出了抗连续泄露 IBE 机制的通用构造方法，通过额外的密钥更新算法定期对秘密钥进行更新，使得原始秘密钥的泄露信息对更新后的秘密钥是不起作用的。

2. 具有 CCA 安全性的抗泄露 PKE/IBE 机制

为了实现 CCA 安全性，现有方法使用了 NIZK、OT-LF 和一次性签名等计算效率较低的密码工具，导致相应构造的计算效率较低。为了提高构造的计算效率，底层应使用计算效率较高的密码工具来实现 CCA 安全性。虽然，Boneh 和 Katz[6]在 CHK 转换[5]的基础上基于消息验证码和密钥封装机制提出了计算效率更优的基于 IBE 机制构造 CCA 安全的 PKE 机制的通用方法(称该方法为 BK 转换)，然而该方法无法直接迁移到抗泄露 PKE 机制的构造中，因为 HPS 和 IB-HPS 输出的封装密钥用来完成对明文消息的加密，无法参与消息验证码的计算。虽然文献[23]中的构造使用了对称加密和一次性签名等性能较优的密码机制，使得该构造的计算效率较传统方法有所提升，但并非是最佳的构造方案。

BK 转换和 CHK 转换均展示了由 IBE 机制构造 PKE 机制的方法，受上述新颖思路的启发，Zhou 等人[24]基于 T-IB-HPS 和 MAC 提出了具有 CCA 安全性的抗泄露 PKE 机制，其中加密算法随机选取一个身份 id 作为输入，通过调用底层安全的 T-IB-HPS 的封装算法 Encap，产生一个封装密文 c_1 和两个封装密钥 k_1、k_2，其中 k_1 作为具有抗泄露攻击能力的封装密钥对明文消息 M 进行加密，并产生相应的密文 c_2；k_2 作为 MAC 标签生成算法 Tag 的对称密钥，协助该算法输出关于消息 $\mathcal{H}(id, c_1, c_2)$ 的认证标签 Tag，其中 MAC 的强不可伪造性确保了封装密文 $C=(id, c_1, c_2, Tag)$ 的不可延展性。相较于现有基于 NIZK、OT-LF 和一次性签名等密码机制构造 PKE 机制的方法而言，Zhou 等人[24]基于计算量较小的 MAC，进一步提升了上述通用构造的计算效率。

3. 挑战后泄露攻击的抵抗

目前密码机制泄露容忍性的研究主要集中在对挑战前泄露攻击的抵抗，均假设敌手所掌握的泄露信息都是在收到挑战密文之前获知的，并禁止敌手在挑战后进行泄露操作，即当前研究主要关注了挑战前的泄露容忍性，该性质是相对较弱的安全属性。由于上述约束事实上制约了结果的有效性(这是因为实际的敌手往往是接触到密文数据后才会通过各种手段获取相应内部敏感状态的泄露信息)，因此挑战后的泄露容忍性更加实用(挑战后泄露容忍性允许敌手在接触到挑战密文之后继续进行泄露询问，敌手能够根据挑战密文设计有针对性的泄露函数，所以挑战后泄露容忍性更接近现实环境的应用需求)。针对该问题，周彦伟等人[26]对 IBE 机制的挑战后泄露容忍性展开了研究。

挑战后泄露容忍的实质是要求挑战密文具有足够的熵，使得在挑战后的泄露询问中敌手获得的关于秘密信息的泄露并不影响挑战密文中消息的随机性。为实现对挑战后泄露攻击的抵抗，在文献[26]中首先提出了 IBE 机制熵泄露容忍性的概念，并给出了具体的性质要求和安全属性的定义。在熵泄露容忍的IBE机制中，即使敌手根据挑战密文设计了相应的泄露函数，但是它无法从泄露信息中获知比其长度更多的明文信息。也就是说，安全性游戏中的敌手即便拥有挑战后泄露攻击的能力，只要挑战密文具有足够的最小熵，那么就能确保挑战后泄露询问被敌手执行结束后消息依然具有一定的最小熵。特别地，上述概念将传统抗泄露密码机制中讨论密钥熵的问题扩展到讨论加密消息的剩余熵。在此基础上，周彦伟等人[26]基于熵泄露容忍的IBE机制，使用二源提取器和消息验证码，在状态分离模型中开展了关于IBE机制挑战后泄露容忍的CPA安全性和CCA安全性的相关研究，相应的研究思路分别介绍如下。

在状态分离模型中，周彦伟等人[26]将用户的秘密钥划分为相互独立的两个状态，并且允许敌手分别对两个状态进行多项式次挑战前和挑战后的泄露询问，其中部分秘密钥的相互独立性确保了泄露信息同样是相互独立的。上述构造运行一套底层的熵泄露容忍IBE机制，通过两个安全的哈希函数 H_1 和 H_2 基于用户身份 id 映射出两个相互独立的新身份 id_1 和 id_2，并基于底层IBE机制的密钥生成算法输出上述身份 id_1 和 id_2 对应的秘密钥 d_1 和 d_2，由身份 id_1 和 id_2 的相互独立性，可知秘密钥 d_1 和 d_2 同样是相互独立的，满足状态分离模型下IBE机制的性质要求。此外，基于均匀选取的随机数 x_1 和 x_2，使用二源提取器2-Ext的输出2-Ext(x_1，x_2)对明文消息 M 进行隐藏，即2-Ext(x_1，x_2)$\oplus M$，底层熵泄露容忍的IBE机制确保即使敌手获知 x_1 和 x_2 的对应密文和用户秘密钥的泄露信息，x_1 和 x_2 依然具有足够的最小熵。也就是说，即使敌手获得相应的挑战后泄露，2-Ext(x_1，x_2)依然能够很好地隐藏消息 M。

在IBE机制挑战后泄露容忍的CCA安全性中，通过哈希函数 H_1 和 H_2 对 id 进行映射，生成 id_1 和 id_2，并使用熵泄露容忍的IBE机制对均匀选取的随机数 x_1 和 x_2 进行加密，分别生成 $c_1=\mathrm{Enc}(id_1, x_1)$ 和 $c_2=\mathrm{Enc}(id_2, x_2)$；然后基于两个不同的二源提取器 2-Ext_1 和 2-Ext_2 输出两个相互独立的对称密钥 $k_1=\text{2-Ext}_1(x_1, x_2)$ 和 $k_2=\text{2-Ext}_2(x_1, x_2)$，其中一个对称密钥 k_1 完成对明文消息 M 的加密，生成相应的密文 $c_3=k_1\oplus M$，另外一个对称密钥 k_2 作为MAC的密钥，通过将 k_2 输入消息验证码的标签生成算法生成消息(c_1，c_2，c_3)的相应标签 $Tag=\mathrm{Tag}(k_2, (c_1, c_2, c_3))$，实现密文的防扩展性。除接收者之外的任何敌手，要想获知对称密钥 k_1 和 k_2，其必须掌握接收者的秘密钥 sk_{id} 才能从相应的密文中解密获得，由秘密钥 sk_{id} 的安全性保证了上述构造的安全性。

特别地，在文献[26]中，周彦伟等人通过详细的证明表明基于IB-HPS和Ext构造的抗泄露IBE机制就是熵泄露容忍的IBE机制，因此身份基类哈希证明系统将是实现公钥加密机制挑战后泄露容忍性的重要基础工具。

1.4 参考文献

[1] CRAMER R，SHOUP V. Universal hash proofs and a paradigm for adaptive chosen ciphertext secure public-key encryption [C]. Proceedings of the International Conference on the Theory and Applications of Cryptographic Techniques，Amsterdam，2002：45-64.

[2] NAOR M, SEGEV G. Public-key cryptosystems resilient to key leakage [C]. Proceedings of the 29th Annual International Cryptology Conference, Santa Barbara, 2009: 18-35.

[3] QIN B D, LIU S L. Leakage-resilient chosen-ciphertext secure public-key encryption from hash proof system and one-time lossy filter[C]. 19th International Conference on the Theory and Application of Cryptology and Information Security, Bengaluru, India, 2013: 381-400.

[4] QIN B D, LIU S L. Leakage-flexible CCA-secure public-key encryption: simple construction and free of pairing[C]. 17th International Conference on Practice and Theory in Public-Key Cryptography, Buenos Aires, Argentina, 2014: 19-36.

[5] CANETTI R, HALEVI S, KATZ J. Chosen-ciphertext security from identity-based encryption [C]. International Conference on the Theory and Applications of Cryptographic Techniques, Interlaken, Switzerland, 2004: 207-222.

[6] BONEH D, KATZ J. Improved efficiency for CCA-secure cryptosystems built using identity-based encryption [C]. Proceedings of the Cryptographers' Track, San Francisco, CA, USA, 2005: 87-103.

[7] DODIS Y, HARALAMBIEV K, LÓPEZ-ALT A, et al. Cryptography against continuous memory attacks[C]. 51th Annual IEEE Symposium on Foundations of Computer Science, FOCS 2010, Las Vegas, Nevada, USA, 2010: 511-521.

[8] YANG R P, XU Q L, ZHOU Y B, et al. Updatable hash proof system and its applications[C]. 20th European Symposium on Research in Computer Security, Vienna, Austria, 2015: 266-285.

[9] ALWEN J, DODIS Y, NAOR M, et al. Public-key encryption in the bounded-retrieval model[C]. 29th Annual International Conference on the Theory and Applications of Cryptographic Techniques, Monaco, French Riviera, 2010: 113-134.

[10] CHOW S, DODIS Y, ROUSELAKIS Y, et al. Practical leakage-resilient identity-based encryption from simple assumptions [C]. Proceedings of the 17th ACM Conference on Computer and Communications Security, Chicago, Illinois, 2010: 152-161.

[11] BONEH D, BOYEN X. Efficient selective-id secure identity-based encryption without random oracles [C]. Proceedings of the International Conference on the Theory and Applications of Cryptographic Techniques, Interlaken, 2004: 223-238.

[12] WATERS B. Efficient identity-based encryption without random oracles [C]. Proceedings of the 24th Annual International Conference on the Theory and Applications of Cryptographic Techniques, Aarhus, 2005: 114-127.

[13] LEWKO A B, WATERS B. New techniques for dual system encryption and fully secure HIBE with short ciphertexts [C]. Proceedings of the Theory of Cryptography, 7th Theory of Cryptography Conference, Zurich, 2010: 455-479.

[14] CHEN Y, ZHANG Z Y, LIN D D, et al. Anonymous identity-based hash proof

system and its applications[C]. Proceedings of the 6th International Conference on the Provable Security, Chengdu, China, 2012: 143-160.

[15] CHEN Y, ZHANG Z Y, LIN D D, et al. CCA-secure IB-KEM from identity-based extractable hash proof system [J]. The Computer Journal, 2014, 57 (10): 1537-1556.

[16] LAI Q Q, YANG B, XIA Z, et al. Novel identity-based hash proof system with compact master public key from lattices in the standard model[J]. International Journal of Foundations of Computer Science, 2019, 30(4): 589-606.

[17] LAI Q Q, YANG B, YU Y, et al. Novel smooth hash proof systems based on lattices[J]. The Computer Journal, 2018, 61(4): 561-574.

[18] GENTRY C, PEIKERT C, VAIKUNTANATHAN V. Trapdoors for hard lattices and new cryptographic constructions[C]. Proceedings of the 40th Annual ACM Symposium on Theory of Computing, Victoria, British Columbia, Canada, 2008: 197-206.

[19] 侯红霞，杨波，周彦伟，等. 基于对偶系统的匿名身份基哈希证明系统及其应用[J]. 电子学报，2018，46(7)：1675-1682.

[20] ZHOU Y W, YANG B, MU Y. The generic construction of continuous leakage-resilient identity-based cryptosystems[J]. Theoretical Computer Science, 2019, 772: 1-45.

[21] ZHOU Y W, YANG B, XIA Z, et al. Anonymous and updatable identity-based hash proof system[J]. IEEE Systems Journal, 2019, 13(3): 2818-2829.

[22] ZHOU Y W, YANG B, WANG T, et al. Novel updatable identity-based hash proof system and its applications[J]. Theoretical Computer Science, 2020, 804: 1-28.

[23] ZHOU Y W, YANG B, XIA Z, et al. Identity-based encryption with leakage-amplified chosen-ciphertext attacks security[J]. Theoretical Computer Science, 2020, 809: 277-295.

[24] ZHOU Y W, YANG B, XIA Z, et al. Novel generic construction of leakage-resilient PKE scheme with CCA security[J]. Designs, Codes and Cryptography, 2021, 89(7): 1575-1614.

[25] 周彦伟，杨波，夏喆，等. CCA安全的抗泄露IBE机制的新型构造[J]. 中国科学：信息科学，2021，51(6)：1013-1029.

[26] 周彦伟，王兆隆，乔子芮，等. 身份基加密机制的挑战后泄露容忍性[J]. 中国科学：信息科学，2023，53(3)：454-469.

第2章 基础知识

本章主要介绍本书所需的相关数学基础，如统计距离、复杂性假设、平均最小熵等。此外，还将介绍相关的密码技术，如强随机性提取器、二源提取器、一次性损耗滤波器、非交互式零知识论证、卡梅隆哈希函数和消息验证码等，在回顾形式化定义的基础上还将给出部分密码技术的具体构造方法。

本章中用到的主要符号如下：用 κ 表示安全参数；$a \leftarrow_R A$ 表示从集合 A 中均匀随机地选取元素 a；$\text{negl}(\kappa)$表示安全参数 κ 上可忽略的值；$a \leftarrow \mathcal{A}(b)$表示算法 $\mathcal{A}$ 在输入 b 的作用下输出相应的计算结果 a；$\boldsymbol{a} \leftarrow_R (Z_p)^n$ 表示从 Z_p 中选取 n 个随机值 $a_i \in Z_p(i=1, 2, \cdots, n)$ 组成长度为 n 的向量，表示为 $\boldsymbol{a}=(a_1, a_2, \cdots, a_n)$；$\text{Adv}_{\mathcal{A}}(\kappa)$表示敌手 $\mathcal{A}$ 在相应事件中获胜的优势。此外，PPT 表示概率多项式时间(Probabilistic Polynomial Time)的缩写。

2.1 哈希函数

2.1.1 抗碰撞哈希函数

令 $\mathcal{H}_I^{\text{CR}}$ 是从集合 $\mathcal{X}$ 到集合 $\mathcal{Y}$ 的单向哈希函数集，即 $\mathcal{H}_I^{\text{CR}}=\{H_i: \mathcal{X} \rightarrow \mathcal{Y}\}$。对于 $i \leftarrow_R I$ 和任意的 PPT 敌手 $\mathcal{A}$，若有

$$\text{Adv}_{\mathcal{A}}^{\text{CR}}(\kappa) = \Pr[H_i(x) = H_i(x') \wedge x \neq x' \mid (x', x) \leftarrow \mathcal{A}(H_i)]$$

是可忽略的，则称 $\mathcal{H}_I^{\text{CR}}$ 是抗碰撞的单向哈希函数集合。

2.1.2 抗目标碰撞哈希函数

令 $\mathcal{H}_I^{\text{TCR}}$ 是从集合 $\mathcal{X}$ 到集合 $\mathcal{Y}$ 的单向哈希函数集，即 $\mathcal{H}_I^{\text{TCR}}=\{H_i: \mathcal{X} \rightarrow \mathcal{Y}\}$。对于 $x \leftarrow_R \mathcal{X}$，$i \leftarrow_R I$ 和任意的 PPT 敌手 $\mathcal{A}$，若有

$$\text{Adv}_{\mathcal{A}}^{\text{TCR}}(\kappa) = \Pr[H_i(x) = H_i(x') \wedge x \neq x' \mid x' \leftarrow \mathcal{A}(x, H_i)]$$

是可忽略的，则称 $\mathcal{H}_I^{\text{TCR}}$ 是抗目标碰撞的单向哈希函数集合。

特别地，在抗碰撞哈希函数 $\mathcal{H}_I^{\text{CR}}$ 的定义中，敌手 $\mathcal{A}$ 在整个定义域 $\mathcal{X}$ 中寻找产生碰撞的两个不同点 x，$x' \in \mathcal{X}$，使得 $x \neq x'$ 和 $H_i(x)=H_i(x')$成立；然而，在抗目标碰撞哈希函数 $\mathcal{H}_I^{\text{TCR}}$ 的定义中，在已知定义域 $\mathcal{X}$ 中某个点 x 及其对应哈希值 $H_i(x)$的前提下，敌手 $\mathcal{A}$ 在整个定义域 $\mathcal{X}$ 中寻找与点 x 产生碰撞的另外一个不同点 $x' \in \mathcal{X}$，使得 $x \neq x'$ 和 $H_i(x)=H_i(x')$成立。

2.2 强随机性提取

2.2.1 统计距离

定义 2-1(统计距离)　设 X 和 Y 是取值于有限域 Ω 上的两个随机变量，X 和 Y 之间的统计距离定义为

$$\mathrm{SD}(X, Y) = \frac{1}{2}\sum_{z\in\Omega}|\Pr[X = z] - \Pr[Y = z]|$$

如果两个随机变量的统计距离至多为 ε，则称它们是 ε-接近的。同时，统计距离还满足下述两个性质。

性质 2-1　设 f 是有限域 Ω 上的(随机)函数，则有 $\mathrm{SD}(f(X), f(Y)) \leqslant \mathrm{SD}(X, Y)$ 成立。当且仅当 f 是一一对应函数时，等号成立。换句话说，将函数应用到两个随机变量上，不能增加这两个随机变量之间的统计距离。

性质 2-2　统计距离满足三角不等式，即有 $\mathrm{SD}(X, Y) \leqslant \mathrm{SD}(X, Z) + \mathrm{SD}(Z, Y)$ 成立，其中 Z 是有限域 Ω 上的随机变量。

不可区分性表示两个概率整体间的关系，一个重要的前提是区分者的计算能力，不同的计算能力会导致不同的不可区分性。目前，统计不可区分性和计算不可区分性是比较实用的两种不可区分性。

定义 2-2(统计不可区分性)　设 X_1 和 X_2 是空间 $\mathcal{X}$ 上的两个随机分布，即 $X_1, X_2 \in \mathcal{X}$，若有 $\mathrm{SD}(X_1, X_2) \leqslant \mathrm{negl}(\kappa)$ 成立，则称 X_1 和 X_2 是统计不可区分的，记为 $X_1 \approx_S X_2$。

定义 2-3(计算不可区分性)　设 X_1 和 X_2 是空间 $\mathcal{X}$ 上的两个随机分布，即 $X_1, X_2 \in \mathcal{X}$，对于任意多项式时间的区分器 $\mathcal{D}$，若有 $|\Pr[\mathcal{D}(X_1)=1] - \Pr[\mathcal{D}(X_2)=1]| \leqslant \mathrm{negl}(\kappa)$ 成立，则称 X_1 和 X_2 是计算不可区分的，记为 $X_1 \approx_C X_2$。

2.2.2 信息熵

定义 2-4(最小熵)　随机变量 X 的最小熵是

$$H_\infty(X) = -\log(\max_x \Pr[X = x])$$

其中对数是以 2 为底的。

最小熵 $H_\infty(X)$ 刻画了随机变量 X 的不可预测性。换句话说，随机变量 X 的最小熵 $H_\infty(X)$ 是变量 X 由最佳猜测者 $\mathcal{A}$ 猜中的最大概率，即

$$H_\infty(X) = -\log(\max_{\mathcal{A}} \Pr[\mathcal{A}(\Omega) = X])$$

定义 2-5(平均最小熵)　已知变量 Y 时，变量 X 的平均最小熵是

$$\widetilde{H}_\infty(X|Y) = -\log(E_{y\leftarrow_R Y}(2^{-H_\infty(X|Y=y)}))$$

$\widetilde{H}_\infty(X|Y)$ 刻画了已知变量 Y 时，变量 X 的不可预测性。换句话说，变量 X 的平均最小熵 $\widetilde{H}_\infty(X|Y)$ 是在变量 Y 已知时，变量 X 由最佳猜测者 $\mathcal{A}$ 猜中的最大概率，即

$$\widetilde{H}_\infty(X|Y) = -\log(\max_{\mathcal{A}} \Pr[A(Y) = X])$$

则对于任意的敌手 $\mathcal{A}$，有下述关系成立：

$$\begin{aligned}\Pr[\mathcal{A}(Y)=X] &= E_{y\leftarrow_R Y}(\Pr[\mathcal{A}(Y)=X]) \\ &\leqslant E_{y\leftarrow_R Y}(2^{-\widetilde{H}_\infty(X\mid Y=y)}) \\ &= 2^{-\widetilde{H}_\infty(X\mid Y)}\end{aligned}$$

其中，E 表示数学期望运算。

特别地，在抗泄露密码机制的设计中，秘密状态的平均最小熵体现了在泄露信息被敌手已知的前提下秘密状态所具有的随机性。秘密钥平均最小熵的最小值体现了相应密码机制抵抗泄露攻击的能力。由此可见，抗泄露密码机制的设计核心是确保秘密信息在存在泄露的情况下对任意攻击者而言是随机的。

定理 2-1 如果 Y 有 2^l 个可能的取值，即 $|Y|=l$，对于任意的两个随机变量 X 和 Z，则有

$$\widetilde{H}_\infty(X\mid(Y,Z))\geqslant\widetilde{H}_\infty(X\mid Z)-l$$

类似地，对于随机变量 X，λ 比特的泄露信息会导致该变量最小熵的减少值最多是 λ，因此有下述引理。

引理 2-1 对于随机变量和任意高效可计算的泄露函数 f：$\{0,1\}^*\rightarrow\{0,1\}^\lambda$，有

$$\widetilde{H}_\infty(X\mid f(X))\geqslant H_\infty(X)-\lambda$$

特别地，在泄露环境中，敌手可通过一次泄露询问获得最多为 λ 比特的泄露信息，也可以通过多次泄露询问获得总和不超过 λ 比特的泄露信息。

引理 2-2 令 A 是有限域 Ω 上的随机变量，U 是从 Ω 中均匀随机选取的变量，B 是任意的随机变量。对于 $\varepsilon\in[0,1]$，若有 $\mathrm{SD}((A,B),(U,B))\leqslant\varepsilon$ 成立，那么 $\widetilde{H}_\infty(A\mid B)\geqslant-\log\left(\frac{1}{|\Omega|+\varepsilon}\right)$。

2.2.3 随机性提取器

定义 2-6(随机性提取器) 设函数 Ext：$\{0,1\}^{l_n}\times\{0,1\}^{l_t}\rightarrow\{0,1\}^{l_m}$ 是高效可计算的，对于满足条件 $X\in\{0,1\}^{l_n}$ 和 $\widetilde{H}_\infty(X\mid Y)\geqslant k$ 的任意随机变量 X 和 Y，若有

$$\mathrm{SD}((\mathrm{Ext}(X,S),S,Y),(U,S,Y))\leqslant\varepsilon$$

成立，其中 S 是空间 $\{0,1\}^{l_t}$ 上的均匀随机变量（S 是随机性提取器的种子），那么称函数 Ext：$\{0,1\}^{l_n}\times\{0,1\}^{l_t}\rightarrow\{0,1\}^{l_m}$ 是平均情况下的 (k,ε)-强随机性提取器。

注解 2-1 随机性提取器在随机性种子的作用下，从具有一定平均最小熵的随机变量中提取出具有高熵的随机变量，该变量与相应空间中的均匀随机值是不可区分的。

在文献[1]中，Dodis 等人证明了任何一个强随机性提取器事实上是一个平均情况下的强提取器。

引理 2-3 对于任意 $\delta\geqslant0$，若函数 Ext：$\{0,1\}^{l_n}\times\{0,1\}^{l_t}\rightarrow\{0,1\}^{l_m}$ 是一个最差情况下的 $(k-\log(1/\delta),\varepsilon)$-强提取器，那么它也是平均情况下的 $(k,\varepsilon+\delta)$-强随机性提取器。

定义 2-7(通用哈希函数) 设 $\mathcal{H}_l=\{H_i:\mathcal{X}\rightarrow\mathcal{Y}\}$ 是哈希函数集，若对于所有不同的变量

x_1，$x_2 \in \mathcal{X}$和 $i \leftarrow_R I$，有 $\Pr[H_i(x_1)=H_i(x_2)] \leqslant \frac{1}{|\mathcal{Y}|}$成立，则称 H_i：$\mathcal{X} \to \mathcal{Y}$ 是通用哈希函数。

由上面的定义可知，输出为两两独立的哈希函数即是通用哈希函数。下面将给出两个通用哈希函数的具体构造。

实例 2-1　函数集合 $\mathcal{H}=\{H_{k_1,k_2,\cdots,k_t}: \mathcal{X} \to \mathcal{Y}\}_{k_i \in F_q,\ i=1,2,\cdots,t}$是通用的，其中

$$H_{k_1,k_2,\cdots,k_t}(x_0, x_1, x_2, \cdots, x_t) = x_0 + k_1 x_1 + k_2 x_2 + \cdots + k_t x_t$$

并且所有的操作都是在有限域 F_q 上。

实例 2-2　函数集合 $\mathcal{H}=\{H_{k_1,k_2,\cdots,k_t}: G^{t+1} \to G\}_{k_i \in Z_q,\ i=1,2,\cdots,t}$是通用的，其中 G 是一个阶为素数 q 的乘法循环群，若 g 是群 G 的一个生成元，则有

$$H_{k_1,k_2,\cdots,k_t}(g_0, g_1, g_2, \cdots, g_t) = g_0 g_1^{k_1} g_2^{k_2} \cdots g_t^{k_t} = g^{x_0+k_1x_1+k_2x_2+\cdots+k_tx_t}$$

对于任意的 $i=1, 2, \cdots, t$，有 $g_i = g^{x_i}$。

引理 2-4(剩余哈希引理)　设 $\mathcal{H}_I=\{H_i: \mathcal{X} \to \mathcal{Y}\}$是通用哈希函数集，则对于任意的变量 $X \leftarrow_R \mathcal{X}$、$Y \leftarrow_R \mathcal{Y}$、$C$ 和 $i \leftarrow_R I$，有下述关系成立：

$$\mathrm{SD}((H_i(X), i), (Y, i)) \leqslant \frac{1}{2}\sqrt{2^{-H_\infty(X)} \mid \mathcal{Y} \mid}$$

$$\mathrm{SD}((H_i(X), i, C), (Y, i, C)) \leqslant \frac{1}{2}\sqrt{2^{-H_\infty(X \mid C)} \mid \mathcal{Y} \mid}$$

下述引理是剩余哈希引理的一个变形，说明两两独立的哈希函数族(通用哈希函数)是一个平均情况下的强提取器，该引理也称为广义的剩余哈希引理。

引理 2-5(广义的剩余哈希引理)　设随机变量 X 和 Y 满足 $X \in \{0, 1\}^{l_n}$和 $\widetilde{H}_\infty(X|Y) \geqslant k$，又设 $\mathcal{H}$是从$\{0, 1\}^{l_n}$到$\{0, 1\}^{l_m}$的两两独立的哈希函数族，则对于 $H \leftarrow_R \mathcal{H}$ 和 $U_m \leftarrow_R \{0, 1\}^{l_m}$，只要 $l_m \leqslant k - 2\log\left(\frac{1}{\varepsilon}\right)$，就有

$$\mathrm{SD}((Y, H, H(X)), (Y, H, U_m)) \leqslant \varepsilon$$

成立。特别地，可将 $2\log\left(\frac{1}{\varepsilon}\right)$写为关于安全参数$\kappa$ 的值$\omega(\log\kappa)$，表示计算过程中额外的信息泄露量。

2.2.4　二源提取器

平均情况的强随机性提取器工作时需要一个随机种子，而在现实环境中，完全随机的种子有时是很难获得的。二源提取器无需随机种子的协助，能够从两个具有一定最小熵的随机变量中提取出均匀随机值。

定义 2-8(二源提取器)　设函数 2-Ext：$\{0, 1\}^{l_1} \times \{0, 1\}^{l_2} \to \{0, 1\}^{l_3}$是高效可计算的，对于满足条件 $H_\infty(X_1) \geqslant l_1$ 和 $H_\infty(X_2) \geqslant l_2$ 的任意随机变量 $X_1 \in \{0, 1\}^{l_1}$、$X_2 \in \{0, 1\}^{l_2}$和 $U \in \{0, 1\}^{l_3}$，若有

$$\mathrm{SD}((2-\mathrm{Ext}(X_1, X_2), X_1, X_2), (U, X_1, X_2)) \leqslant \varepsilon \text{ 和 } l_3 \leqslant l_1 + l_2 - \omega(\log\kappa)$$

成立，那么称函数 2-Ext：$\{0, 1\}^{l_1} \times \{0, 1\}^{l_2} \to \{0, 1\}^{l_3}$是二源提取器。

注解 2-2　二源提取器 2-Ext 从具有一定最小熵的两个随机变量中提取出具有高熵的

随机变量，该变量与相应空间中的均匀随机值是不可区分的。

2.3 区别引理

引理 2-6(区别引理) 令 $\mathcal{E}_1$、$\mathcal{E}_2$ 和 $\mathcal{F}$ 是定义在相关概率分布上的三个事件，且满足 $\Pr[\mathcal{E}_1|\overline{\mathcal{F}}]=\Pr[\mathcal{E}_2|\overline{\mathcal{F}}]$，那么有 $|\Pr[\mathcal{E}_1]-\Pr[\mathcal{E}_2]|\leqslant\Pr[\mathcal{F}]$ 成立。

证明 由概率公式可知

$$\begin{aligned}|\Pr[\mathcal{E}_1]-\Pr[\mathcal{E}_2]| &= |\Pr[\mathcal{E}_1|\mathcal{F}]+\Pr[\mathcal{E}_1|\overline{\mathcal{F}}]-\Pr[\mathcal{E}_2|\mathcal{F}]-\Pr[\mathcal{E}_2|\overline{\mathcal{F}}]| \\ &= |\Pr[\mathcal{E}_1|\mathcal{F}]-\Pr[\mathcal{E}_2|\mathcal{F}]| \\ &\leqslant \Pr[\mathcal{F}]\end{aligned}$$

其中，事件 $\mathcal{E}_1|\mathcal{F}$ 发生的概率 $\Pr[\mathcal{E}_1|\mathcal{F}]$ 满足条件 $\Pr[\mathcal{E}_1|\mathcal{F}]\in[0, \Pr[\mathcal{F}]]$；类似地，有 $\Pr[\mathcal{E}_2|\mathcal{F}]\in[0, \Pr[\mathcal{F}]]$。因此，有 $|\Pr[\mathcal{E}_1|\mathcal{F}]-\Pr[\mathcal{E}_2|\mathcal{F}]|\leqslant\Pr[\mathcal{F}]$。

2.4 复杂性假设

下面将对后文具体实例构造时所使用的复杂性假设进行介绍。首先介绍复杂性假设中相关系数的生成方法，然后再具体介绍相应的复杂性假设。

群生成算法 $\mathcal{G}(1^\kappa)$ 的输入为安全参数 κ，输出是元组 $\mathbb{G}=(q, G, g)$，其中 G 为阶是大素数 q 的乘法循环群，g 为群 G 的一个生成元，即 $\mathbb{G}=(q, G, g)\leftarrow\mathcal{G}(1^\kappa)$。类似地，后文部分方案的设计会使用加法循环群，则相应的群生成算法可表述为：群生成算法 $\mathcal{G}(1^\kappa)$ 的输入为安全参数 κ，输出是元组 $\mathbb{G}=(q, G, P)$，其中 G 为阶是大素数 q 的加法循环群，P 为群 G 的一个生成元。

群生成算法 $\widetilde{\mathcal{G}}(1^\kappa)$ 的输入为安全参数 κ，输出是元组 $\widetilde{\mathbb{G}}=(p, g, G_1, G_2, e(\cdot))$，其中 G_1 和 G_2 为阶是大素数 p 的乘法循环群，g 为群 G_1 的一个生成元，e: $G_1\times G_1\to G_2$ 是满足下述性质的双线性映射。

(1) 双线性：对于任意的 $a, b\leftarrow_R Z_p^*$，有 $e(g^a, g^b)=e(g, g)^{ab}$ 成立。

(2) 非退化性：有 $e(g, g)\neq 1_{G_2}$ 成立，其中 1_{G_2} 是群 G_2 的单位元。

(3) 可计算性：对于任意的 $U, V\in G_1$，$e(U, V)$ 可在多项式时间内完成计算。

注解 2-3 由于加法群上相应的复杂性假设与乘法群的相类似，因此本节下述复杂性假设以乘法循环群为例进行叙述。

假设 2-1 离散对数(Discrete Logarithm, DL)假设 对于已知的元组 $\mathbb{G}=(q, G, g)\leftarrow\mathcal{G}(1^\kappa)$，给定任意的随机元素 $g^a\in G$，离散对数问题的目标是计算未知的指数 $a\in Z_q^*$。DL 假设意味着任意的 PPT 算法 $\mathcal{A}$ 成功解决 DL 问题的优势

$$\mathrm{Adv}_{\mathcal{A}}^{\mathrm{DL}}(\kappa)=\Pr[\mathcal{A}(g, g^a)=a]$$

是可忽略的，其中概率来源于 a 在 Z_q^* 上的随机选取和算法 $\mathcal{A}$ 的随机选择。

假设 2-2 计算性 Diffie-Hellman(Computational Diffie-Hellman, CDH)假设 对于已

知的元组$\mathbb{G}=(q, G, g)\leftarrow\mathcal{G}(1^\kappa)$，给定任意的随机元素 g^a，$g^b\in G$，对于任意未知的指数 a，$b\in Z_q^*$，计算性 Diffie-Hellman 问题的目标是计算 g^{ab}。CDH 假设意味着任意的 PPT 算法 $\mathcal{A}$ 成功解决 CDH 问题的优势

$$\mathrm{Adv}_{\mathcal{A}}^{\mathrm{CDH}}(\kappa)=\Pr[\mathcal{A}(g, g^a, g^b)=g^{ab}]$$

是可忽略的，其中概率来源于 a 和 b 在 Z_q^* 上的随机选取和算法 $\mathcal{A}$ 的随机选择。

假设 2-3　判定性 Diffie-Hellman(Decisional Diffie-Hellman，DDH)假设　对于已知的元组$\mathbb{G}=(q, G, g)\leftarrow\mathcal{G}(1^\kappa)$，给定任意的元组$(g, g^a, g^b, g^{ab})$和$(g, g^a, g^b, g^c)$，对于未知的指数 a，b，$c\in Z_q^*$，判定性 Diffie-Hellman 问题的目标是判断等式 $g^{ab}=g^c$ 是否成立。DDH 假设意味着任意的 PPT 算法 $\mathcal{A}$ 成功解决 DDH 问题的优势

$$\mathrm{Adv}_{\mathcal{A}}^{\mathrm{DDH}}(\kappa)=\Pr[\mathcal{A}(g, g^a, g^b, g^{ab})=1]-\Pr[\mathcal{A}(g, g^a, g^b, g^c)=1]$$

是可忽略的，其中概率来源于 a、b 和 c 在 Z_q^* 上的随机选取和算法 $\mathcal{A}$ 的随机选择。

特别地，实际安全性证明中 DDH 假设的元组形式可写为(g_1, g_2, U_1, U_2)，当该元组满足条件$\log_{g_1}U_1=\log_{g_2}U_2$ 时，称其是 DH 元组；否则，称其为非 DH 元组。

注解 2-4　DDH 假设在双线性群上并不成立(双线性运算很容易实现上述判断)，而 CDH 假设在双线性群上依然成立。

假设 2-4　判定的双线性 Diffie-Hellman(Decisional Bilinear Diffie-Hellman，DBDH)假设　对于已知的元组$\widetilde{\mathbb{G}}=(q, g, G_1, G_2, e(\cdot))\leftarrow\widetilde{\mathcal{G}}(1^\kappa)$，给定任意两个元组$(g, g^a, g^b, g^c, e(g, g)^{abc})$和$(g, g^a, g^b, g^c, e(g, g)^d)$，对于未知的指数 a，b，c，$d\in Z_q^*$，判定的双线性 Diffie-Hellman 问题的目标是判断等式 $e(g, g)^{abc}=e(g, g)^d$ 是否成立。DBDH 假设意味着任意的 PPT 算法 $\mathcal{A}$ 成功解决 DBDH 问题的优势

$$\begin{aligned}\mathrm{Adv}_{\mathcal{A}}^{\mathrm{DBDH}}(\kappa)=&\Pr[\mathcal{A}(g, g^a, g^b, g^c, e(g, g)^{abc})=1]-\\&\Pr[\mathcal{A}(g, g^a, g^b, g^c, e(g, g)^d)=1]\end{aligned}$$

是可忽略的，其中概率来源于 a、b、c 和 d 在 Z_q^* 上的随机选取和算法 $\mathcal{A}$ 的随机选择。

特别地，当元组 $\mathcal{T}_\nu=(g, g^a, g^b, g^c, e(g, g)^d)$满足条件 $d=abc$ 时，称其是 DBDH 元组；否则，称其为非 DBDH 元组。

假设 2-5　判定的双线性 Diffie-Hellman 指数(Decisional Bilinear Diffie-Hellman Exponent，DBDHE)假设　对于已知的公开参数$\widetilde{\mathbb{G}}=(q, g, G_1, G_2, e(\cdot))\leftarrow\widetilde{\mathcal{G}}(1^\kappa)$和任意未知的指数 α，$c\leftarrow_R Z_q^*$，令公共元组为 $T=(g, g^c, g^\alpha, g^{\alpha^2}, \cdots, g^{\alpha^{\mu-1}}, g^{\alpha^{\mu+1}}, \cdots, g^{\alpha^{2\mu}})$，给定两个元组 $\mathcal{T}_1=(T, T_1)$和 $\mathcal{T}_0=(T, T_0)$，其中 $T_1=e(g^c, g)^{\alpha^\mu}$，$T_0\leftarrow_R G_T$。判定的双线性 Diffie-Hellman指数问题的目标是区分上述两个元组 $\mathcal{T}_1$ 和 $\mathcal{T}_0$。

为了表述的方便，令 $x=g^c$ 和 $y_i=g^{(\alpha^i)}$。DBDHE 假设意味着任意的 PPT 算法 $\mathcal{A}$ 成功解决 DBDHE 问题的优势

$$\begin{aligned}\mathrm{Adv}_{\mathcal{A}}^{\mathrm{DBDHE}}(\kappa)=&\Pr[\mathcal{A}(g, x, y_1, \cdots, y_{\mu-1}, y_{\mu+1}, \cdots, y_{2\mu}, T_1)=1]-\\&\Pr[\mathcal{A}(g, x, y_1, \cdots, y_{\mu-1}, y_{\mu+1}, \cdots, y_{2\mu}, T_0)=1]\end{aligned}$$

是可忽略的，其中概率来源于随机值 α、c 在 Z_q^* 上的选取和算法 $\mathcal{A}$ 的随机选择。

下面给出 DBDHE 假设的另外一种表达方法，首先定义

$$\mathbf{g}^{\alpha^{[a,b]}}=(g^{\alpha^a}, g^{\alpha^{a+1}}, \cdots, g^{\alpha^b})^{\mathrm{T}}\quad(a<b)$$

随机选取 $g\leftarrow_R G^*$，$\alpha\leftarrow Z_p$，$h\leftarrow G^*$，$z_1\leftarrow e(g, h)^{\alpha^n}$ 和 $z_0\leftarrow G_T$，然后定义两个分布

$$P_{\mathrm{DBDHE}} = (\boldsymbol{g}^{a^{[0,\,n-1]}},\ \boldsymbol{g}^{a^{[n+1,\,2n]}},\ h,\ z_1)$$

$$R_{\mathrm{DBDHE}} = (\boldsymbol{g}^{a^{[0,\,n-1]}},\ \boldsymbol{g}^{a^{[n+1,\,2n]}},\ h,\ z_0)$$

DBDHE 假设意味着任意的 PPT 算法 $\mathcal{A}$ 成功解决 DBDHE 问题的优势

$$\mathrm{Adv}_{\mathcal{A}}^{\mathrm{DBDHE}}(\kappa) = \Pr[\mathcal{A}(P_{\mathrm{DBDHE}}) = 1] - \Pr[\mathcal{A}(R_{\mathrm{DBDHE}}) = 1]$$

是可忽略的，其中概率来源于随机值的选取和算法 $\mathcal{A}$ 的随机选择。

假设 2-6　截短增强的双线性 Diffie-Hellman 指数(Truncated Augmented Bilinear Diffie-Hellman Exponent，简称 q-ABDHE)假设　对于$\widetilde{\mathbb{G}}=(q,\ g,\ G_1,\ G_2,\ e(\cdot))\leftarrow\widetilde{\mathcal{G}}(1^{\kappa})$，给定两个元组

$$\mathcal{T}_1 = (g,\ g^{a},\ g^{(a)^2},\ \cdots,\ g^{(a)^q},\ g',\ g'^{(a^{q+2})},\ e(g^{(a^{q+1})},\ g'))$$

$$\mathcal{T}_0 = (g,\ g^{a},\ g^{(a)^2},\ \cdots,\ g^{(a)^q},\ g',\ g'^{(a^{q+2})},\ Z)$$

其中，$g'\leftarrow_R G$，$a\leftarrow_R Z_q^*$ 和 $Z\leftarrow_R G_2$。截短增强的双线性 Diffie-Hellman 指数问题的目标是区分元组 $\mathcal{T}_1$和 $\mathcal{T}_0$。

q-ABDHE 假设意味着对于任意的多项式 q 和任意的 PPT 算法 $\mathcal{A}$，成功区分元组 $\mathcal{T}_1$和 $\mathcal{T}_0$的优势

$$\mathrm{Adv}_{\mathcal{A}}^{q\text{-ABDHE}}(\kappa) = \Pr[\mathcal{A}(\mathcal{T}_1) = 1] - \Pr[\mathcal{A}(\mathcal{T}_0) = 1]$$

是可忽略的，其中概率来源于随机值 a 在 Z_q^* 上的选取和算法 $\mathcal{A}$ 的随机选择。

特别地，为了方便证明，随机选取 $\gamma\leftarrow_R Z_q^*$，将群 G_2 中的随机元素 Z 表示为 $Z=e(g,\ g)^{\gamma}$，那么存在一个随机值 $\beta\in Z_p^*$，满足 $\gamma=a^{q+1}\log_g g'+\beta$，使得

$$Z = e(g,\ g)^{\gamma} = e(g,\ g)^{a^{q+1}\log_g g'+\beta} = e(g,\ g)^{a^{q+1}\log_g g'} e(g,\ g)^{\beta} = e(g^{a^{q+1}},\ g')e(g,\ g)^{\beta}$$

综上所述，下文中将元组 $\mathcal{T}_0$写成

$$\mathcal{T}_0 = (g,\ g^{a},\ g^{(a)^2},\ \cdots,\ g^{(a)^q},\ g',\ g'^{(a^{q+2})},\ e(g^{a^{q+1}},\ g')e(g,\ g)^{\beta})$$

其中，β 是从 Z_q^* 中随机选取的。

假设 2-7　双线性 Diffie-Hellman 求逆(Bilinear Diffie-Hellman Inversion，BDHI)假设

对于已知的元组$\widetilde{\mathbb{G}}=(q,\ g,\ G_1,\ G_2,\ e(\cdot))\leftarrow\widetilde{\mathcal{G}}(1^{\kappa})$，给定任意的随机元素 $g,\ g^{a},\ g^{a^2},\ \cdots,\ g^{a^q}\in G$，对于任意未知的指数 $a\in Z_q^*$，双线性 Diffie-Hellman 求逆问题的目标是计算 $e(g,\ g)^{\frac{1}{a}}$。BDHI 假设意味着任意的 PPT 算法 $\mathcal{A}$ 成功解决 BDHI 问题的优势

$$\mathrm{Adv}_{\mathcal{A}}^{\mathrm{BDHI}}(\kappa) = \Pr[\mathcal{A}(g,\ g^{a},\ g^{a^2},\ \cdots,\ g^{a^q}) = e(g,\ g)^{\frac{1}{a}}]$$

是可忽略的，其中概率来源于 a 在 Z_q^* 上的随机选取和算法 $\mathcal{A}$ 的随机选择。

假设 2-8　判定的线性(Decisional Linear)假设(简称线性假设)　对于已知的群结构$\widetilde{\mathbb{G}}=(q,\ g,\ G_1,\ G_2,\ e(\cdot))\leftarrow\widetilde{\mathcal{G}}(1^{\kappa})$，给定任意的元组$(g,\ g^{z_1},\ g^{z_2},\ g^{z_1z_3},\ g^{z_2z_4},\ g^{z_3+z_4})$和$(g,\ g^{z_1},\ g^{z_2},\ g^{z_1z_3},\ g^{z_2z_4},\ g^{z_5})$，对于任意未知的指数 $z_1,\ z_2,\ z_3,\ z_4,\ z_5\in Z_q^*$，判定的线性问题的目标是区分上述两个元组。线性假设意味着任意的 PPT 算法 $\mathcal{A}$ 成功区分上述两个元组的优势

$$\begin{aligned}\mathrm{Adv}_{\mathcal{A}}^{\mathrm{Linear}}(\kappa) = {} & \Pr[\mathcal{A}(g,\ g^{z_1},\ g^{z_2},\ g^{z_1z_3},\ g^{z_2z_4},\ g^{z_3+z_4}) = 1] - \\ & \Pr[\mathcal{A}(g,\ g^{z_1},\ g^{z_2},\ g^{z_1z_3},\ g^{z_2z_4},\ g^{z_5}) = 1]\end{aligned}$$

是可忽略的，其中概率来源于随机数在 Z_q^* 上的随机选取和算法 $\mathcal{A}$ 的随机选择。

2.5　合数阶双线性群及相应的子群判定假设

合数阶双线性群在文献[2]中首次被用于密码机制的构造中。群生成算法 $\mathcal{G}(1^\kappa)$ 的输入为安全参数 κ，输出为元组 $\hat{\mathbb{G}}=(N=p_1p_2p_3, g, G, G_T, e(\cdot))$，其中，$G$ 和 G_T 为阶是合数 N 的乘法循环群，$\{p_1, p_2, p_3\}$ 都是等长的大素数，$e: G\times G\rightarrow G_T$ 是满足下述性质的双线性映射。

(1) 双线性：对于任意的 $a, b\leftarrow_R Z_N$ 和 $g\in G$，有 $e(g^a, g^b)=e(g, g)^{ab}$ 成立。

(2) 非退化性：有 $e(g, g)\neq 1_{G_T}$ 成立，其中 1_{G_T} 是群 G_T 的单位元。

(3) 可计算性：对于任意的 $U, V\in G$，$e(U, V)$ 可在多项式时间内完成计算。

(4) 子群正交性：对于任意的 $h_i\in G_i$ 和 $h_j\in G_j$，当 $i\neq j$ 时，有 $e(h_i, h_j)=1$。其中，G_i $(i=1, 2, 3)$ 是群 G 的阶为大素数 $p_i\in\{p_1, p_2, p_3\}$ 的子群。

假设 g 是群 G 的生成元，那么 $g^{p_1p_3}$ 是子群 G_2 的生成元，$g^{p_1p_2}$ 是子群 G_3 的生成元，$g^{p_2p_3}$ 是子群 G_1 的生成元。则对于 $h_1\in G_1$ 和 $h_2\in G_2$，可以表示为 $h_1=(g^{p_2p_3})^{\alpha_1}$ 和 $h_2=(g^{p_1p_3})^{\alpha_2}$，其中 $\alpha_1, \alpha_2\leftarrow_R Z_N$，那么有

$$e(h_1, h_2)=e((g^{p_2p_3})^{\alpha_1}(g^{p_1p_3})^{\alpha_2})=e(g^{\alpha_1}g^{\alpha_2p_3})^{p_1p_2p_3}=1$$

注解 2-5　在合数阶双线性群中，$G_{i,j}$ 表示群 G 的阶为 p_ip_j 的子群。若有 $X_i\in G_i$ 和 $Y_j\in G_j$，则有 $X_iY_j\in G_{i,j}$。

假设 2-9　令群生成算法 $\mathcal{G}(1^\kappa)$ 的输出是 $\hat{\mathbb{G}}=(N=p_1p_2p_3, g, G, G_T, e(\cdot))$，给定两个元组 $(\hat{\mathbb{G}}, g, X_3, T_1)$ 和 $(\hat{\mathbb{G}}, g, X_3, T_2)$，其中，$g\leftarrow_R G_1$，$X_3\leftarrow_R G_3$，$T_1\leftarrow_R G_{1,2}$ 和 $T_2\leftarrow_R G_1$。对于任意的算法 $\mathcal{A}$，其成功区分 (D, T_1) 和 (D, T_2)（其中 $D=(\hat{\mathbb{G}}, g, X_3)$）的优势

$$\mathrm{Adv}^{\mathrm{SD\text{-}1}}(\kappa)=\Pr[\mathcal{A}(D, T_1)=1]-\Pr[\mathcal{A}(D, T_2)=1]$$

是可忽略的，其中概率来源于随机值的选取和算法 $\mathcal{A}$ 的随机选择。

假设 2-10　令群生成算法 $\mathcal{G}(1^\kappa)$ 的输出是 $\hat{\mathbb{G}}=(N=p_1p_2p_3, g, G, G_T, e(\cdot))$，给定两个元组 $(\hat{\mathbb{G}}, g, X_1X_2, X_3, Y_2Y_3, T_1)$ 和 $(\hat{\mathbb{G}}, g, X_1X_2, X_3, Y_2Y_3, T_2)$，其中，$g, X_1\leftarrow_R G_1$；$X_2, Y_2\leftarrow_R G_2$；$X_3, Y_3\leftarrow_R G_3$；$T_1\leftarrow_R G$；$T_2\leftarrow_R G_{1,3}$。对于任意的算法 $\mathcal{A}$，其成功区分 (D, T_1) 和 (D, T_2)（其中 $D=(\hat{\mathbb{G}}, g, X_1X_2, X_3, Y_2Y_3)$）的优势

$$\mathrm{Adv}^{\mathrm{SD\text{-}2}}(\kappa)=\Pr[\mathcal{A}(D, T_1)=1]-\Pr[\mathcal{A}(D, T_2)=1]$$

是可忽略的，其中概率来源于随机值的选取和算法 $\mathcal{A}$ 的随机选择。

假设 2-11　令群生成算法 $\mathcal{G}(1^\kappa)$ 的输出是 $\hat{\mathbb{G}}=(N=p_1p_2p_3, g, G, G_T, e(\cdot))$，给定两个元组 $(\hat{\mathbb{G}}, g, g^\alpha X_2, X_3, g^sY_2, Z_2, T_1)$ 和 $(\hat{\mathbb{G}}, g, g^\alpha X_2, X_3, g^sY_2, Z_2, T_2)$，其中，$\alpha, s\leftarrow_R Z_N$；$g\leftarrow_R G_1$；$X_2, Y_2, Z_2\leftarrow_R G_2$；$X_3\leftarrow_R G_3$；$T_1=e(g, g)^{\alpha s}$；$T_2\leftarrow_R G_T$。对于任意的算法 $\mathcal{A}$，其成功区分 (D, T_1) 和 (D, T_2)（其中 $D=(\hat{\mathbb{G}}, g, g^\alpha X_2, X_3, g^sY_2, Z_2)$）的优势

$$\mathrm{Adv}^{\mathrm{SD\text{-}3}}(\kappa)=\Pr[\mathcal{A}(D, T_1)=1]-\Pr[\mathcal{A}(D, T_2)=1]$$

是可忽略的，其中概率来源于随机值的选取和算法 $\mathcal{A}$ 的随机选择。

注解 2-6 为方便起见，后文将假设 2-9、假设 2-10 和假设 2-11 分别称为合数阶双线性群上的安全性假设 1、安全性假设 2 和安全性假设 3。

2.6 泄露谕言机

传统密码机制的安全性通常是在一个理想的安全模型下被证明的，该模型假设任意敌手除能获得密码机制相应的输入和输出之外，任何秘密信息都无法获知。然而，事实却是在现实环境中各种各样的泄露攻击普遍存在，使得攻击者能够通过边信道、冷启动等泄露攻击获得密码机制内部秘密状态(如用户私钥、随机数等)的部分泄露信息，导致在传统理想安全模型下被证明为安全的密码机制不再保持其所声称的安全性。为进一步增强密码机制的实用性，需研究能够抵抗泄露攻击的密码机制。因此，各种各样泄露攻击的出现，使得抗泄露性已成为当前复杂网络环境下密码机制的一个必备安全属性。

在泄露容忍的安全性模型中，可以通过赋予敌手访问泄露谕言机 $\mathcal{O}_{sk}^{\lambda,\kappa}(\cdot)$的能力完成敌手对密钥 sk 的泄露攻击，其中 κ 是安全参数，λ 是系统设定的泄露参数。

定义 2-9(泄露谕言机) 设 $\mathcal{O}_{sk}^{\lambda,\kappa}(\cdot)$是泄露谕言机，其输入为任意高效可计算的函数 $f_i: \{0, 1\}^* \to \{0, 1\}^{\lambda_i}$，输出为 $f_i(sk)$，其中对 $f_i(sk)$的计算是在多项式时间内完成的。敌手可通过适应性询问泄露谕言机 $\mathcal{O}_{sk}^{\lambda,\kappa}(\cdot)$获知相应密钥 sk 的泄露信息，限制条件是关于同一密钥泄露信息的总量不能超过系统设定的泄露参数 λ；否则，泄露谕言机 $\mathcal{O}_{sk}^{\lambda,\kappa}(\cdot)$返回无效符号$\perp$，即 $\sum_{j=1}^{i} f_j(sk) \leqslant \lambda$。

不失一般性，可假设敌手在询问阶段对泄露谕言机 $\mathcal{O}_{sk}^{\lambda,\kappa}(\cdot)$只询问一次，泄露谕言机 $\mathcal{O}_{sk}^{\lambda,\kappa}(\cdot)$返回相应的泄露信息 $f(sk)$，但 $f(sk)$的长度不能超过 λ。多次询问和一次询问，在本质上是没有区别的。

注解 2-7 具体的安全性证明时，泄露谕言机 $\mathcal{O}_{sk}^{\lambda,\kappa}(\cdot)$是由模拟者掌握的，协助其回答敌手的泄露询问，其中初始化参数 κ、λ 和 sk 均由模拟者提供。

2.7 卡梅隆哈希函数

卡梅隆哈希函数是具有公私钥对(pk_{CH}，td_{CH})的特殊哈希函数，如果仅有计算公钥 pk_{CH}，则该函数具有抗碰撞性；但是，如果有陷门私钥 td_{CH}，则可以找到碰撞。卡梅隆哈希函数由 3 个 PPT 算法组成，即 CH=(CH. Gen，CH. Eval，CH. Equiv)。

(1) 密钥生成算法(pk_{CH}，td_{CH})←CH. Gen(1^κ)输出卡梅隆哈希函数的公私钥对(pk_{CH}，td_{CH})。

(2) 函数计算算法 y←CH. Eval(pk_{CH}，r_{CH}，x)在输入公钥 pk_{CH} 及随机数 $r_{\mathrm{CH}} \leftarrow_R \mathcal{T}_{\mathrm{CH}}$ 的前提下，将输入 x 值映射到 y。如果随机数 r_{CH} 是 $\mathcal{T}_{\mathrm{CH}}$ 上的均匀随机分布，那么 y 也是输出空间上的均匀随机分布。

(3) 碰撞计算算法 r'_{CH}=CH. Equiv(td_{CH}，x，r_{CH}，x')在输入陷门私钥 td_{CH}、(x，r_{CH})

和 x' 后，该算法输出一个随机数 r'_{CH}，且满足条件

$$\text{CH. Eval}(pk_{CH}, x, r_{CH}) = \text{CH. Eval}(pk_{CH}, x', r'_{CH})$$

其中，r'_{CH} 是 $\mathcal{T}_{CH}$ 上的均匀随机分布。

卡梅隆哈希函数在仅有计算公钥 pk_{CH} 的情况下具有抗碰撞性，即对于任何 PPT 敌手 $\mathcal{A}$，对于任意的 (x, r_{CH}) 难以找到 $(x', r'_{CH}) \neq (x, r_{CH})$，使得它们函数值相等，则下述关系成立：

$$\text{Adv}_{\text{CH}, \mathcal{A}}^{\text{CR}}(\kappa) = \Pr[\text{CH. Eval}(pk_{CH}, x, r_{CH}) = \text{CH. Eval}(pk_{CH}, x', r'_{CH})] \leqslant \text{negl}(\kappa)$$

2.8　一次性损耗滤波器(OT-LF)

2.8.1　OT-LF 的形式化定义

一个 (Dom, l_{LF})-OT-LF $\text{LF}_{F_{pk}, t}(\cdot)$ 是以公钥 F_{pk} 和标签 t 为索引的函数集合，对于任意的输入 $X \in Dom$，$\text{LF}_{F_{pk}, t}(\cdot)$ 函数输出 $\text{LF}_{F_{pk}, t}(X)$，其中标签集合 $\mathcal{T}$ 包含了两个计算不可区分的子集，一个是单射标签子集合 $\mathcal{T}_{inj}$，另一个是损耗标签子集合 $\mathcal{T}_{loss}$。若 $t \in \mathcal{T}_{inj}$，那么函数 $\text{LF}_{F_{pk}, t}(\cdot)$ 是单射的，值域的大小为 $|Dom|$；若 $t \in \mathcal{T}_{loss}$，则函数 $\text{LF}_{F_{pk}, t}(\cdot)$ 的值域大小至多为 $2^{l_{LF}}$。因此，一个损耗标签使得函数 $\text{LF}_{F_{pk}, t}(\cdot)$ 至多暴露关于输入 X 的 l_{LF} 比特的信息。

一个 (Dom, l_{LF})-OT-LF $\text{LF}_{F_{pk}, t}(\cdot)$ 主要包含 3 个 PPT 算法，即 LF. Gen、LF. Eval 和 LF. LTag[3]。

(1) 密钥生成算法 $(F_{pk}, F_{td}) \leftarrow \text{LF. Gen}(1^{\kappa})$ 输出 OT-LF 的密钥对 (F_{pk}, F_{td})，其中公钥 F_{pk} 定义了标签空间 $\mathcal{T} = \{0, 1\}^* \times \mathcal{T}_c$，且 $\mathcal{T}$ 包含两个不相交子集合，分别是损耗标签子集合 $\mathcal{T}_{loss} \in \mathcal{T}$ 和单射标签子集合 $\mathcal{T}_{inj} \in \mathcal{T}$，那么 $\mathcal{T}_{loss} \cap \mathcal{T}_{inj} = \varnothing$；标签 $t = (t_a, t_c)$ 由辅助标签 $t_a \in \{0, 1\}^*$ 和核心标签 $t_c \in \mathcal{T}_c$ 两部分组成；F_{td} 是用于计算损耗标签的陷门。

(2) 函数计算算法 $y \leftarrow \text{LF. Eval}(F_{pk}, t, x)$ 在输入公钥 F_{pk} 及标签 $t \in \mathcal{T}$ 的前提下，输出 $x \in Dom$ 所对应的函数值 $\text{LF. Eval}(F_{pk}, t, x)$。

(3) 损耗生成算法 $t_c = \text{LF. LTag}(F_{td}, t_a)$ 在陷门 F_{td} 的作用下输出辅助标签 t_a 所对应的核心标签 t_c，并且 $t = (t_a, t_c)$ 是一个损耗标签。

2.8.2　OT-LF 的安全性质

一个 OT-LF LF=(LF. Gen，LF. Eval，LF. LTag)需满足下述性质[3]。

(1) 损耗性(Lossiness ability)：若 $t \in \mathcal{T}_{inj}$，那么函数 $\text{LF}_{F_{pk}, t}(\cdot)$ 是单射的，值域的大小为 $|Dom|$；若 $t \in \mathcal{T}_{loss}$，则函数 $\text{LF}_{F_{pk}, t}(\cdot)$ 的值域大小至多为 $2^{l_{LF}}$。因此，一个损耗标签使得函数 $\text{LF}_{F_{pk}, t}(\cdot)$ 至多暴露关于输入 X 的 l_{LF} 比特的信息。

(2) 不可区分性(Indistinguish ability)：对于任意的 PPT 敌手 $\mathcal{A}$，其区分损耗标签和单射标签是困难的，也就是说，下述优势是可忽略的，即

$$\text{Adv}_{\mathcal{A}}^{\text{IND}}(\kappa) = |\Pr[\mathcal{A}(F_{pk}, (t_a, t_c^0)) = 1] - \Pr[\mathcal{A}(F_{pk}, (t_a, t_c^1)) = 1]|$$

成立。其中，$(F_{pk}, F_{td}) \leftarrow \mathrm{LF.Gen}(1^\kappa)$，$t_a \leftarrow \mathcal{A}(F_{pk})$，$t_c^0 = \mathrm{LF.LTag}(F_{td}, t_a)$，$t_c^1 \leftarrow_R \mathcal{T}_c$。

（3）躲闪性（Evasiveness ability）：对于任意的 PPT 敌手 $\mathcal{A}$，给定一个损耗标签 $(t_a, t_c) \in \mathcal{T}_{\mathrm{loss}}$，很难生成一个非单射标签 (t_a', t_c')（一些情况下，一个标签既不是单射的也不是损耗的），也就是说，下述优势是可忽略的，即

$$\mathrm{Adv}_{\mathrm{LF},\mathcal{A}}^{\mathrm{Eva}}(\kappa) = \left[\begin{array}{c|c} (t_a', t_c') \neq (t_a, t_c), & (F_{pk}, F_{td}) \leftarrow \mathrm{LF.Gen}(1^\kappa) \\ & t_a \leftarrow \mathcal{A}(F_{pk}) \\ (t_a', t_c') \in \mathcal{T} \backslash \mathcal{T}_{\mathrm{inj}} & t_c = \mathrm{LF.LTag}(F_{td}, t_a) \\ & (t_a', t_c') \leftarrow \mathcal{A}(F_{pk}, (t_a, t_c)) \end{array}\right] \leqslant \mathrm{negl}(\kappa)$$

成立。

2.8.3 OT-LF 的具体构造

下面将介绍文献[4]中基于 DBDH 假设的 OT-LF 实例。

令 $\boldsymbol{A} = (A_{i,j})_{i,j\in[n]}$ 是空间 Z_p 上的 $n\times n$ 矩阵，其中 $A_{i,j} \in Z_p$；$g^{\boldsymbol{A}} = (g^{A_{i,j}})_{i,j\in[n]}$ 表示乘法循环群 G 上的 $n\times n$ 矩阵，其中 g 是群 G 的一个生成元。给定一个向量 $\boldsymbol{x} = (x_1, x_2, \cdots, x_n) \in (Z_p)^n$ 和一个矩阵 $\boldsymbol{E} = (E_{i,j})_{i,j\in[n]} \in G^{n\times n}$，定义下述运算

$$\boldsymbol{x} \cdot \boldsymbol{E} = \left(\prod_{i=1}^{n} E_{i,1}^{x_i}, \prod_{i=1}^{n} E_{i,2}^{x_i}, \cdots, \prod_{i=1}^{n} E_{i,n}^{x_i}\right) \in G^n$$

令 CH =（CH. Gen，CH. Eval，CH. Equiv）是像集为 Z_p 的卡梅隆哈希函数，H：$\{0, 1\}^{l_m} \times [n] \rightarrow Z_q$ 是抗碰撞的单向哈希函数。

（1）$(F_{pk}, F_{td}) \leftarrow \mathrm{LF.Gen}(1^\kappa)$。

① 运行群生成算法 $\mathcal{G}(1^\kappa)$ 输出相应的元组 $(p, G, g, G_T, e(\cdot))$，其中 G 是阶为大素数 p 的乘法循环群，g 是群 G 的一个生成元，e：$G\times G \rightarrow G_T$ 是高效可计算的双线性映射。

② 运行 $\mathrm{CH.Gen}(1^\kappa)$ 获得 $(ek_{\mathrm{CH}}, td_{\mathrm{CH}})$，然后随机选取 $(t_a^*, t_c^*) \leftarrow_R \{0, 1\}^* \times \mathcal{R}_{\mathrm{CH}}$，并计算 $b^* = \mathrm{CH.Eval}(ek_{\mathrm{CH}}, t_a^*, t_c^*)$，其中 $\mathcal{R}_{\mathrm{CH}}$ 表示卡梅隆哈希函数的随机空间，令 $\mathcal{T}_c = \mathcal{R}_{\mathrm{CH}}$。

③ 令 $\boldsymbol{I} = (I_{i,j})_{i,j\in[n]}$ 是空间 Z_p 上的 $n\times n$ 单位矩阵。随机选取 $r_1, r_2, \cdots, r_n \leftarrow_R Z_p$ 和 $s_1, s_2, \cdots, s_n \leftarrow_R Z_p$，对于 $i = 1, 2, \cdots, n$ 和 $j = 1, 2, \cdots, n$，计算 $A_{i,j} = r_i s_j$ 和 $E_{i,j} = e(g, g)^{A_{i,j} - b^* I_{i,j}}$。

令 $\boldsymbol{A} = (A_{i,j})_{i,j\in[n]} \in (Z_q)^{n\times n}$ 和 $\boldsymbol{E} = (E_{i,j})_{i,j\in[n]} \in (G_T)^{n\times n}$ 是两个 $n\times n$ 矩阵。特别地，矩阵 $\boldsymbol{A}$ 的秩为 1，矩阵 $\boldsymbol{E}$ 可表示为 $\boldsymbol{E} = e(g, g)^{\boldsymbol{A} - b^* \boldsymbol{I}}$。

④ 输出 $F_{pk} = (ek_{\mathrm{CH}}, \boldsymbol{E})$ 和 $F_{td} = (td_{\mathrm{CH}}, t_a^*, t_c^*)$，且相对应的标签空间为 $\mathcal{T} = \{0, 1\}^* \times \mathcal{T}_c$，其中损耗标签 $\mathcal{T}_{\mathrm{loss}}$ 和单设标签 $\mathcal{T}_{\mathrm{inj}}$ 的定义分别为

$$\mathcal{T}_{\mathrm{loss}} = \{(t_a, t_c) \mid (t_a, t_c) \in \mathcal{T} \wedge \mathrm{CH.Eval}(ek_{\mathrm{CH}}, t_a, t_c) = b^*\}$$

$$\mathcal{T}_{\mathrm{inj}} = \{(t_a, t_c) \mid (t_a, t_c) \in \mathcal{T} \wedge \mathrm{CH.Eval}(ek_{\mathrm{CH}}, t_a, t_c) \notin \{b^*, b^* - \mathrm{Tr}(\boldsymbol{A})\}\}$$

（2）$y \leftarrow \mathrm{LF.Eval}(F_{pk}, t, k)$，其中 $t = (t_a, t_c)$，$k \in \{0, 1\}^{l_m}$。

① 对于 $i = 1, 2, \cdots, n$，计算 $x_i = H(k, i)$，令 $\boldsymbol{x} = (x_1, x_2, \cdots, x_n)$。

② 计算 $b = \mathrm{CH.Eval}(ek_{\mathrm{CH}}, t_a, t_c)$ 和 $(y_1, y_2, \cdots, y_n) = \boldsymbol{x}(\boldsymbol{E} \otimes e(g, g)^{b\boldsymbol{I}})$，其中 $\otimes$ 表示向量的 entry-wise 乘法。

③ 输出 $y=\prod_{j=1}^{n} y_j$。

特别地，由于 $\boldsymbol{E}\otimes e(g,g)^{b\boldsymbol{I}}=(e(g,g)^{A_{i,j}+(b-b^*)I_{i,j}})_{i,j\in[n]}$，因此有

$$y=\prod_{i=1}^{n}\left(\prod_{j=1}^{n} e(g,g)^{x_i(A_{i,j}+(b-b^*)I_{i,j})}\right)$$

此外，可以通过输入为 $\{0,1\}^*$、输出为 $\{0,1\}^{l_m}$ 的抗碰撞哈希函数 $\mathcal{H}$：$\{0,1\}^*\rightarrow\{0,1\}^{l_m}$ 将 OT-LF 实例的输入空间扩展为任意长度的字符串 $\{0,1\}^*$。

(3) $t_c\leftarrow$LF. Eval(F_{td},t_a)。

对于 $F_{td}=(td_{\mathrm{CH}},t_a^*,t_c^*)$ 和一个辅助标签 $t_a\in\{0,1\}^*$，输出相应的核心标签

$$t_c\leftarrow \mathrm{CH.Equiv}(td_{\mathrm{CH}},t_a^*,t_c^*,t_a)$$

定理 2-2 若 DBDH 假设是困难的，那么上述构造 LF＝(LF. Gen，LF. Eval，LF. LTag)是一个 $(\{0,1\}^{l_m},\log p)$-OT-LF。

证明 下面分别证明上述构造满足损耗性、不可区分性和躲闪性。

(1) 损耗性。由于 $(y_1,y_2,\cdots,y_n)=\boldsymbol{x}(\boldsymbol{E}\otimes e(g,g)^{b\boldsymbol{I}})$，因此有

$$(y_1,y_2,\cdots,y_n)=\boldsymbol{x}(\boldsymbol{E}\otimes e(g,g)^{b\boldsymbol{I}})=\boldsymbol{x}e(g,g)^{\boldsymbol{A}+(b-b^*)\boldsymbol{I}}=e(g,g)^{\boldsymbol{x}(\boldsymbol{A}+(b-b^*)\boldsymbol{I})}$$

那么，对于 $i=1,2,\cdots,n$ 和 $j=1,2,\cdots,n$，有 $y_j=e(g,g)^{(b-b^*)x_j}\prod_{i=1}^{n}e(g,g)^{r_is_jx_i}$，其中 $r_i,s_j\in Z_p$。

① 若 $t\in\mathcal{T}_{\mathrm{inj}}$，则 $b\notin\{b^*,b^*-\mathrm{Tr}(\boldsymbol{A})\}$，因此矩阵 $\boldsymbol{B}=\boldsymbol{A}+(b-b^*)\boldsymbol{I}$ 是满秩的，所以 LF. Eval$(F_{pk},t,k)=e(g,g)^{\boldsymbol{xB}}$ 是一个单射函数。

② 若 $t\in\mathcal{T}_{\mathrm{loss}}$，则 $b=b^*$，因此 $\boldsymbol{B}=\boldsymbol{A}+(b-b^*)\boldsymbol{I}$ 是秩为 1 的矩阵，所以 LF. Eval$(F_{pk},t,k)=e(g,g)^{\boldsymbol{xB}}$ 有 p 个不同的值，也就是说 $l_{\mathrm{LF}}=\log p$。

(2) 不可区分性。令 $\boldsymbol{E}^0=(e(g,g)^{r_is_j})_{i,j\in[n]}$，其中 $r_i,s_j\leftarrow_R Z_q$。定义 $\boldsymbol{E}^1$ 与 $\boldsymbol{E}^0$ 相同除了 $E_{i,i}^1=e(g,g)^{r_is_i}e(g,g)^b$，其中 $i=1,2,\cdots,n$，$b\leftarrow_R Z_q$，那么 $\boldsymbol{E}^1=(E_{i,j}^1)_{i,j\in[n]}$ 可以写成

$$E_{i,j}^1=\begin{cases}e(g,g)^{r_is_j} & i\neq j;\ i=1,2,\cdots,n;\ j=1,2,\cdots,n\\ e(g,g)^{r_is_i+b} & i=j;\ i=1,2,\cdots,n\end{cases}$$

定义 $\boldsymbol{E}'$ 与 $\boldsymbol{E}^0$ 相同除了 $E'_{i,i}=e(g,g)^b$，其中 $i=1,2,\cdots,n$，$b\leftarrow_R Z_q$，那么 $\boldsymbol{E}'=(E'_{i,j})_{i,j\in[n]}$ 可以写成

$$E'_{i,j}=\begin{cases}e(g,g)^{r_is_j} & i\neq j;\ i=1,2,\cdots,n;\ j=1,2,\cdots,n\\ e(g,g)^{b} & i=j;\ i=1,2,\cdots,n\end{cases}$$

下面构造一个 PPT 敌手 $\mathcal{D}$，已知 $(\mathcal{G}(1^\kappa),\boldsymbol{E}^\eta)$ 的前提下，在 OT-LF 不可区分性攻击敌手 $\mathcal{A}$ 的协助下判断 $\eta=1$ 还是 $\eta=0$。敌手 $\mathcal{D}$ 通过与敌手 $\mathcal{A}$ 间的下述消息交互过程为 $\mathcal{A}$ 模拟了 OT-LF 的运行环境。

① 选取一个卡梅隆哈希函数 CH＝(CH. Gen，CH. Eval，CH. Equiv)，运行参数生成算法 $(ek_{\mathrm{CH}},td_{\mathrm{CH}})\leftarrow$CH. Gen$(1^\kappa)$，然后随机选取标签 $(t_a^*,t_c^*)\leftarrow_R\{0,1\}^*\times\mathcal{T}_c$ 并计算 $b^*=$ CH. Eval$(ek_{\mathrm{CH}},t_a^*,t_c^*)$，最后敌手 $\mathcal{D}$ 发送 $F_{pk}=(ek_{\mathrm{CH}},\boldsymbol{E})$(其中 $\boldsymbol{E}=\boldsymbol{E}^\eta\otimes e(g,g)^{-b^*\boldsymbol{I}}$)给敌手 $\mathcal{A}$，并且秘密保存 $F_{td}=(td_{\mathrm{CH}},t_a^*,t_c^*)$。

② 敌手 $\mathcal{D}$ 通过下述计算返回敌手关于 t_a 询问的应答 t_c，即

$$t_c = \text{LF.LTag}(F_{td}, t_a) = \text{CH.Equiv}(ek_{\text{CH}}, t_a^*, t_c^*, t_a)$$

③ 若敌手 $\mathcal{A}$ 输出 0，则意味着 (t_a, t_c) 是损耗标签，相应的敌手 $\mathcal{D}$ 输出 0，表示 $\boldsymbol{E}^\eta = \boldsymbol{E}^0$；否则，敌手输出 1，表示 $\boldsymbol{E}^\eta = \boldsymbol{E}^1$。

若 $\boldsymbol{E}^\eta = \boldsymbol{E}^0$，则有

$$\boldsymbol{E} = \boldsymbol{E}^0 \otimes e(g, g)^{-b^* \boldsymbol{I}}$$
$$b^* = \text{CH.Eval}(ek_{\text{CH}}, t_a^*, t_c^*)$$

那么 (t_a, t_c) 是损耗标签。

若 $\boldsymbol{E}^\eta = \boldsymbol{E}^1$，则有

$$\boldsymbol{E} = \boldsymbol{E}^1 \otimes e(g, g)^{-b^* \boldsymbol{I}} = \boldsymbol{E}^0 \otimes e(g, g)^{-(b^* - b)\boldsymbol{I}}$$
$$b^* = \text{CH.Eval}(ek_{\text{CH}}, t_a^*, t_c^*) \neq b^* - b$$

那么 (t_a, t_c) 不是损耗标签，并且由卡梅隆哈希函数的性质可知 t_c 是均匀分布。因此有

$$\text{Adv}_{\text{LF}, \mathcal{A}}^{\text{IND}} \leqslant |\Pr[\mathcal{D}(\mathcal{G}(1^\kappa), \boldsymbol{E}^0) = 1] - \Pr[\mathcal{D}(\mathcal{G}(1^\kappa), \boldsymbol{E}^1) = 1]|$$

对于区分 $\boldsymbol{E}^1$ 与 $\boldsymbol{E}^0$ 的敌手 $\mathcal{D}$，定义相应的游戏 Game_k（其中 $k=1, 2, \cdots, n$）：对于 $i=1, 2, \cdots, n$ 和 $j=1, 2, \cdots, n$，敌手 $\mathcal{D}$ 随机选取 $r_i, s_j, z_i \leftarrow_R Z_q$，设置矩阵 $\boldsymbol{E}^{(0, k)}$ 为 $\boldsymbol{E}^{(0, k)} = (E_{i, j}^{(0, k)})_{i, j \in [n]}$，则

$$E_{i,j}^{(0,k)} = \begin{cases} e(g, g)^{r_i s_j} & i \neq j \\ e(g, g)^{z_i} & 1 \leqslant i = j \leqslant k \\ e(g, g)^{r_i s_i} & i = j > k \end{cases}$$

令事件 $\mathcal{E}_i$ 表示敌手 $\mathcal{D}$ 在游戏 Game_k 中输出 1。若 $k=0$，则有 $\boldsymbol{E}^{(0, 0)} = \boldsymbol{E}^0$；若 $k=\eta$，则有 $\boldsymbol{E}^{(0, \eta)} = \boldsymbol{E}'$。因此有

$$\Pr[\mathcal{E}_0] = \Pr[\mathcal{D}(\mathcal{G}(1^\kappa), \boldsymbol{E}^{(0, 0)}) = 1] = \Pr[\mathcal{D}(\mathcal{G}(1^\kappa), \boldsymbol{E}^0) = 1]$$
$$\Pr[\mathcal{E}_\eta] = \Pr[\mathcal{D}(\mathcal{G}(1^\kappa), \boldsymbol{E}^{(0, \eta)}) = 1] = \Pr[\mathcal{D}(\mathcal{G}(1^\kappa), \boldsymbol{E}') = 1]$$

对于 $k=1, 2, \cdots, n$，下面将基于经典的 DBDH 假设证明游戏 Game_k 与游戏 Game_{k-1} 是不可区分的。

令敌手 $\mathcal{B}$ 是 DBDH 困难问题的攻击者，它将从挑战者处获得挑战元组 (g_a, g_b, g_c, T_ν)，其中 $a, b, c, \omega \leftarrow_R Z_p^*$，$T_\nu = e(g, g)^{abc}$ 或 $T_\nu = e(g, g)^{ab\omega}$。敌手 $\mathcal{B}$ 将为敌手 $\mathcal{D}$ 模拟游戏环境，并借助 $\mathcal{D}$ 的能力攻破 DBDH 困难性问题。

对于 $i=1, 2, \cdots, n$ 和 $j=1, 2, \cdots, n$ 且 $i, j \neq k$，随机选取 $r_i, s_j, z_i \leftarrow_R Z_p^*$，设置矩阵 $\widetilde{\boldsymbol{E}}_{i, j} = (E_{i, j})_{i, j \in [n]}$，其中

$$E_{i,j} = \begin{cases} e(g, g)^{r_i s_j} & i \neq k, j \neq k, i \neq j \\ e(g^a, g^b)^{s_j} & i = k, j \neq k \\ e(g, g^c)^{r_i} & i \neq k, j = k \\ e(g, g)^{z_i} & 1 \leqslant i = j \leqslant k \\ T_\nu & i = j = k \\ e(g, g^a)^{r_i s_i} & i = j > k \end{cases}$$

若 (g_a, g_b, g_c, T_ν) 是一个 DBDH 元组，即 $T_\nu = e(g, g)^{abc}$，则有 $\widetilde{\boldsymbol{E}}_{i, j} = \boldsymbol{E}^{(0, k-1)}$；否则，$(g_a, g_b, g_c, T_\nu)$ 是一个非 DBDH 元组，即 $T_\nu = e(g, g)^{ab\omega}$，则有 $\widetilde{\boldsymbol{E}}_{i, j} = \boldsymbol{E}^{(0, k)}$。因此有

$$\begin{aligned}\mathrm{Adv}_{\mathcal{B}}^{\mathrm{DBDH}}(\kappa) &\geqslant |\Pr[\mathcal{D}(\mathcal{G}(1^{\kappa}), \boldsymbol{E}^{(0,k-1)})=1]-\Pr[\mathcal{D}(\mathcal{G}(1^{\kappa}), \boldsymbol{E}^{(0,k)})=1]| \\ &= |\Pr[\mathcal{E}_{k-1}]-\Pr[\mathcal{E}_{k}]|\end{aligned}$$

所以对于 $k=1, 2, \cdots, \eta$，有 $|\Pr[\mathcal{E}_0]-\Pr[\mathcal{E}_\eta]| \leqslant \eta\mathrm{Adv}_{\mathcal{B}}^{\mathrm{DBDH}}(\kappa)$。因此有

$$|\Pr[\mathcal{D}(\mathcal{G}(1^{\kappa}), \boldsymbol{E}^{0})=1]-\Pr[\mathcal{D}(\mathcal{G}(1^{\kappa}), \boldsymbol{E}')=1]| \leqslant \eta\mathrm{Adv}_{\mathcal{B}}^{\mathrm{DBDH}}(\kappa)$$

类似地，有

$$|\Pr[\mathcal{D}(\mathcal{G}(1^{\kappa}), \boldsymbol{E}')=1]-\Pr[\mathcal{D}(\mathcal{G}(1^{\kappa}), \boldsymbol{E}^{1})=1]| \leqslant \eta\mathrm{Adv}_{\mathcal{B}}^{\mathrm{DBDH}}(\kappa)$$

由上述关系可知

$$|\Pr[\mathcal{D}(\mathcal{G}(1^{\kappa}), \boldsymbol{E}^{0})=1]-\Pr[\mathcal{D}(\mathcal{G}(1^{\kappa}), \boldsymbol{E}^{1})=1]| \leqslant 2\eta\mathrm{Adv}_{\mathcal{B}}^{\mathrm{DBDH}}(\kappa)$$

基于 DBDH 假设的困难性，可知 $\mathrm{Adv}_{\mathcal{A}}^{\mathrm{IND}}(\kappa) \leqslant 2\eta\mathrm{Adv}_{\mathcal{B}}^{\mathrm{DBDH}}(\kappa) \leqslant \mathrm{negl}(\kappa)$。

(3) 躲闪性。令事件 Noninj_i 表示在游戏 Game_i 中敌手输出了新鲜的非单射标签 (t_a, t_c)；事件 $\mathrm{Collision}_i$ 表示在游戏 Game_i 中敌手输出的标签 (t'_a, t'_c) 导致卡梅隆哈希函数产生了碰撞，即有 $\mathrm{CH.Eval}(ek_{\mathrm{CH}}, t_a^*, t_c^*)=\mathrm{CH.Eval}(ek_{\mathrm{CH}}, t'_a, t'_c)$。

Game_1：该游戏是 OT-LF 原始的模棱两可性游戏，挑战者 $\mathcal{C}$ 与敌手 $\mathcal{A}$ 之间的消息交互过程如下所述。

① $\mathcal{C}$ 运行 $(F_{pk}, F_{td}) \leftarrow \mathrm{LF.Gen}(1^{\kappa})$，其中 $F_{pk}=(ek_{\mathrm{CH}}, \boldsymbol{E})$，$F_{td}=(td_{\mathrm{CH}}, t_a^*, t_c^*)$，在秘密保存 F_{td} 的同时发送 F_{pk} 给敌手 $\mathcal{A}$。

② $\mathcal{A}$ 以 t_a 作为输入进行标签询问(仅对 t_a 询问一次)，$\mathcal{C}$ 返回相应的应答

$$t_c=\mathrm{LF.LTag}(F_{td}, t_a)=\mathrm{CH.Equiv}(ek_{\mathrm{CH}}, t_a^*, t_c^*, t_a)$$

③ $\mathcal{A}$ 输出 (t'_a, t'_c)。

若 (t'_a, t'_c) 是非单射标签，那么 $\mathrm{CH.Eval}(ek_{\mathrm{CH}}, t'_a, t'_c)=b^*$ 或 $\mathrm{CH.Eval}(ek_{\mathrm{CH}}, t'_a, t'_c)=b^*-\mathrm{Tr}(\boldsymbol{A})$，因此有

$$\begin{aligned}\mathrm{Adv}_{\mathrm{LF},\mathcal{A}}^{\mathrm{eva}} &= \Pr[\mathrm{Noninj}_1] \\ &\leqslant \Pr[\mathrm{Collision}_1]+\Pr[\mathrm{CH.Eval}(ek_{\mathrm{CH}}, t'_a, t'_c)=b^*-\mathrm{Tr}(\boldsymbol{A})]\end{aligned}$$

下面将证明任意的敌手 $\mathcal{A}$ 在已知 $\mathrm{CH.Eval}(ek_{\mathrm{CH}}, t'_a, t'_c)=b^*-\mathrm{Tr}(\boldsymbol{A})$ 的情况下能够协助敌手 $\mathcal{B}$ 解决离散对数问题，即敌手 $\mathcal{B}$ 在已知 (g, g^x) 的前提下，欲借助敌手 $\mathcal{A}$ 的能力输出相应的 x。敌手 $\mathcal{A}$ 和 $\mathcal{B}$ 之间的消息交互过程如下所述。

① 选取一个卡梅隆哈希函数 $\mathrm{CH}=(\mathrm{CH.Gen}, \mathrm{CH.Eval}, \mathrm{CH.Equiv})$，运行参数生成算法 $(ek_{\mathrm{CH}}, td_{\mathrm{CH}}) \leftarrow \mathrm{CH.Gen}(1^{\kappa})$，然后随机选取标签 $(t_a^*, t_c^*) \leftarrow_R \{0,1\}^* \times \mathcal{T}_c$ 并计算 $b^*=\mathrm{CH.Eval}(ek_{\mathrm{CH}}, t_a^*, t_c^*)$。对于 $i=2, 3, \cdots, n$ 和 $j=1, 2, \cdots, n$，随机选取 $r_i, s_j \leftarrow_R Z_p$，设置矩阵 $\boldsymbol{E}_{i,j}=(E_{i,j})_{i,j\in[n]}$，其中

$$E_{i,j}=\begin{cases} e(g, g^x)^{s_j} & i=1;\ j=2, 3, \cdots, n \\ e(g, g^x)^{s_1}e(g, g)^{-b^*} & i=j=1 \\ e(g, g)^{r_i s_j} & i\neq j;\ i=2, 3, \cdots, n;\ j=1, 2, \cdots, n \\ e(g, g)^{r_i s_j-b^*} & i=j;\ i=2, 3, \cdots, n \end{cases}$$

最后敌手 $\mathcal{B}$ 发送 $F_{pk}=(ek_{\mathrm{CH}}, \boldsymbol{E})$ 给敌手 $\mathcal{A}$，并且秘密保存 $F_{td}=(td_{\mathrm{CH}}, t_a^*, t_c^*)$。敌手隐含地设置 $r_1=x$。

② $\mathcal{A}$ 以 t_a 作为输入进行标签询问，$\mathcal{B}$ 返回相应的应答

$$t_c=\mathrm{LF.LTag}(F_{td}, t_a)=\mathrm{CH.Equiv}(ek_{\mathrm{CH}}, t_a^*, t_c^*, t_a)$$

③ $\mathcal{A}$输出(t'_a, t'_c)。

敌手$\mathcal{B}$计算$b'=\text{CH. Eval}(ek_{\text{CH}}, t'_a, t'_c)$。由于$\text{CH. Eval}(ek_{\text{CH}}, t'_a, t'_c)=b^*-\text{Tr}(\mathbf{A})$，故$b'\neq b^*$，那么$\text{Tr}(\mathbf{A})=b^*-b'=xs_1+\sum_{i=2}^{n}r_is_i$，也就是说$x=\dfrac{b^*-b'-\sum_{i=2}^{n}r_is_i}{s_1}\bmod p$。因此有

$$\Pr[\text{CH. Eval}(ek_{\text{CH}}, t'_a, t'_c)=b^*-\text{Tr}(\mathbf{A})]=\text{Adv}_{\mathcal{B}}^{\text{DBDH}}(\kappa)$$

Game_2：该游戏与游戏Game_1相类似，除了敌手$\mathcal{A}$对t_a标签询问的应答，在该游戏中挑战者$\mathcal{C}$随机选取$t_c\leftarrow_R\mathcal{R}_{\text{CH}}$作为敌手$\mathcal{A}$标签询问的应答。下面将敌手$\mathcal{D}$攻击OT-LF不可区分性的困难性规约到区分事件$\text{Collision}_1$和$\text{Collision}_2$，即

$$\text{Adv}_{\text{LF}, \mathcal{D}}^{\text{IND}}(\kappa)=|\Pr[\text{Collision}_1]-\Pr[\text{Collision}_2]|$$

敌手$\mathcal{D}$是OT-LF不可区分性游戏中的区分者，它将从挑战者处获得F_{pk}，且能够选择t_a进行一次谕言机询问并获得相应的应答t_c，最后输出对(t_a, t_c)是否为损耗标签的判断。敌手$\mathcal{D}$与$\mathcal{A}$之间的消息交互过程如下所述。

① 敌手$\mathcal{D}$发送F_{pk}给敌手$\mathcal{A}$。

② 当$\mathcal{A}$提出对t_a的询问时，$\mathcal{D}$将其转发给自己的谕言机，然后将谕言机返回的应答t_c给$\mathcal{A}$。

③ 敌手$\mathcal{A}$输出(t'_a, t'_c)，$\mathcal{D}$测试等式$\text{CH. Eval}(ek_{\text{CH}}, t_a, t_c)=\text{CH. Eval}(ek_{\text{CH}}, t'_a, t'_c)$是否成立，若成立则$\mathcal{D}$输出1，否则$\mathcal{D}$输出0。

若(t_a, t_c)是损耗标签，那么敌手$\mathcal{D}$模拟了Game_1；否则，它模拟了游戏Game_2。注意在游戏Game_2中未涉及F_{td}，那么可以将事件Collision_2发生的概率直接规约到卡梅隆哈希函数的抗碰撞性，即$\Pr[\text{Collision}_2]=\text{Adv}_{\text{CH}, \mathcal{B}}^{\text{CR}}(\kappa)$。由卡梅隆哈希函数的抗碰撞性可知$\Pr[\text{Collision}_2]\leqslant\text{negl}(\kappa)$。由OT-LF中损耗标签和随机标签的不区分性可知$\Pr[\text{Collision}_1]\leqslant\text{negl}(\kappa)$。

综上所述，基于DBDH问题困难性，即可得到$\text{Adv}_{\text{LF}, \mathcal{A}}^{\text{eva}}(\kappa)\leqslant\text{negl}(\kappa)$。

（定理2-2证毕）

2.9 非交互式零知识论证

2010年，Dodis等人在文献[5]中详细介绍了非交互式零知识(NIZK)论证的形式化定义和安全模型，本节将对NIZK论证的基本知识进行介绍。

令R是语言L_R上关于二元组(x, y)的NP关系，其中$L_R=\{y\mid\exists x, \text{s. t.}(x, y)\in R\}$。关系$R$上的NIZK论证包含三个算法，即Setup、Prove和Verify，具体语法可表述为：

(1) $(CRS, tk)\leftarrow\text{Setup}(1^\kappa)$。初始化算法Setup以系统安全参数$\kappa$为输入，输出公共参考串$CRS$和相应的陷门密钥$tk$。

(2) $\pi\leftarrow\text{Prove}_{CRS}(x, y)$。对满足$R(x, y)=1$的二元组$(x, y)$生成相应的论证$\pi$。

(3) $1/0\leftarrow\text{Verify}_{CRS}(\pi, y)$。若$\pi$是对应于$y$的论证，则输出1，否则输出0。

特别地，当CRS能从上下文中获知时，为了简便，可将算法Prove_{CRS}和Verify_{CRS}中的

下标 CRS 省略，直接写成 Prove 和 Verify。

NIZK 论证需满足下述三个安全性质：

(1) 正确性。对于任意的 $(x, y) \in R$，可知 $\pi \leftarrow \text{Prove}(x, y)$ 和 $\text{Verify}(\pi, y) = 1$，其中 $(CRS, tk) \leftarrow \text{Setup}(1^\kappa)$。

(2) 可靠性。对于 $(CRS, tk) \leftarrow \text{Setup}(1^\kappa)$ 和 $(y, \pi') \leftarrow \mathcal{A}(CRS)$，有

$$\Pr[y \notin L_R \wedge \text{Verify}(\pi', y) = 1] \leqslant \text{negl}(\kappa)$$

成立，其中 $\mathcal{A}$ 是一个 PPT 敌手。换句话说，对于不属于语言 L_R 上的元素 y，任意敌手 $\mathcal{A}$ 输出有效论据的概率是可忽略的。

(3) 零知识性。存在一个 PPT 模拟器 Sim，使得任意的 PPT 敌手 $\mathcal{A}$ 在下述游戏 $\text{Game}_{\text{Sim}}^{\text{ZK}}(\kappa)$ 中获胜的优势是可忽略的，即有

$$\left|\Pr[\mathcal{A}\ wins] - \frac{1}{2}\right| \leqslant \text{negl}(\kappa)$$

成立。

游戏 $\text{Game}_{\text{Sim}}^{\text{ZK}}(\kappa)$ 中挑战者 $\mathcal{C}$ 与敌手 $\mathcal{A}$ 之间的消息交互过程如下所述。

(1) 挑战者 $\mathcal{C}$ 输入安全参数 κ 后运行初始化算法 $(CRS, tk) \leftarrow \text{Setup}(1^\kappa)$，并发送系统公开参数 (CRS, tk) 给敌手 $\mathcal{A}$。

(2) 敌手 $\mathcal{A}$ 选择 $(x, y) \in R$，并将其发送给挑战者 $\mathcal{C}$。

(3) 挑战者 $\mathcal{C}$ 首先计算 $\pi_1 \leftarrow \text{Prove}(x, y)$ 和 $\pi_0 \leftarrow \text{Sim}(y, tk)$，然后发送挑战论证 π_v 给敌手 $\mathcal{A}$，其中 $v \leftarrow_R \{0, 1\}$。

(4) 敌手 $\mathcal{A}$ 输出对 v 的猜测 v'。若 $v' = v$，则称敌手 $\mathcal{A}$ 在该游戏中获胜。

在上述游戏中，对于任意的 $y \in L_R$，模拟器 Sim 可在陷门密钥 tk 的作用下输出一个模拟论证，即使敌手获知二元组 (x, y)（其中 x 是私有的证据，y 是公开的状态信息），零知识性依然保证了模拟论证与算法 Prove 生成的真实论证是不可区分的。

Dodis 等人[5]还定义了一个新密码工具——真实模拟可提取的 NIZK（true-simulation extractable NIZK，tsE-NIZK）论证，除了满足上述三个安全性质之外，tsE-NIZK 论证中还存在一个 PPT 的提取器 Ext′（初始化算法会输出相应的提取陷门 ek；特别地，此处的提取器与强随机性提取器是存在本质区别的，并非同一种，为了方便区分将其表示为 Ext′）能从恶意证明者 $\mathcal{P}^*$ 输出的任意论证 π 中提取出一个证据 x'，其中 $\mathcal{P}^*$ 能够看到之前关于真实状态的模拟论证。此外，Dodis 等人[5]将 tsE-NIZK 扩展到关于函数 f 的可提取性，即 Ext′只需输出关于有效证据 x' 的函数值 $f(x')$，而不再直接输出证据 x' 本身。

令 $\mathcal{O}_{tk}^{\text{Sim}}(\cdot)$ 表示模拟谕言机，敌手提交二元组 (x, y) 给模拟谕言机，$\mathcal{O}_{tk}^{\text{Sim}}(\cdot)$ 检测 $(x, y) \in R$ 是否成立，若成立，则忽略 x，并输出一个由模拟器 Sim 生成的模拟论证 $\text{Sim}(y, tk)$，否则输出终止符号 $\perp$。

定义 2-10（真实模拟的 f-可提取性）　令 f 是确定的高效可计算的函数，$\Pi = (\text{Setup}, \text{Prove}, \text{Verify})$ 是关系 R 上的 NIZK 论证，当下述条件成立时，也称 Π 是真实模拟 f-可提取的（true-simulation f-extractable，f-tSE）NIZK 论证。

(1) 初始化算法 Setup 除了输出公共参考串 CRS 和陷门密钥 tk 之外，还输出一个供提取器 Ext′使用的提取密钥 ek，即 $(CRS, tk, ek) \leftarrow \text{Setup}(1^\kappa)$。

(2) 在下列游戏 $\text{Game}_{\text{Sim}}^{\text{Ext}}(\kappa)$ 中，存在一个 PPT 算法 $\text{Ext}'(y, \pi, ek)$，使得任意的 PPT

敌手 $\mathcal{A}$ 获胜的优势是可忽略的，即有

$$\Pr[\mathcal{A}\ wins] \leqslant \mathrm{negl}(\kappa)$$

成立，其中 $\mathrm{Ext}'(y, \pi, ek)$ 表示在提取密钥 ek 的作用下从 y 的论证 π 中提取出相应的证据信息。

游戏 $\mathrm{Game}_{\mathrm{Sim}}^{\mathrm{Ext}}(\kappa)$ 的消息交互过程如下所述。

① 密钥生成：挑战者 $\mathcal{C}$ 运行初始化算法

$$(CRS, tk, ek) \leftarrow \mathrm{Setup}(1^{\kappa})$$

并将 CRS 发送给敌手 $\mathcal{A}$。

② 模拟询问：敌手 $\mathcal{A}^{\mathcal{O}_{tk}^{\mathrm{Sim}}(\cdot)}$ 可适应性地询问模拟谕言机 $\mathcal{O}_{tk}^{\mathrm{Sim}}(\cdot)$，即敌手 $\mathcal{A}$ 以二元组 (x, y) 作为输入，能够从模拟谕言机 $\mathcal{O}_{tk}^{\mathrm{Sim}}(\cdot)$ 处获得相应的模拟论证。

③ 输出：敌手 $\mathcal{A}$ 输出 (y', π')。

④ 提取：挑战者 $\mathcal{C}$ 运行 $z' \leftarrow \mathrm{Ext}'(y', \pi', ek)$。

若条件①状态信息 y' 未在模拟询问中出现，② $\mathrm{Verify}(\pi', y')=1$，③对于满足条件 $f(x')=z'$ 的 x'，有 $R(x', y')=0$ 都成立，则称敌手 $\mathcal{A}$ 在上述游戏中获胜。

f-tSE NIZK 论证的真实模拟 f-可提取性表明关系 R 中的二元组 (x, y) 所对应的论证 π 是可提取的，提取操作 $\mathrm{Ext}'(y, \pi, ek)$ 能以不可忽略的概率从 π 中提取出相应的证据 x 满足 $f(x)=\mathrm{Ext}'(y, \pi, ek)$。

若敌手 $\mathcal{A}$ 仅有一次访问模拟谕言机 $\mathcal{O}_{tk}^{\mathrm{Sim}}(\cdot)$ 的机会，则称是一次性模拟可提取的；通过增强敌手 $\mathcal{A}$ 获胜的条件，可得到强模拟可提取的概念，其中敌手 $\mathcal{A}$ 输出一个新的状态和相应的论证，而不再是单一的新状态。更详细地讲，条件①更改为 (y', π') 是新的，并且 y' 未在模拟询问中出现；否则论证 π' 与敌手 $\mathcal{A}$ 从模拟谕言机 $\mathcal{O}_{tk}^{\mathrm{Sim}}(\cdot)$ 获得的论证是不相同的。此外，在文献[5]中，Dodis 等人指出基于任意 CCA 安全的加密机制和标准的 NIZK 论证可以来构造 f-tSE NIZK 论证。

2.10 消息验证码

密钥空间 $\mathcal{K}$ 和消息空间 $\mathcal{M}$ 上的消息验证码 MAC=(Tag, Ver)包含以下两个算法。

(1) $\mathrm{Tag}(k, m)$：输入密钥空间中的对称密钥 $k \in \mathcal{K}$ 和消息空间中的消息 $m \in \mathcal{M}$，标签算法 $\mathrm{Tag}(\cdot)$ 输出一个认证标签 Tag。

(2) $\mathrm{Ver}(k, m, Tag)$：输入密钥空间中的对称密钥 $k \in \mathcal{K}$、消息空间中的消息 $m \in \mathcal{M}$ 和认证标签 Tag，验证算法 $\mathrm{Ver}(\cdot)$ 输出相应的验证结果 0 或 1，其中 1 表示 Tag 是关于消息 m 的认证标签，否则输出 0。

消息验证码 MAC=(Tag, Ver)的正确性要求：对于密钥空间 $\mathcal{K}$ 上任意的对称密钥 $k \in \mathcal{K}$，有 $\mathrm{Ver}(k, m, \mathrm{Tag}(k, m))=1$ 成立。

消息验证码 MAC=(Tag, Ver)的安全性通过下述交互式实验 $\mathrm{Exp}_{\mathrm{MAC}}^{\mathrm{suf\text{-}cmva}}(\kappa)$ 来描述。

(1) 从密钥空间 $\mathcal{K}$ 中随机选取对称密钥 $k \in \mathcal{K}$。

(2) 运行 $\mathcal{A}^{\mathrm{Tag}(k, \cdot), \mathrm{Ver}(k, \cdot, \cdot)}(\kappa)$，其中，$\mathrm{Tag}(k, \cdot)$ 是标签谕言机，敌手 $\mathcal{A}$ 能够从它获得相应消息的认证标签；$\mathrm{Ver}(k, \cdot, \cdot)$ 是验证谕言机，敌手 $\mathcal{A}$ 能从它获得消息及相应标签

的验证结果。

(3) 敌手 $\mathcal{A}$ 输出一个挑战消息标签对(m^*, Tag^*)，并且(m^*, Tag^*)与之前标签谕言机 Tag(k, ·)返回的所有值(m_i, Tag_i)均不相同。若有 Ver(k, m^*, Tag^*)=1 成立，则输出 1，否则输出 0。

特别地，由于(m^*, Tag^*)≠(m^*, Tag')，故元组(m^*, Tag')可以出现在标签谕言机 Tag(k, ·)的返回值列表中，即敌手 $\mathcal{A}$ 可以对挑战消息 m^* 进行标签生成询问。敌手 $\mathcal{A}$ 在上述交互式实验 $\mathrm{Exp}_{\mathrm{MAC}}^{\text{suf-cmva}}(\kappa)$ 中获胜的优势定义为

$$\mathrm{Adv}_{\mathrm{MAC}}^{\text{suf-cmva}}(\kappa) = \left|\Pr\left[\mathrm{Exp}_{\mathrm{MAC}}^{\text{suf-cmva}}(\kappa) = 1\right]\right|$$

消息验证码 MAC=(Tag, Ver)的强不可伪造性定义如下：对于任意的 PPT 敌手 $\mathcal{A}$，若有 $\mathrm{Adv}_{\mathrm{MAC}}^{\text{suf-cmva}}(\kappa) \leqslant \mathrm{negl}(\kappa)$成立，那么该消息验证码 MAC=(Tag, Ver)在选择消息和选择验证询问攻击下是强不可伪造的。

2.11　抗泄露单向函数

对于单向函数 Fun: $\{0,1\}^{l_a} \to \{0,1\}^{l_b}$ 而言，当下述性质成立时，则称该函数具有抗泄露的单向性。

令 $\mathcal{A}$ 是攻击单向函数 Fun: $\{0,1\}^{l_a} \to \{0,1\}^{l_b}$ 的敌手，那么它攻击成功的优势为

$$\mathrm{Adv}_{\mathcal{A}}(\kappa, \lambda) = \Pr\left[\mathrm{Fun}(x) = y^* \left| \begin{array}{l} x^* \leftarrow_R \{0,1\}^{l_a} \\ y^* = \mathrm{Fun}(x^*) \\ x \leftarrow \mathcal{A}^{\mathcal{O}_{\mathrm{Leak}}(\cdot)}(y^*) \end{array} \right.\right]$$

其中，$\mathcal{O}_{\mathrm{Leak}}(\cdot)$是泄露谕言机。输入高效可计算的泄露函数 f: $\{0,1\}^{l_a} \to \{0,1\}^*$，可获得相应的泄露信息 $f(x^*)$，敌手获得泄露信息的最大量为 λ 比特。

对于任意的 PPT 敌手 $\mathcal{A}$，若有优势 $\mathrm{Adv}_{\mathcal{A}}(\kappa, \lambda)$是可忽略的，那么 Fun: $\{0,1\}^{l_a} \to \{0,1\}^{l_b}$ 是 λ($\lambda \leqslant l_a - l_b - \omega(\log\kappa)$)泄露容忍的单向函数，其中 $\omega(\log\kappa)$表示计算中的额外泄露量。对于任意的单向函数 Fun: $\{0,1\}^{l_a} \to \{0,1\}^{l_b}$ 而言，当条件 $\lambda \leqslant l_a - l_b - \omega(\log\kappa)$成立时，函数 Fun 具备抵抗泄露攻击的能力，其所能容忍的最大泄露量为 λ。

特别地，单向函数的抗泄露性表明，对于任意的敌手，即使敌手获得单向函数输入的部分泄露信息，也无法伪造一个新的输入，使其与原始输入具有相同的单向函数输出。基于抗泄露单向函数实现抵抗泄露攻击的功能时，若泄露信息的长度满足相应的条件，那么能确保单向函数的输出依然是随机的分布，敌手无法伪造出该函数的合法输出。也就是说，敌手在已知私钥泄露信息的前提下，无法伪造一个单向函数的输入值，使得其与原始输入的函数值相等。

2.12　参考文献

[1] DODIS Y, REYZIN L, SMITH A D. Fuzzy extractors: how to generate strong keys from biometrics and other noisy data[C]. Proceedings of the International Conference

on the Theory and Applications of Cryptographic Techniques, Interlaken, 2004: 523-540.

[2] GOLDWASSER S, MICALI S. Probabilistic encryption and how to play mental poker keeping secret all partial information[C]. Proceedings of the 14th Annual ACM Symposium on Theory of Computing, San Francisco, 1982: 365-377.

[3] 王志伟，李道丰，张伟，等. 抗辅助输入 CCA 安全的 PKE 构造[J]. 计算机学报，2016，39(3)：562-570.

[4] ZHOU Y W, YANG B, MU Y. The generic construction of continuous leakage-resilient identity-based cryptosystems[J]. Theoretical Computer Science, 2019, 772: 1-45.

[5] DODIS Y, Haralambiev K, López-Alt A, et al. Efficient public-key cryptography in the presence of key leakage [C]. Proceedings of the 16th International Conference on the Theory and Application of Cryptology and Information Security, Singapore, 2010: 613-631.

第 3 章　身份基哈希证明系统(IB-HPS)

哈希证明系统(HPS)自 Cramer 和 Shoup[1] 提出以来，在公钥加密机制领域得到了广泛的关注和应用，是一个非常实用的密码工具。Alwen 等人[2]将 HPS 的概念推广到身份基密码体制中，提出了身份基哈希证明系统(IB-HPS)，并以其为底层工具设计了具有 CPA 安全性的抗泄露攻击的身份基加密(IBE)机制。为进一步推广抗泄露攻击的 IBE 机制的通用构造方法，Chow 等人[3]设计了 3 个 IB-HPS 的具体实例。此外，为进一步丰富 IB-HPS 的性能，Chen 等人[4]构造了具有匿名性的 IB-HPS。

本章主要详细介绍 IB-HPS 的形式化定义及相应的安全属性，同时对 Chow 等人[3]提出的 IB-HPS 实例进行回顾。此外，还将介绍 IB-HPS 在抗泄露加密机制构造方面的应用。

3.1　算法定义及安全属性

本节主要回顾 IB-HPS 的形式化定义及安全属性。

3.1.1　IB-HPS 的形式化定义

一个 IB-HPS 包含 5 个 PPT 算法，即 Setup、KeyGen、Encap、Encap* 和 Decap，各算法的具体描述如下所述。

(1) $(mpk, msk) \leftarrow \mathrm{Setup}(1^{\kappa})$：

初始化算法 Setup 以系统安全参数 κ 为输入，输出相应的系统公开参数 mpk 和主私钥 msk。其中，mpk 定义了用户身份空间 $\mathcal{ID}$、封装密钥空间 $\mathcal{K}$、封装密文空间 $\mathcal{C}$ 和用户私钥空间 $\mathcal{SK}$。此外，mpk 也是其他算法(即 KeyGen、Encap、Encap* 和 Decap)的隐含输入，为了方便起见，下述算法的输入列表并未将其标识。

(2) $d_{id} \leftarrow \mathrm{KeyGen}(msk, id)$：

对于输入的任意身份 $id \in \mathcal{ID}$，密钥生成算法 KeyGen 以主私钥 msk 作为输入，输出身份 id 所对应的私钥 d_{id}。特别地，每次运行该算法，概率性的密钥生成算法基于不同的随机数生成用户私钥 d_{id}。

(3) $(C, k) \leftarrow \mathrm{Encap}(id)$：

对于输入的任意身份 $id \in \mathcal{ID}$，有效密文封装算法 Encap 输出对应的有效封装密文 $C \in \mathcal{C}$ 及相对应的封装密钥 k。

(4) $C^* \leftarrow \mathrm{Encap}^*(id)$:

对于输入的任意身份 $id \in \mathcal{ID}$，无效密文封装算法 Encap^* 输出对应的无效封装密文 $C^* \in \mathcal{C}$。

特别地，密钥生成算法 KeyGen、有效密文封装算法 Encap 和无效密文封装算法 Encap^* 都是概率性算法。

(5) $k' \leftarrow \mathrm{Decap}(d_{id}, C)$:

对于确定性的解封装算法 Decap，其输入身份 id 所对应的封装密文 C(或 C^*)和私钥 d_{id}，输出相应的解封装密钥 k'。特别地，解封装算法对于输入的任意密文(可能是有效封装密文 C，也可能是无效封装密文 C^*)，均输出封装密钥空间 $\mathcal{K}$ 上的解封装结果 k'。对于无效封装密文 C^*，该算法输出 $\mathcal{K}$ 上的一个随机值。

3.1.2 IB-HPS 的安全属性

一个 IB-HPS 需满足正确性、通用性、平滑性及有效封装密文与无效封装密文的不可区分性。

1. 正确性

对于任意的身份 $id \in \mathcal{ID}$，有

$$\Pr[k \neq k' \mid (C, k) \leftarrow \mathrm{Encap}(id), k' \leftarrow \mathrm{Decap}(d_{id}, C)] \leqslant \mathrm{negl}(\kappa)$$

成立。其中，$(mpk, msk) \leftarrow \mathrm{Setup}(1^\kappa)$，$d_{id} \leftarrow \mathrm{KeyGen}(msk, id)$。

2. 通用性

对于 $(mpk, msk) \leftarrow \mathrm{Setup}(1^\kappa)$ 和任意的身份 $id \in \mathcal{ID}$，当一个 IB-HPS 满足下述两个性质时，称该 IB-HPS 是 δ-通用的。

(1) 对于 $d_{id} \leftarrow \mathrm{KeyGen}(msk, id)$，有 $H_\infty(d_{id}) \geqslant \delta$。

(2) 对于身份 id 对应的任意两个不同的私钥 d_{id}^1 和 d_{id}^2 ($d_{id}^1 \neq d_{id}^2$)，有

$$\Pr[\mathrm{Decap}(d_{id}^1, C^*) = \mathrm{Decap}(d_{id}^2, C^*)] \leqslant \mathrm{negl}(\kappa)$$

成立。其中，$C^* \leftarrow \mathrm{Encap}^*(id)$。

通用性表明 IB-HPS 的用户私钥具有一定的不可预测性，对于同一身份的不同私钥，解封装同一个无效密文得到相同结果的概率是可忽略的。也就是说，身份所对应的一个无效密文用与该身份相对应的不同私钥去解封装时，将得到互不相同的解封装结果。

3. 平滑性

对于任意身份 $id \in \mathcal{ID}$ 的私钥 d_{id}(其中 $d_{id} \leftarrow \mathrm{KeyGen}(msk, id)$)，若有

$$\mathrm{SD}((C^*, k'), (C^*, \tilde{k})) \leqslant \mathrm{negl}(\kappa)$$

成立，则称该 IB-HPS 是平滑的。其中，$C^* \leftarrow \mathrm{Encap}^*(id)$，$k' \leftarrow \mathrm{Decap}(d_{id}, C^*)$，$\tilde{k} \leftarrow_R \mathcal{K}$。

平滑性表明无效封装密文的解封装输出与封装密钥空间中的任意随机值是不可区分的。换句话说，无效封装密文的解封装输出对任意敌手而言是完全均匀随机的。

在平滑性的基础上，下面讨论泄露平滑性。令函数 $f: \{0, 1\}^* \rightarrow \{0, 1\}^\lambda$ 是一个高效可

计算的泄露函数，若有关系

$$\mathrm{SD}((C^*, f(d_{id}), k'), (C^*, f(d_{id}), \tilde{k})) \leqslant \mathrm{negl}(\kappa)$$

成立，则相应的 IB-HPS 具有抗泄露攻击的平滑性，简称泄露平滑的 IB-HPS。其中 C^*、k' 和 $\tilde{k}$ 的取值与平滑性定义相同。此外，$f(d_{id})$ 表示用户私钥 d_{id} 的泄露信息。特别地，对于 λ 比特的泄露信息，敌手可通过一次泄露询问获得，也可通过多次泄露询问获得，但泄露信息的最大长度是 λ 比特。

4. 有效封装密文与无效封装密文的不可区分性

有效封装算法 Encap 生成的密文称为有效封装密文，无效封装算法 Encap^* 输出的密文称为无效封装密文。对于 IB-HPS 而言，有效封装密文与无效封装密文是不可区分的，即使敌手能够获得任意身份(包括挑战身份)的用户私钥。

有效封装密文与无效封装密文的不可区分性游戏包括挑战者 $\mathcal{C}$ 和敌手 $\mathcal{A}$ 两个参与者，具体的消息交互过程如下所述。

(1) 初始化：挑战者 $\mathcal{C}$ 运行初始化算法 $(mpk, msk) \leftarrow \mathrm{Setup}(1^\kappa)$，发送系统公开参数 mpk 给敌手 $\mathcal{A}$，并秘密保存主私钥 msk。

(2) 阶段 1：敌手 $\mathcal{A}$ 能够适应性地对身份空间 $\mathcal{ID}$ 的任意身份 $id \in \mathcal{ID}$ 进行密钥生成询问(包括挑战身份)，挑战者 $\mathcal{C}$ 通过运行密钥生成算法 $d_{id} \leftarrow \mathrm{KeyGen}(msk, id)$ 返回相应的私钥 d_{id} 给敌手 $\mathcal{A}$。

(3) 挑战：对于挑战身份 $id^* \in \mathcal{ID}$，挑战者 $\mathcal{C}$ 首先计算

$$(C_1, k) \leftarrow \mathrm{Encap}(id^*),\ C_0 \leftarrow \mathrm{Encap}^*(id^*)$$

然后，发送挑战密文 C_β 给敌手 $\mathcal{A}$，其中 $\beta \leftarrow_R \{0, 1\}$。

(4) 阶段 2：该阶段与阶段 1 相类似，敌手 $\mathcal{A}$ 能够适应性地对任意身份 $id \in \mathcal{ID}$ 进行密钥生成询问(包括挑战身份)，获得挑战者 $\mathcal{C}$ 返回的相应应答 $d_{id} \leftarrow \mathrm{KeyGen}(msk, id)$。

(5) 输出：敌手 $\mathcal{A}$ 输出对 β 的猜测 β'。若 $\beta' = \beta$，则称敌手 $\mathcal{A}$ 在该游戏中获胜，并且挑战者 $\mathcal{C}$ 输出 $\omega = 1$，意味着 $\mathcal{C}$ 能够区分有效封装密文与无效封装密文；否则，挑战者 $\mathcal{C}$ 输出 $\omega = 0$。

特别地，在上述两个测试阶段中，对于同一身份 $id \in \mathcal{ID}$ 的密钥生成询问，挑战者通过列表记录返回相同的私钥 $d_{id} \leftarrow \mathrm{KeyGen}(msk, id)$ 给敌手。在具体构造中，由于 KeyGen 是随机性算法，故同一身份不同时刻的私钥是不相同的。

在上述有效封装密文与无效封装密文的区分性实验中，敌手 $\mathcal{A}$ 获胜的优势定义为

$$\mathrm{Adv}_{\text{IB-HPS}}^{\text{VI-IND}}(\kappa) = \left| \Pr[\mathcal{A}\ wins] - \frac{1}{2} \right|$$

其中概率来自挑战者和敌手对随机数的选取及敌手的选择。对于任意的 PPT 敌手 $\mathcal{A}$，其在上述游戏中获胜的优势是可忽略的，即有 $\mathrm{Adv}_{\text{IB-HPS}}^{\text{VI-IND}}(\kappa) \leqslant \mathrm{negl}(\kappa)$ 成立。

3.1.3 IB-HPS 中通用性、平滑性及泄露平滑性之间的关系

下面将讨论 IB-HPS 中通用性、平滑性及泄露平滑性之间的关系。其中，定理 3-1 表明当参数满足相应的限制条件时任意一个通用的 IB-HPS 是泄露平滑的，定理 3-2 表明基于平均情况的强随机性提取器可将平滑的 IB-HPS 转变成泄露平滑的 IB-HPS。

定理 3-1 若封装密钥空间为$\mathcal{K}=\{0,1\}^{l_k}$的 IB-HPS 是$\delta$-通用的(若用户私钥的最小熵为$\delta$，则$H_\infty(d_{id})\geqslant\delta$)，那么它也是泄露平滑的。其中，泄露参数满足$\lambda\leqslant\delta-l_k-\omega(\log\kappa)$，$\omega(\log\kappa)$表示计算过程中产生的附加泄露。

定理 3-1 可由剩余哈希引理(引理 2-4)和广义的剩余哈希引理(引理 2-5)得到。

下面基于平均情况的强随机性提取器给出由平滑的 IB-HPS 构造泄露平滑的 IB-HPS 的通用转换方式。令$\Pi'=(\text{Setup}',\text{KeyGen}',\text{Encap}',\text{Encap}'^*,\text{Decap}')$是封装密钥空间为$\mathcal{K}=\{0,1\}^{l'_k}$、身份空间为$\mathcal{ID}$的平滑性 IB-HPS；令 Ext：$\{0,1\}^{l'_k}\times\{0,1\}^{l_t}\rightarrow\{0,1\}^{l_k}$是平均情况的$(l'_k-\lambda,\varepsilon)$-强随机性提取器，其中$\lambda$是泄露参数，$\varepsilon$在安全参数$\kappa$上是可忽略的值。那么，泄露平滑性 IB-HPS 的通用构造$\Pi=(\text{Setup},\text{KeyGen},\text{Encap},\text{Encap}^*,\text{Decap})$可表述如下。

(1) $(mpk,msk)\leftarrow\text{Setup}(1^\kappa)$：

输出(mpk,msk)，其中$(mpk,msk)\leftarrow\text{Setup}'(1^\kappa)$。

(2) $d_{id}\leftarrow\text{KeyGen}(msk,id)$：

输出d_{id}，其中$d_{id}\leftarrow\text{KeyGen}'(msk,id)$。

(3) $(C,k)\leftarrow\text{Encap}(id)$：

① 计算$(C',k')\leftarrow\text{Encap}'(id)$。

② 随机选取$S\leftarrow_R\{0,1\}^{l_t}$，并计算$k=\text{Ext}(k',S)$。

③ 输出封装密文C及相对应的封装密钥k，其中$C=(C',S)$。

(4) $C^*\leftarrow\text{Encap}^*(id)$：

① 随机选取$S\leftarrow_R\{0,1\}^{l_t}$，并计算$C'\leftarrow\text{Encap}'^*(id)$。

② 输出封装密文$C^*=(C',S)$。

(5) $k\leftarrow\text{Decap}(d_{id},C)$：

① 计算$k'\leftarrow\text{Decap}'(d_{id},C')$和$k=\text{Ext}(k',S)$。

② 输出解封装结果k。

定理 3-2 若Π'是平滑性 IB-HPS，Ext 是平均情况的$(l'_k-\lambda,\varepsilon)$-强随机性提取器，那么，当$\lambda\leqslant l'_k-l_k-\omega(\log\kappa)$时，上述通用转换可生成一个$\lambda$-泄露平滑性 IB-HPS。

证明 机制$\Pi=(\text{Setup},\text{KeyGen},\text{Encap},\text{Encap}^*,\text{Decap})$的正确性、通用性及有效封装密文与无效封装密文的不可区分性均可由底层 IB-HPS Π'的相应性质获得。下面将详细证明泄露平滑性。

令f：$\{0,1\}^*\rightarrow\{0,1\}^\lambda$是输出长度为$\lambda$的高效可计算泄露函数。此外，定义一个函数$f'(C^*,k')$，它通过输入私钥$d_{id}$运行解封装算法 Decap，从无效密文$C^*$中输出相应的解封装$k'$，同时输出私钥的泄露信息$f(d_{id})$，也就是说

$$f'(C^*,k')\equiv\{\text{输出 }k'=\text{Decap}(d_{id},C^*)\text{ 和 }f(d_{id})\}$$

定义敌手的视图为$(C^*,f(d_{id}),k)$，其中$k=\text{Ext}(k',S)$，$k'=\text{Decap}(d_{id},C^*)$，即解封装算法的输出$k'$同时也是强随机性提取器 Ext 的输入。

对于确定的$(mpk,msk)\leftarrow\text{Setup}(1^\kappa)$和任意的身份$id$，有

$$
\begin{aligned}
(C^*, f(d_{id}), k) &\equiv (C^*, f(d_{id}), k = \mathrm{Ext}(k', S)) \\
&\equiv (C^*, f'(C^*, k'), k = \mathrm{Ext}(k', S)) \\
&\approx (C^*, f'(C^*, U), k = \mathrm{Ext}(U, S)) \\
&\approx (C^*, f'(C^*, U), \tilde{k}) \\
&\approx (C^*, f'(C^*, k'), \tilde{k}) \\
&\equiv (C^*, f(d_{id}), \tilde{k})
\end{aligned}
$$

其中，$d_{id} = \mathrm{KeyGen}(id, msk)$，$C^* = \mathrm{Encap}^*(id)$，$k' = \mathrm{Decap}(d_{id}, C^*)$，$U \leftarrow \{0, 1\}^{l'_k}$，$\tilde{k} \leftarrow_R \{0, 1\}^{l_k}$。此外，$S \leftarrow_R \{0, 1\}^{l_t}$ 是强随机性提取器的种子。

第一和第三个约等号成立是基于底层 IB-HPS Π' 的平滑性，强随机性提取器 Ext 的安全性保证了第二个约等号成立。因此，可得到

$$\mathrm{SD}((C^*, f(d_{id}), k), (C^*, f(d_{id}), \tilde{k})) \leqslant \mathrm{negl}(\kappa)$$

由于 Ext：$\{0, 1\}^{l'_k} \times \{0, 1\}^{l_t} \rightarrow \{0, 1\}^{l_k}$ 是平均情况的 $(l'_k - \lambda, \varepsilon)$-强随机性提取器，因此有关系式 $\lambda \leqslant l'_k - l_k - \omega(\log\kappa)$ 成立。

综上所述，当泄露参数满足 $\lambda \leqslant l'_k - l_k - \omega(\log\kappa)$ 时，任意的平滑性 IB-HPS 可借助平均情况的强随机性提取器转化为泄露平滑性 IB-HPS。

（定理 3-2 证毕）

3.2　选择身份安全的 IB-HPS 实例

下面介绍 Chow 等人[3]提出的第一个 IB-HPS 实例，基于 DBDH 假设在选择身份安全模型下对其有效封装密文与无效封装密文的不可区分性进行证明。

3.2.1　具体构造

选择身份安全的 IB-HPS 主要包含下述 5 个算法，各算法的具体构造如下所述。

(1) $(Params, msk) \leftarrow \mathrm{Setup}(1^\kappa)$：

① 运行群生成算法 $\mathcal{G}(1^\kappa)$，输出相应的元组 $(p, G, g, G_T, e(\cdot))$。其中，G 是阶为大素数 p 的乘法循环群，g 是群 G 的生成元，e：$G \times G \rightarrow G_T$ 是高效可计算的双线性映射。

② 随机选取 $\alpha, \eta \leftarrow_R Z_p^*$，并计算 $e(g, g)^\alpha$ 和 $e(g, g)^\eta$。

③ 随机选取 $u, h \leftarrow_R G$，并计算主私钥 $msk = (g^\alpha, g^\eta)$。公开系统参数 $Params$，其中，$Params = \{p, G, g, G_T, e(\cdot), u, h, e(g, g)^\alpha, e(g, g)^\eta\}$。

特别地，身份空间为 $\mathcal{ID} = Z_p^*$，封装密钥空间为 $\mathcal{K} = G_T$。

(2) $d_{id} \leftarrow \mathrm{KeyGen}(msk, id)$：

① 随机选取 $r, t \leftarrow_R Z_p^*$，并计算

$$d_1 = g^\alpha g^{-\eta t} (u^{id} h)^r, \ d_2 = g^{-r}, \ d_3 = t$$

② 输出身份 id 所对应的私钥 $d_{id} = (d_1, d_2, d_3)$。

(3) $(C, k) \leftarrow \mathrm{Encap}(id)$：

① 随机选取 $z \leftarrow_R Z_p^*$，并计算

$$c_1 = g^z, c_2 = (u^{id}h)^z, c_3 = e(g, g)^{\eta z}$$

② 计算 $k = e(g, g)^{\alpha z}$。

③ 输出有效封装密文 $C = (c_1, c_2, c_3)$ 及相应的封装密钥 k。

(4) $C^* \leftarrow \text{Encap}^*(id)$：

① 随机选取 $z, z' \leftarrow_R Z_p^* (z \neq z')$，并计算

$$c_1 = g^z, c_2 = (u^{id}h)^z, c_3 = e(g, g)^{\eta z'}$$

② 输出无效封装密文 $C^* = (c_1, c_2, c_3)$。

(5) $k' \leftarrow \text{Decap}(d_{id}, C)$：

① 计算

$$k' = e(c_1, d_1)e(c_2, d_2)c_3^{d_3}$$

② 输出密文 C 对应的解封装密钥 k'。

3.2.2 正确性

上述 IB-HPS 实例的正确性由下述等式获得，即

$$\begin{aligned} k' &= e(c_1, d_1)e(c_2, d_2)c_3^{d_3} \\ &= e(g^z, g^\alpha g^{-\eta t}(u^{id}h)^r)e((u^{id}h)^z, g^{-r})e(g, g)^{\eta z t} \\ &= e(g, g)^{\alpha z} \end{aligned}$$

3.2.3 通用性

对于身份 id 的私钥 $d_{id} = (d_1, d_2, d_3) = (g^\alpha g^{-\eta t}(u^{id}h)^r, g^{-r}, t)$ 及相应的无效封装算法 Encap^* 输出的无效封装密文 $C^* = (c_1, c_2, c_3) = (g^z, (u^{id}h)^z, e(g, g)^{\eta z'})$，由解封装算法 $k' \leftarrow \text{Decap}(d_{id}, C^*)$ 可知：

$$\begin{aligned} k' &= e(c_1, d_1)e(c_2, d_2)c_3^{d_3} \\ &= e(g^z, g^\alpha g^{-\eta t}(u^{id}h)^r)e((u^{id}h)^z, g^{-r})e(g, g)^{\eta z' t} \\ &= e(g, g)^{\alpha z}e(g, g)^{\eta t(z'-z)} \end{aligned}$$

由此可见，无效封装密文 $C^* = (c_1, c_2, c_3)$ 的解封装结果中包含了相应私钥 $d_{id} = (d_1, d_2, d_3)$ 的底层随机数 t。由于同一身份 id 的不同私钥 d_{id} 和 d'_{id} 是由不同的底层随机数 t 和 t' 生成的，因此，对于任意的敌手而言，同一身份 id 的不同私钥 d_{id} 和 d'_{id} 对同一无效封装密文 $C^* = (c_1, c_2, c_3)$ 的解封装结果的视图是各不相同的，即有下述关系成立：

$$\Pr[\text{Decap}(d_{id}, C^*) = \text{Decap}(d'_{id}, C^*)] \leqslant \text{negl}(\kappa)$$

3.2.4 平滑性

对于身份 id 的私钥 d_{id} 及相应的无效封装算法 Encap^* 输出的无效封装密文 $C^* = (c_1, c_2, c_3)$，由通用性可知相应的解封装结果为 $k' = e(g, g)^{\alpha z}e(g, g)^{\eta t(z'-z)}$。对于敌手而言，参数 α、η、t，z 和 z' 都是从 Z_p^* 中均匀随机选取的。换句话说，在敌手看来 k' 是封装密钥空间 $\mathcal{K} = G_T$ 上的均匀随机值。综上所述，有下述关系成立：

$$\mathrm{SD}((C^*, k'), (C^*, \tilde{k})) \leqslant \mathrm{negl}(\kappa)$$

其中，$\tilde{k} \leftarrow_R G_T$。换句话说，在 IB-HPS 中，对于任意的无效封装密文，解封装算法输出封装密钥空间上的一个随机值。

3.2.5　有效封装密文与无效封装密文的不可区分性

定理 3-3　对于上述 IB-HPS 实例，在选择身份安全模型下，若存在一个 PPT 敌手 $\mathcal{A}$ 在多项式时间内能以不可忽略的优势 $\mathrm{Adv}_{\text{IB-HPS}, \mathcal{A}}^{\text{VI-IND}}(\kappa)$ 区分有效封装密文与无效封装密文，那么就能够构造一个敌手 $\mathcal{B}$ 在多项式时间内能以优势 $\mathrm{Adv}_{\mathcal{B}}^{\text{DBDH}}(\kappa) \geqslant \mathrm{Adv}_{\text{IB-HPS}, \mathcal{A}}^{\text{VI-IND}}(\kappa)$ 攻破经典的 DBDH 困难性假设。

证明　敌手 $\mathcal{B}$ 与敌手 $\mathcal{A}$ 开始有效封装密文与无效封装密文区分性游戏之前，敌手 $\mathcal{B}$ 从 DBDH 假设的挑战者处获得一个 DBDH 挑战元组(g, g^a, g^b, g^c, T_ω)及相应的公开元组(p, G, g, G_T, $e(\cdot)$)，其中 $a, b, c, c' \leftarrow Z_p^*$，$\omega =_R (0,1)$，$T_1 = e(g, g)^{abc}$，$T_0 = e(g, g)^{abc'}$。根据选择身份安全模型的要求，在游戏开始之前，敌手 $\mathcal{A}$ 将选定的挑战身份 id^* 发送给敌手 $\mathcal{B}$。敌手 $\mathcal{A}$ 与敌手 $\mathcal{B}$ 之间的消息交互过程具体如下所述。

(1) 初始化：

初始化阶段敌手 $\mathcal{B}$ 执行下述操作。

① 令 $u = g^a$，随机选取 $\tilde{h} \leftarrow_R Z_p^*$，计算 $h = (g^a)^{-id^*} g^{\tilde{h}}$。

② 随机选取 $\tilde{\alpha}$，$t^* \leftarrow_R Z_p^*$，计算

$$e(g, g)^\eta = e(g^a, g^b),\ e(g, g)^\alpha = e(g^a, g^b)^{t^*} e(g^a, g^b)^{\tilde{\alpha}}$$

特别地，通过上述运算敌手 $\mathcal{B}$ 隐含地设置了 $\eta = ab$ 和 $\alpha = \eta t^* + \tilde{\alpha}$。

③ 发送公开参数 $Params = \{q, G, g, G_T, e(\cdot), u, h, e(g, g)^\alpha, e(g, g)^\eta\}$ 给敌手 $\mathcal{A}$。

特别地，$\tilde{\alpha}$ 和 t^* 是由敌手 $\mathcal{B}$ 从 Z_p^* 中均匀随机选取的，a 和 b 是由 DBDH 假设的挑战者从 Z_p^* 中均匀随机选取的。因此，对于敌手 $\mathcal{A}$ 而言，$Params$ 中的所有公开参数都是均匀随机的，即模拟游戏与真实环境中的公开参数是不可区分的。

(2) 阶段 1(训练)：

敌手 $\mathcal{A}$ 能够适应性地对身份空间 $\mathcal{ID}$ 中的任意身份 $id \in \mathcal{ID}$ 进行密钥生成询问(包括挑战身份 id^*)，敌手 $\mathcal{B}$ 分下述两类情况处理敌手 $\mathcal{A}$ 关于身份 id 的密钥生成询问。

① $id \neq id^*$。敌手 $\mathcal{B}$ 随机选取 $\tilde{r}$，$\tilde{t} \leftarrow_R Z_p^*$，输出身份 id 相对应的私钥，即

$$d_{id} = (d_1, d_2, d_3) = \left(g^{\tilde{\alpha}} (g^b)^{\frac{-\tilde{h}\tilde{t}}{id - id^*}} (u^{id} h)^{\tilde{r}},\ g^{-\tilde{r}} (g^b)^{\frac{\tilde{t}}{id - id^*}},\ t^* - \tilde{t}\right)$$

对于任意选取的随机数 $\tilde{r}$，$\tilde{t} \leftarrow_R Z_p^*$，存在 $r, t \in Z_p^*$ 满足条件 $r = \tilde{r} - \dfrac{b\tilde{t}}{id - id^*}$ 和 $t = t^* - \tilde{t}$(其中 $\tilde{r}$ 和 $\tilde{t}$ 的随机性确保了 r 和 t 的随机性)，则有

$$g^{\tilde{\alpha}} (g^b)^{\frac{-\tilde{h}\tilde{t}}{id - id^*}} (u^{id} h)^{\tilde{r}} = g^{abt^* + \tilde{\alpha}} (g^{-abt^* + ab\tilde{t}}) g^{-ab\tilde{t}} (g^b)^{\frac{-\tilde{h}\tilde{t}}{id - id^*}} (u^{id} h)^{\tilde{r}}$$

$$= g^\alpha (g^{-abt^* + ab\tilde{t}}) g^{-ab\tilde{t}} (g^{\tilde{h}})^{\frac{-b\tilde{t}}{id - id^*}} (u^{id} h)^{\tilde{r}}$$

$$= g^{\alpha}(g^{ab})^{-(t^*-\tilde{t})}(g^{a(id-id^*)}g^{\tilde{h}})^{\frac{-b\tilde{t}}{id-id^*}}(u^{id}h)^{\tilde{r}}$$

$$= g^{\alpha}(g^{ab})^{-(t^*-\tilde{t})}(u^{id}h)^{\frac{-b\tilde{t}}{id-id^*}}(u^{id}h)^{\tilde{r}}$$

$$= g^{\alpha}(g^{ab})^{-(t^*-\tilde{t})}(u^{id}h)^{\tilde{r}-\frac{b\tilde{t}}{id-id^*}}$$

$$= g^{\alpha}g^{-\eta t}(u^{id}h)^{r}$$

$$g^{-\tilde{r}}(g^{b})^{\frac{\tilde{t}}{id-id^*}} = g^{-\left(\tilde{r}-\frac{b\tilde{t}}{id-id^*}\right)} = g^{-r}$$

因此，敌手 $\mathcal{B}$ 输出了身份 id 关于随机数 r 和 t 的有效私钥 d_{id}。

② $id=id^*$。敌手 $\mathcal{B}$ 随机选取 $r^*\leftarrow_R Z_p^*$，输出身份 id 相对应的私钥

$$d_{id^*}=(d_1, d_2, d_3)=(g^{\tilde{\alpha}}(u^{id}h)^{r^*}, g^{-r^*}, t^*)$$

由于 $g^{\tilde{\alpha}}(u^{id}h)^{r^*}=g^{\alpha-\eta t^*}(u^{id}h)^{r^*}=g^{\alpha}g^{-\eta t^*}(u^{id}h)^{r^*}$，因此敌手 $\mathcal{B}$ 输出了挑战身份 id^* 关于随机数 r^* 和 t^* 的有效私钥 d_{id^*}。

(3) 挑战：

敌手 $\mathcal{B}$ 首先计算 $c_1=g^c$，$c_2=(g^c)^{\tilde{h}}$，$c_3=T_\omega$，然后输出挑战封装密文 $C_v^*=(c_1, c_2, c_3)$ 给敌手 $\mathcal{A}$，其中 $(u^{id^*}h)^c=((g^a)^{id^*}(g^a)^{-id^*}g^{\tilde{h}})^c=(g^c)^{\tilde{h}}$。

下面分两种情况来讨论挑战封装密文 $C_v^*=(c_1, c_2, c_3)$。

① 当 $T_\omega=e(g, g)^{abc}$ 时，有 $c_3=e(g, g)^{abc}=e(g, g)^{\eta c}$，那么，挑战密文 $C_v^*=(c_1, c_2, c_3)$ 是关于挑战身份 id^* 的有效封装密文。

② 当 $T_\omega=e(g, g)^{abc'}$ 时，有 $c_3=e(g, g)^{abc'}=e(g, g)^{\eta c'}$，那么，挑战密文 $C_v^*=(c_1, c_2, c_3)$ 是关于挑战身份 id^* 的无效封装密文。

(4) 阶段 2(训练)：

与阶段 1 相类似，敌手 $\mathcal{A}$ 能够适应性地对任意身份 $id\in\mathcal{ID}$ 进行密钥生成询问(包括挑战身份 id^*)，敌手 $\mathcal{B}$ 按与阶段 1 相同的方式返回相应的应答 d_{id}。

(5) 输出：

敌手 $\mathcal{A}$ 输出对 v 的猜测 v'。若 $v'=v$，则敌手 $\mathcal{B}$ 输出 $\omega=1$，意味着 $\mathcal{B}$ 收到了 DBDH 元组；否则，敌手 $\mathcal{B}$ 输出 $\omega=0$，意味着 $\mathcal{B}$ 收到了非 DBDH 元组。

综上所述，如果敌手 $\mathcal{A}$ 能以不可忽略的优势 $\mathrm{Adv}_{\text{IB-HPS}, \mathcal{A}}^{\text{VI-IND}}(\kappa)$ 区分有效封装密文与无效封装密文，并且敌手 $\mathcal{B}$ 将敌手 $\mathcal{A}$ 以子程序的形式运行，那么敌手 $\mathcal{B}$ 能以显而易见的优势 $\mathrm{Adv}_{\mathcal{B}}^{\text{DBDH}}(\kappa)\geqslant\mathrm{Adv}_{\text{IB-HPS}, \mathcal{A}}^{\text{VI-IND}}(\kappa)$ 攻破 DBDH 复杂性假设。

(定理 3-3 证毕)

3.3 适应性安全的 IB-HPS 实例

由于选择身份的安全性较弱，为达到更强的安全性，Chow 等人[3]基于对偶加密系统

设计了适应性安全的 IB-HPS 实例，并在标准模型下基于合数阶双线性群下的相关复杂性假设对该构造的安全性进行了形式化证明。

3.3.1 具体构造

适应性安全的 IB-HPS 主要包含下述 5 个算法，各算法的具体构造如下所述。

(1) $(Params, msk) \leftarrow \text{Setup}(1^\kappa)$：

① 运行群生成算法 $\mathcal{G}(1^\kappa)$，输出相应的元组 $(N=p_1p_2p_3, G, g, G_T, e(\cdot))$，其中 G 和 G_T 是阶为合数 $N=p_1p_2p_3$ 的乘法循环群。G_1、G_2 和 G_3 是群 G 的三个子群，其中 G_1 是阶为素数 p_1 的子群，G_2 是阶为素数 p_2 的子群，G_3 是阶为素数 p_3 的子群。g 是群 G_1 的生成元，X_3 是群 G_3 的生成元，e：$G\times G\rightarrow G_T$ 是高效可计算的双线性映射。

② 随机选取 $\alpha, \eta \leftarrow_R Z_N^*$，计算 $e(g, g)^\alpha$ 和 $e(g, g)^\eta$。

③ 随机选取 $u, h \leftarrow_R G_1$，公开系统参数

$$Params = \{N, G, g, G_T, e(\cdot), u, h, e(g, g)^\alpha, e(g, g)^\eta\}$$

并计算主私钥 $msk=(g^\alpha, g^\eta, X_3)$。

(2) $d_{id} \leftarrow \text{KeyGen}(msk, id)$：

① 随机选取 $r, t, \rho, \rho' \leftarrow_R Z_N^*$，并计算

$$d_1 = g^\alpha g^{-\eta t}(u^{id}h)^r X_3^\rho,\ d_2 = g^{-r} X_3^{\rho'},\ d_3 = t$$

② 输出身份 id 所对应的私钥 $d_{id}=(d_1, d_2, d_3)$。

(3) $(C, k_1, k_2) \leftarrow \text{Encap}(id)$：

① 随机选取 $z \leftarrow_R Z_q^*$，并计算

$$c_1 = g^z,\ c_2 = (u^{id}h)^z,\ c_3 = e(g, g)^{\eta z}$$

② 计算 $k=e(g, g)^{\alpha z}$。

③ 输出有效封装密文 $C=(c_1, c_2, c_3)$ 及相应的封装密钥 k。

(4) $C^* \leftarrow \text{Encap}^*(id)$：

① 随机选取 $z, z' \leftarrow_R Z_p^*(z\neq z')$，并计算

$$c_1 = g^z,\ c_2 = (u^{id}h)^z,\ c_3 = e(g, g)^{\eta z'}$$

② 输出无效封装密文 $C^*=(c_1, c_2, c_3)$。

(5) $k' \leftarrow \text{Decap}(d_{id}, C)$：

① 计算

$$k' = e(c_1, d_1)e(c_2, d_2)c_3^{d_3}$$

② 输出封装密文 C 相对应的解封装密钥 k'。

3.3.2 正确性

由下述等式即可获得上述 IB-HPS 实例的正确性。

$$\begin{aligned} k' &= e(c_1, d_1)e(c_2, d_2)c_3^{d_3} \\ &= e(g^z, g^\alpha g^{-\eta t}(u^{id}h)^r X_3^\rho)e((u^{id}h)^z, g^{-r}X_3^{\rho'})e(g, g)^{\eta z t} \\ &= e(g^z, g^\alpha g^{-\eta t}(u^{id}h)^r)e((u^{id}h)^z, g^{-r})e(g, g)^{\eta z t} \\ &= e(g, g)^{\alpha z} \end{aligned}$$

特别地，在合数阶群中，由不同子群间元素求解双线性映射的正交性可知：

$$e(g^z,\ X_3^{\rho}) = 1,\ e((u^{id}h)^z,\ X_3^{\rho'}) = 1$$

3.3.3 通用性

对于身份 id 的私钥 $d_{id}=(d_1,\ d_2,\ d_3)=(g^{\alpha}g^{-\eta t}(u^{id}h)^r X_3^{\rho},\ g^{-r}X_3^{\rho'},\ t)$及相应的无效封装算法 Encap* 输出的无效封装密文 $C^*=(c_1,\ c_2,\ c_3)=(g^z,\ (u^{id}h)^z,\ e(g,\ g)^{\eta z'})$，由解封装算法 $k'\leftarrow \text{Decap}(d_{id},\ C^*)$可知：

$$\begin{aligned} k' &= e(c_1,\ d_1)e(c_2,\ d_2)c_3^{d_3} \\ &= e(g^z,\ g^{\alpha}g^{-\eta t}\ (u^{id}h)^r)e((u^{id}h)^z,\ g^{-r})e\ (g,\ g)^{\eta z' t} \\ &= e\ (g,\ g)^{\alpha z}e\ (g,\ g)^{\eta t(z'-z)} \end{aligned}$$

由于同一身份 id 的不同私钥 d_{id} 和 d'_{id} ($d_{id}\neq d'_{id}$)是由不同的底层随机数 t 和 t' 生成的，因此有下述关系成立：

$$\Pr[\text{Decap}(d_{id},\ C^*) = \text{Decap}(d'_{id},\ C^*)] \leqslant \text{negl}(\kappa)$$

3.3.4 平滑性

对于身份 id 的私钥 d_{id} 及相应的无效封装算法 Encap* 输出的无效封装密文 $C^*=(c_1,\ c_2,\ c_3)$，由通用性可知相应的解封装结果为 $k'=e\ (g,\ g)^{\alpha z}e\ (g,\ g)^{\eta t(z'-z)}$。对于任意的敌手而言，参数 α、η、t、z 和 z' 都是从 Z_p 中均匀随机选取的，则有

$$\text{SD}((C^*,\ k'),\ (C^*,\ \tilde{k})) \leqslant \text{negl}(\kappa)$$

其中，$\tilde{k}\leftarrow_R G_T$。

3.3.5 有效封装密文与无效封装密文的不可区分性

在证明有效封装密文与无效封装密文的不可区分性之前，首先介绍上述 IB-HPS 实例所对应的半功能密钥和半功能密文的构造。

定义 3-1(半功能密钥) 为了生成身份 id 的半功能密钥，首先生成身份 id 对应的正常密钥 $d_{id}=(d_1,\ d_2,\ d_3)=(g^{\alpha}g^{-\eta t}(u^{id}h)^r X_3^{\rho},\ g^{-r}X_3^{\rho'},\ t)$，然后随机选取 $X_2\leftarrow_R G_2$ 和 $\theta_k\leftarrow_R Z_N$，并计算

$$(d'_1,\ d'_2,\ d'_3) = (d_1 X_2^{\theta_k},\ d_2 X_2^{-1},\ d_3) = (g^{\alpha}g^{-\eta t}\ (u^{id}h)^r X_3^{\rho} X_2^{\theta_k},\ g^{-r}X_3^{\rho'}X_2^{-1},\ t)$$

输出身份 id 对应的半功能密钥 $d_{id}^{\text{semi}}=(d'_1,\ d'_2,\ d'_3)$。

定义 3-2(半功能密文) 为了生成身份 id 的半功能密文，首先生成身份 id 的正常密文 $C=(c_1,\ c_2,\ c_3)=(g^z,\ (u^{id}h)^z,\ e\ (g,\ g)^{\eta z})$，然后随机选取 $Y_2\leftarrow_R G_2$ 和 $\theta_c\leftarrow_R Z_N$，并计算

$$(c'_1,\ c'_2,\ c'_3) = (c_1 Y_2,\ c_2 Y_2^{\theta_c},\ c_3) = (g^z Y_2,\ (u^{id}h)^z Y_2^{\theta_c},\ e\ (g,\ g)^{\eta z})$$

输出身份 id 对应的半功能密文 $C^{\text{semi}}=(c'_1,\ c'_2,\ c'_3)$。

由下述等式可知，用半功能密钥 d_{id}^{semi} 去解密半功能密文 C^{semi} 时，其结果包含了随机数 θ_k 和 θ_c。因此半功能密钥 d_{id}^{semi} 仅能够解密正常的密文 C，半功能密文 C^{semi} 仅能够被正常密钥 d_{id} 解密。

$$
\begin{aligned}
k' &= e(c_1', d_1')e(c_2', d_2')(c_3')^{d_3'} \\
&= e(g^z Y_2, g^\alpha g^{-\eta t}(u^{id}h)^r X_2^{\theta_k})e((u^{id}h)^z Y_2^{\theta_c}, g^{-r}X_2^{-1})e(g, g)^{\eta z t} \\
&= e(g, g)^{\alpha z} e(Y_2, X_2)^{\theta_k - \theta_c}
\end{aligned}
$$

上述 IB-HPS 实例的有效封装密文与无效封装密文的不可区分性将通过下述系列游戏来证明。首先定义各游戏的交互过程，然后分别证明各游戏间是不可区分的。

$\text{Game}_{\text{real}}$：该游戏是 IB-HPS 原始的有效封装密文与无效封装密文不可区分性游戏，并且在挑战阶段，挑战者发送有效封装密文给敌手。

$\text{Game}_{\text{restricted}}$：该游戏与 $\text{Game}_{\text{real}}$ 相类似，但在询问阶段增加了下述限制条件，即禁止敌手在阶段 1 和阶段 2(下文统称为询问阶段)对满足条件 $id^* = id \bmod p_2$ 的身份 id 进行密钥生成询问，其中 id^* 是挑战身份。

令 $L(\kappa)$ 表示有效封装密文与无效封装密文不可区分性游戏中询问阶段敌手提交的密钥生成询问所涉及的不同身份的最大个数。对于 $i \in [L-1] \cup \{0\}$，定义下述游戏 Game_1^i。

Game_1^i：该游戏与 $\text{Game}_{\text{restricted}}$ 相类似，但在挑战阶段挑战者将应答半功能的有效封装密文，并且对于密钥生成询问的前 i 个，挑战者将回答半功能密钥，对于剩余的密钥生成询问，挑战者将返回相应的正常密钥。因此，在游戏 Game_1^0 中，挑战密文是半功能的有效封装密文，密钥生成询问的应答都是正常密钥；而在游戏 Game_1^{L-1} 中，挑战密文和除挑战身份之外的密钥生成询问的应答都是半功能的，即对挑战身份的询问回答是正常密钥。

Game_2：该游戏与 Game_1^{L-1} 相类似，但在该游戏的挑战阶段，挑战者发送半功能的无效封装密文给敌手。

对于 $i \in [L-1] \cup \{0\}$，定义下述游戏 Game_3^i。

Game_3^i：该游戏与 Game_1^i 相类似，但在该游戏的挑战阶段，挑战者发送半功能的无效密文给敌手。因此，在游戏 Game_3^{L-1} 中，挑战密文是半功能的无效密文，且除挑战身份之外的密钥生成询问的应答都是半功能的(特别地，$\text{Game}_3^{L-1} = \text{Game}_2$)。在游戏 Game_3^0 中，挑战密文是半功能的无效密文，密钥生成询问的应答都是正常密钥。

$\text{Game}_{\text{final}}$：该游戏是 IB-HPS 原始的有效封装密文与无效封装密文不可区分性游戏，并且在挑战阶段，挑战者发送无效封装密文给敌手。

令 $\text{Adv}_{\mathcal{A}}^{\text{Game}_i}(\kappa)$ 表示敌手 $\mathcal{A}$ 在游戏 Game_i 中获胜的优势。下面将通过下述引理证明上述游戏两两之间是不可区分的。

引理 3-1　若存在一个 PPT 敌手 $\mathcal{A}$ 能以不可忽略的优势 ε_1 区分游戏 $\text{Game}_{\text{real}}$ 和 $\text{Game}_{\text{restricted}}$，即有 $|\text{Adv}_{\mathcal{A}}^{\text{Game}_{\text{real}}}(\kappa) - \text{Adv}_{\mathcal{A}}^{\text{Game}_{\text{restricted}}}(\kappa)| \leqslant \varepsilon_1$ 成立，那么就能构造一个敌手 $\mathcal{B}$ 以优势 $\varepsilon_1/2$ 攻破合数阶双线性群上的困难性假设 1 或者困难性假设 2。

证明　在合数阶双线性群上的困难性假设 1 和困难性假设 2 中，敌手 $\mathcal{B}$ 均能从相应困难问题的挑战者处获得参数 g 和 X_3，然后随机选取 $\alpha, \eta, x, y \leftarrow_R Z_N$，并计算 $u = g^x$ 和 $h = g^y$。由于敌手 $\mathcal{B}$ 掌握主私钥 $msk = (\alpha, \eta, X_3)$，因此它能够为身份空间中的任意身份生成相应的私钥。

根据本引理的假设可知，敌手 $\mathcal{A}$ 能以概率 ε_1 在询问阶段提交满足条件 $id \neq id^* \bmod N$ 和 $id^* = id \bmod p_2$ 的身份 id，这意味着，游戏结束后，$\mathcal{B}$ 能够通过计算 $Q = \dfrac{N}{\gcd(id - id^*, N)}$ 获得 $N = p_1 p_2 p_3$ 的一个因子，其中 gcd(　)表示最大公因数。

下面分两种情况进行讨论，并且每种情况均以 $\varepsilon_1/2$ 的概率发生。

情况 1：$Q=p_1$ 或 $Q=p_1p_3$。此时，对于困难性假设 1，敌手 $\mathcal{B}$ 基于相应挑战元组 T_v 进行 Q 次方的计算，得到结果 T_v^Q，因为当 $v=1$ 时 $T_v^Q=1$，否则 $T_v^Q\neq1$，所以敌手 $\mathcal{B}$ 能够攻破困难性假设 1。

情况 2：$Q=p_3$。此时，对于困难性假设 2，敌手 $\mathcal{B}$ 通过测试等式 $e((Y_2Y_3)^Q, T_v)=1$ 是否成立，能够攻破困难性假设 2。由于 $Y_3^{p_3}=0$，因此，当 $v=1$，即 T_v 中不包含 p_2 的部分时，上述等式成立；否则有 $v=0$ 和 $T_v\leftarrow_R G_T$。

因此，若敌手 $\mathcal{A}$ 能以优势 ε_1 区分 $\text{Game}_{\text{real}}$ 和 $\text{Game}_{\text{restricted}}$，那么敌手 $\mathcal{B}$ 借助敌手 $\mathcal{A}$ 的输出能以优势 $\varepsilon_1/2$ 攻破合数阶双线性群上的困难性假设 1 或困难性假设 2。

（引理 3-1 证毕）

引理 3-2 若存在一个 PPT 敌手 $\mathcal{A}$ 能以不可忽略的优势 ε_2 区分游戏 $\text{Game}_{\text{restricted}}$ 和 Game_1^0，即有 $|\text{Adv}_{\mathcal{A}}^{\text{Game}_{\text{restricted}}}(\kappa)-\text{Adv}_{\mathcal{A}}^{\text{Game}_1^0}(\kappa)|\leqslant\varepsilon_2$，那么就能构造一个敌手 $\mathcal{B}$ 以优势 ε_2 攻破合数阶双线性群上的困难性假设 1。

证明 与引理 3-1 相类似，在合数阶双线性群上的困难性假设 1 中，敌手 $\mathcal{B}$ 能够获得 g 和 X_3，并通过随机选取 $\alpha, \eta, x, y\leftarrow_R Z_N$ 掌握了主私钥 $msk=(\alpha, \eta, X_3)$，其中公开参数中 $u=g^x$，$h=g^y$。挑战阶段，收到挑战身份 id^* 后，敌手 $\mathcal{B}$ 基于合数阶双线性群上的困难性假设 1 的挑战元组 T_v 生成挑战密文 $C_v^*=(c_1^*, c_2^*, c_3^*)$，即

$$C_v^*=(c_1^*, c_2^*, c_3^*)=(T_v, T_v^{x\cdot id^*+y}, e(T_v, g)^{\eta})$$

下面分两种情况对挑战密文 $C_v^*=(c_1^*, c_2^*, c_3^*)$ 进行讨论。

（1）若 $T_v\in G_1$。由于 $T_v=g^z$，则挑战密文 $C_v^*=(c_1^*, c_2^*, c_3^*)$ 是挑战身份 id^* 对应的正常密文，因此敌手 $\mathcal{B}$ 与 $\mathcal{A}$ 执行游戏 $\text{Game}_{\text{restricted}}$。

（2）若 $T_v\in G_1G_2$。由于 $T_v=g^zX_2$（其中 X_2 是群 G_2 中的元素，有 $e(X_2, g)=1$ 成立），则挑战密文 $C_v^*=(c_1^*, c_2^*, c_3^*)$ 是挑战身份 id^* 对应的半功能密文，且相应的参数为 $\theta_c=x\cdot id^*+y$，因此敌手 $\mathcal{B}$ 与 $\mathcal{A}$ 执行游戏 Game_1^0。

特别地，由于 $\theta_c \bmod p_2$ 与 $x \bmod p_1$ 和 $y \bmod p_1$ 不相关联，因此 θ_c 具有正确的参数分布。

因此，若 PPT 敌手 $\mathcal{A}$ 能以优势 ε_2 区分 $\text{Game}_{\text{restricted}}$ 和 Game_1^0，那么敌手 $\mathcal{B}$ 借助敌手 $\mathcal{A}$ 的输出能以优势 ε_2 攻破合数阶双线性群上的困难性假设 1。

（引理 3-2 证毕）

引理 3-3 对于 $i=1, 2, \cdots, L-1$，若存在一个 PPT 敌手 $\mathcal{A}$ 能以不可忽略的优势 ε_3 区分游戏 Game_1^{i-1} 和 Game_1^i，即有 $|\text{Adv}_{\mathcal{A}}^{\text{Game}_1^{i-1}}(\kappa)-\text{Adv}_{\mathcal{A}}^{\text{Game}_1^i}(\kappa)|\leqslant\varepsilon_3$，那么就能构造一个敌手 $\mathcal{B}$ 以优势 ε_3/L 攻破合数阶双线性群上的困难性假设 2。

证明 对于除挑战身份 id^* 之外的所有身份，敌手 $\mathcal{B}$ 有可能需要生成相应的半功能私钥。由于在挑战阶段之前，敌手 $\mathcal{B}$ 无法获知挑战身份 id^* 的信息，因此敌手 $\mathcal{B}$ 将从询问集合中均匀随机地选取一个挑战身份 id_J，且敌手 $\mathcal{B}$ 对挑战身份 id^* 猜测正确的概率是 $\frac{1}{L}$，即 $\Pr[id_J=id^*]=\frac{1}{L}$。由于敌手 $\mathcal{A}$ 能够对所有身份进行密钥生成询问，因此对挑战身份 id^* 的密钥生成询问应答是正常密钥。

与引理 3-2 相类似，在合数阶双线性群上的困难性假设 2 中，敌手 $\mathcal{B}$ 能够获得 g 和 X_3，并通过随机选取 α，η，x，$y \leftarrow_R Z_N$ 掌握了主私钥 $msk=(\alpha, \eta, X_3)$，其中公开参数中 $u=g^x$，$h=g^y$。敌手 $\mathcal{B}$ 能够为任何身份生成相应的正常密钥。

对于前 $i-1$ 次密钥生成询问，敌手 $\mathcal{B}$ 随机选取 r，ρ，ρ'，ρ''，$t \leftarrow_R Z_N$，应答相应的半功能密钥 $d_{id}^{\text{semi}}=(d'_1, d'_2, d'_3)$，其中

$$d_{id}^{\text{semi}} = (d'_1, d'_2, d'_3) = (g^{\alpha} g^{-\eta t} (u^{id} h)^r (Y_2 Y_3)^{\rho}, g^{-r} (Y_2 Y_3)^{\rho'} X_3^{\rho''}, t)$$

对于第 i 次关于身份 id_i 的密钥生成询问，敌手 $\mathcal{B}$ 随机选取 t，$\rho \leftarrow_R Z_N$，基于挑战元组 T_v，并通过下述计算生成相应的应答私钥 $\tilde{d}_{id}=(\tilde{d}_1, \tilde{d}_2, \tilde{d}_3)$，即

$$\tilde{d}_{id} = (\tilde{d}_1, \tilde{d}_2, \tilde{d}_3) = (g^{\alpha} g^{-\eta t} T_v^{\theta_k} X_3^{\rho}, T_v^{-1}, t)$$

其中，$\theta_k = x \cdot id_i + y$。

对于第 $i+1$ 个之后所有剩余的密钥生成询问，敌手 $\mathcal{B}$ 均应答相应的正常私钥 $d_{id}=(d_1, d_2, d_3)$，其中

$$d_{id} = (d_1, d_2, d_3) = (g^{\alpha} g^{-\eta t} (u^{id} h)^r X_3^{\rho}, g^{-r} X_3^{\rho''}, t)$$

在挑战阶段，若敌手 $\mathcal{B}$ 没有猜测出正确的挑战身份 id^*，那么游戏终止并退出；否则，敌手 $\mathcal{B}$ 通过下述运算生成相应的半功能密文 $C_{\text{semi}}^*=(c_1^*, c_2^*, c_3^*)$，其中

$$C_{\text{semi}}^* = (c_1^*, c_2^*, c_3^*) = ((X_1 X_2), (X_1 X_2)^{x \cdot id^* + y}, e(X_1 X_2, g)^{\eta})$$

特别地，密文 $C_{\text{semi}}^*=(c_1^*, c_2^*, c_3^*)$ 是关于参数 $\theta_c = x \cdot id^* + y$ 的半功能密文。

由于所有询问身份 id 均满足条件 $id \neq id^* \bmod p_2$，因此对于敌手 $\mathcal{A}$ 而言 $\theta_k = x \cdot id_i + y$ 和 $\theta_c = x \cdot id^* + y$ 是均匀随机的参数，这就是敌手 $\mathcal{B}$ 不能为挑战身份 id^* 生成半功能密钥的原因，要不然有 $\theta_c = \theta_k \bmod p_2$ 成立。由于参数随机性的问题导致无法得到正确的分布，故在游戏 $\text{Game}_{\text{restricted}}$ 中增加了相应的限制条件。此外，若敌手 $\mathcal{B}$ 对挑战身份 id^* 的密钥生成询问应答半功能密钥的话，那么该半功能密钥对应的半功能参数为 $\theta_k = x \cdot id^* + y$。然而，挑战阶段挑战密文的半功能参数为 $\theta_c = x \cdot id^* + y$，此时则有 $\theta_c = \theta_k$，对于敌手 $\mathcal{A}$ 而言相关参数不再保持相应的均匀随机性，因此要求敌手 $\mathcal{B}$ 对挑战身份 id^* 的密钥生成询问返回相应的正常私钥，所以敌手 $\mathcal{B}$ 需对挑战身份 id^* 进行猜测。

下面分两种情况对第 i 次密钥生成询问的应答密钥 $\tilde{d}_{id}=(\tilde{d}_1, \tilde{d}_2, \tilde{d}_3)$ 进行讨论。

(1) 若 $T_v \in G_1 G_3$，那么 $\tilde{d}_{id}=(\tilde{d}_1, \tilde{d}_2, \tilde{d}_3)$ 是相对于身份 id_i 的正常密钥，则敌手 $\mathcal{B}$ 与 $\mathcal{A}$ 执行游戏 Game_1^{i-1}。

(2) 若 $T_v \in G$，那么 $\tilde{d}_{id}=(\tilde{d}_1, \tilde{d}_2, \tilde{d}_3)$ 是相对于身份 id_i 的半功能密钥，则敌手 $\mathcal{B}$ 与 $\mathcal{A}$ 执行游戏 Game_1^{i}。

因此，若存在 PPT 敌手 $\mathcal{A}$ 能以优势 ε_3 区分 Game_1^{i-1} 和 Game_1^{i}，那么敌手 $\mathcal{B}$ 能借助敌手 $\mathcal{A}$ 的输出以优势 ε_3/L 攻破合数阶双线性群上的困难性假设 2。

（引理 3-3 证毕）

引理 3-4　若存在一个 PPT 敌手 $\mathcal{A}$ 能以不可忽略的优势 ε_4 区分游戏 Game_1^{L-1} 和 Game_2，即有 $|\text{Adv}_{\mathcal{A}}^{\text{Game}_1^{L-1}}(\kappa) - \text{Adv}_{\mathcal{A}}^{\text{Game}_2}(\kappa)| \leqslant \varepsilon_4$，那么就能构造一个敌手 $\mathcal{B}$ 以优势 ε_4/L 攻破合数阶双线性群上的困难性假设 3。

证明　根据合数阶双线性群上的困难性假设 3，敌手 $\mathcal{B}$ 获得挑战元组(g，$g^{\eta} X_2$，$g^{z} Y_2$，

Z_2, X_3, T_v)后，随机选取 x, y, t^*, $\alpha' \leftarrow_R Z_N$，通过计算

$$u = g^x,\ h = g^y,\ e(g,\ g)^{\eta} = e(g^{\eta}X_2,\ g),\ e(g,\ g)^{\alpha} = e(g^{\eta}X_2,\ g)^{t^*}e(g,\ g)^{\alpha'}$$

生成相应的公开参数，并隐含地设置 $\alpha = t^*\eta + \alpha'$。特别地，该游戏中敌手 $\mathcal{B}$ 无法掌握系统主私钥 $msk = (\alpha,\ \eta,\ X_3)$。

类似地，敌手 $\mathcal{B}$ 需要猜测挑战身份 id^*。在阶段 1，对于任意身份 $id \neq id^*$ 的密钥生成询问，$\mathcal{B}$ 随机选取 t', r, ρ, ρ', ρ'', $\rho''' \leftarrow_R Z_N$，并生成相应的半功能密钥 $d_{id}^{\text{semi}} = (d'_1,\ d'_2,\ d'_3)$，且

$$d_{id}^{\text{semi}} = (d'_1,\ d'_2,\ d'_3) = ((g^{\eta}X_2)^{t'}g^{\alpha'}(u^{id}h)^r X_3^{\rho} Z_2^{\rho'''},\ g^{-r}X_3^{\rho'}Z_2^{\rho''},\ t^* - t')$$

由于 $(g^{\eta})^{t'}g^{\alpha'} = g^{\alpha}g^{-\eta(t^*-t')}$，因此 $d_{id}^{\text{semi}} = (d'_1,\ d'_2,\ d'_3)$ 是正确的半功能密钥。

对于挑战身份 id^* 的密钥生成询问，敌手 $\mathcal{B}$ 随机选取 r, ρ, $\rho' \leftarrow_R Z_N$，并生成相应的应答正常密钥 $d_{id} = (d_1,\ d_2,\ d_3)$，且

$$d_{id} = (d_1,\ d_2,\ d_3) = (g^{\alpha'}(u^{id}h)^r X_3^{\rho},\ g^{-r}X_3^{\rho'},\ t^*)$$

在挑战阶段，若敌手 $\mathcal{B}$ 没有猜测出正确的挑战身份 id^*，那么游戏终止并退出；否则，敌手 $\mathcal{B}$ 基于假设 3 的挑战元组 T_v 生成相应的挑战密文 $C_v^* = (c_1^*,\ c_2^*,\ c_3^*)$，且

$$C_v^* = (c_1^*,\ c_2^*,\ c_3^*) = ((g^z Y_2),\ (g^z Y_2)^{x \cdot id^* + y},\ T_v)$$

特别地，因为参数 x 和 y 必须模 p_1，参数 θ_c 必须模 p_2，所以它们间不存在相关性，因此 $\theta_c = x \cdot id^* + y$ 对于敌手 $\mathcal{A}$ 而言是均匀随机的。

下面分两种情况对挑战密文 $C_v^* = (c_1^*,\ c_2^*,\ c_3^*)$ 进行讨论。

(1) 若 $T_v = e(g,\ g)^{\eta z}$，那么挑战密文 $C_v^* = (c_1^*,\ c_2^*,\ c_3^*)$ 是挑战身份 id^* 对应的半功能有效密文，因此敌手 $\mathcal{B}$ 与 $\mathcal{A}$ 执行游戏 Game_1^{L-1}。

(2) 若 $T_v \leftarrow_R G_T$，那么挑战密文 $C_v^* = (c_1^*,\ c_2^*,\ c_3^*)$ 是挑战身份 id^* 对应的半功能无效密文，因此敌手 $\mathcal{B}$ 与 $\mathcal{A}$ 执行游戏 Game_2。

因此，若存在 PPT 敌手 $\mathcal{A}$ 能以优势 ε_4 区分 Game_1^{L-1} 和 Game_2，那么敌手 $\mathcal{B}$ 能借助敌手 $\mathcal{A}$ 的输出以优势 ε_4/L 攻破合数阶双线性群上的困难性假设 3。

（引理 3-4 证毕）

引理 3-5 对于 $i = L-1,\ L-2,\ \cdots,\ 1$，若存在一个 PPT 敌手 $\mathcal{A}$ 能以不可忽略的优势 ε_5 区分游戏 Game_3^i 和 Game_3^{i-1}，即有 $|\text{Adv}_{\mathcal{A}}^{\text{Game}_3^i}(\kappa) - \text{Adv}_{\mathcal{A}}^{\text{Game}_3^{i-1}}(\kappa)| \leq \varepsilon_5$，那么就能构造一个敌手 $\mathcal{B}$ 以优势 ε_5/L 攻破合数阶双线性群上的困难性假设 2。

引理 3-5 的证明过程与上述引理 3-3 的证明过程相类似，为避免重复，此处不再赘述。

引理 3-6 若存在一个 PPT 敌手 $\mathcal{A}$ 能以不可忽略的优势 ε_6 区分游戏 Game_3^0 和 $\text{Game}_{\text{final}}$，即有 $|\text{Adv}_{\mathcal{A}}^{\text{Game}_3^0}(\kappa) - \text{Adv}_{\mathcal{A}}^{\text{Game}_{\text{final}}}(\kappa)| \leq \varepsilon_6$，那么就能构造一个敌手 $\mathcal{B}$ 以优势 ε_6 攻破合数阶双线性群上的困难性假设 3。

引理 3-6 的证明过程与上述引理 3-2 的证明过程相类似，为避免重复，此处不再赘述。

定理 3-4 若合数阶群上相应的困难性假设 1、2 和 3 成立，那么上述 IB-HPS 实例中的有效封装密文与无效封装密文是不可区分的。

证明 若合数阶群上相应的困难性假设 1、2 和 3 成立，那么如表 3-1 所示上述游戏间两两是不可区分的。由于 $\text{Game}_{\text{real}}$ 和 $\text{Game}_{\text{final}}$ 都是 IB-HPS 原始的有效封装密文与无效封装

密文不可区分性游戏，并且在 $\mathrm{Game}_{\mathrm{real}}$ 的挑战阶段，挑战者发送有效密文给敌手，在 $\mathrm{Game}_{\mathrm{final}}$ 的挑战阶段，挑战者发送无效密文给敌手，因此，由 $\mathrm{Game}_{\mathrm{real}}$ 和 $\mathrm{Game}_{\mathrm{final}}$ 的不可区分性可知上述 IB-HPS 实例中有效封装密文与无效封装密文是不可区分的。

表 3-1　游戏间的不可区分性

类别	结　果	范　围
引理 3-1	$\lvert \mathrm{Adv}_{\mathcal{A}}^{\mathrm{Game}_{\mathrm{real}}}(\kappa)-\mathrm{Adv}_{\mathcal{A}}^{\mathrm{Game}_{\mathrm{restricted}}}(\kappa)\rvert \leqslant \mathrm{negl}(\kappa)$	—
引理 3-2	$\lvert \mathrm{Adv}_{\mathcal{A}}^{\mathrm{Game}_{\mathrm{restricted}}}(\kappa)-\mathrm{Adv}_{\mathcal{A}}^{\mathrm{Game}_1^0}(\kappa)\rvert \leqslant \mathrm{negl}(\kappa)$	—
引理 3-3	$\lvert \mathrm{Adv}_{\mathcal{A}}^{\mathrm{Game}_1^{i-1}}(\kappa)-\mathrm{Adv}_{\mathcal{A}}^{\mathrm{Game}_1^i}(\kappa)\rvert \leqslant \mathrm{negl}(\kappa)$	$i=1, 2, \cdots, L-1$
引理 3-4	$\lvert \mathrm{Adv}_{\mathcal{A}}^{\mathrm{Game}_1^{L-1}}(\kappa)-\mathrm{Adv}_{\mathcal{A}}^{\mathrm{Game}_2}(\kappa)\rvert \leqslant \mathrm{negl}(\kappa)$	—
引理 3-5	$\lvert \mathrm{Adv}_{\mathcal{A}}^{\mathrm{Game}_3^i}(\kappa)-\mathrm{Adv}_{\mathcal{A}}^{\mathrm{Game}_3^{i-1}}(\kappa)\rvert \leqslant \mathrm{negl}(\kappa)$	$i=L-1, L-2, \cdots, 1$
引理 3-6	$\lvert \mathrm{Adv}_{\mathcal{A}}^{\mathrm{Game}_3^0}(\kappa)-\mathrm{Adv}_{\mathcal{A}}^{\mathrm{Game}_{\mathrm{final}}}(\kappa)\rvert \leqslant \mathrm{negl}(\kappa)$	—

（定理 3-4 证毕）

3.4　匿名的 IB-HPS 实例

针对实际应用中用户隐私信息的保护需求，本节对上述 IB-HPS 实例进行改进，设计匿名的 IB-HPS。在进行实例构造之前，首先给出 IB-HPS 匿名性的形式化定义。

IB-HPS 的匿名性要求身份空间中任意两个身份的无效封装密文对任意敌手而言是不可区分的，即使它能够获得相应无效封装密文的解封装结果。也就是说，对于$(mpk, msk)\leftarrow \mathrm{Setup}(1^\kappa)$和任意的两个身份 id_0，$id_1\in\mathcal{ID}$，有

$$\mathrm{SD}((C_0^*, k_0'), (C_1^*, k_1'))\leqslant \mathrm{negl}(\kappa)$$

成立。其中，$C_0^*\leftarrow \mathrm{Encap}^*(id_0)$，$C_1^*\leftarrow \mathrm{Encap}^*(id_1)$，$sk_0\leftarrow \mathrm{KeyGen}(msk, id_0)$，$sk_1\leftarrow \mathrm{KeyGen}(msk, id_1)$，$k_0'\leftarrow \mathrm{Decap}(sk_0, C_0^*)$，$k_1'\leftarrow \mathrm{Decap}(sk_1, C_1^*)$。

匿名性游戏包括挑战者 $\mathcal{C}$ 和敌手 $\mathcal{A}$ 两个参与者，具体的消息交互过程如下所述。

(1) 初始化：

挑战者 $\mathcal{C}$ 运行初始化算法$(mpk, msk)\leftarrow \mathrm{Setup}(1^\kappa)$，发送系统公开参数 mpk 给敌手 $\mathcal{A}$，并秘密保存主私钥 msk。

(2) 阶段 1：

敌手 $\mathcal{A}$ 能够适应性地对身份空间 $\mathcal{ID}$ 的任意身份 $id\in\mathcal{ID}$ 进行密钥生成询问(包括挑战身份)，挑战者 $\mathcal{C}$ 通过运行密钥生成算法 $d_{id}\leftarrow \mathrm{KeyGen}(msk, id)$返回相应的私钥 d_{id} 给敌手 $\mathcal{A}$。

(3) 挑战：

对于敌手提交的两个挑战身份 id_0，$id_1\in\mathcal{ID}$，挑战者 $\mathcal{C}$ 首先计算

$$C_0^*\leftarrow \mathrm{Encap}^*(id_0) \text{ 和 } C_1^*\leftarrow \mathrm{Encap}^*(id_1)$$

然后，发送挑战密文 C_v^* 给敌手 $\mathcal{A}$，其中 $v\leftarrow_R\{0, 1\}$。

(4) 阶段 2：

与阶段 1 相类似，敌手 $\mathcal{A}$ 能够适应性地对任意身份 $id\in\mathcal{ID}$ 进行密钥生成询问(包括挑战身份)，获得挑战者 $\mathcal{C}$ 返回的相应应答 $d_{id}\leftarrow \text{KeyGen}(msk, id)$。

(5) 输出：

敌手 $\mathcal{A}$ 输出对 v 的猜测 v'。若 $v'=v$，则称敌手 $\mathcal{A}$ 在该游戏中获胜。

在上述匿名性实验中，敌手 $\mathcal{A}$ 获胜的优势定义为

$$\text{Adv}_{\text{IB-HPS}}^{\text{Anonymity}}(\kappa) = \left|\Pr[\mathcal{A}\ wins] - \frac{1}{2}\right|$$

其中概率来自挑战者和敌手对随机数的选取。对于任意的 PPT 敌手 $\mathcal{A}$，其在上述游戏中获胜的优势是可忽略的，即有 $\text{Adv}_{\text{IB-HPS}}^{\text{Anonymity}}(\kappa)\leqslant \text{negl}(\kappa)$成立。

3.4.1 具体构造

匿名的 IB-HPS 主要包含下述 5 个算法，各算法的具体构造如下所述。

(1) $(Params, msk)\leftarrow \text{Setup}(1^\kappa)$：

① 运行群生成算法 $\mathcal{G}(1^\kappa)$，输出相应的元组$(p, G, g, G_T, e(\cdot))$，其中 G 是阶为大素数 p 的乘法循环群，g 是群 G 的生成元，e：$G\times G\rightarrow G_T$ 是高效可计算的双线性映射。

② 随机选取 $\alpha, \eta\leftarrow_R Z_p^*$，并计算 $e(g, g)^\alpha$ 和 $e(g, g)^\eta$。

③ 随机选取 $u, h\leftarrow_R G$，并计算主私钥 $msk=(g^\alpha, g^\eta)$，公开系统参数 $Params$，其中 $Params=\{p, G, g, G_T, e(\cdot), u, h, e(g, g)^\alpha, e(g, g)^\eta\}$。

(2) $d_{id}\leftarrow \text{KeyGen}(msk, id)$：

① 随机选取 $r, t\leftarrow_R Z_p^*$，并计算

$$d_1 = (g^\alpha)^{id} g^{-\eta t}(u^{id}h)^r,\ d_2 = g^{-r},\ d_3 = t$$

② 输出身份 id 所对应的私钥 $d_{id}=(d_1, d_2, d_3)$。

(3) $(C, k)\leftarrow \text{Encap}(id)$：

① 随机选取 $z\leftarrow_R Z_p^*$，并计算

$$c_1 = g^z,\ c_2 = (u^{id}h)^z,\ c_3 = e(g, g)^{\eta z}$$

② 计算 $k=e(g, g^{id})^{\alpha z}$。

③ 输出有效封装密文 $C=(c_1, c_2, c_3)$及相应的封装密钥 k。特别地，在匿名的 IB-HPS 中，身份信息参与封装密钥的计算。

(4) $C^*\leftarrow \text{Encap}^*(id)$：

① 随机选取 $z, z'\leftarrow_R Z_p^*(z\neq z')$，并计算

$$c_1 = g^z,\ c_2 = (u^{id}h)^z,\ c_3 = e(g, g)^{\eta z'}$$

② 输出无效封装密文 $C^*=(c_1, c_2, c_3)$。

(5) $k'\leftarrow \text{Decap}(d_{id}, C)$：

① 计算

$$k' = e(c_1, d_1)e(c_2, d_2)c_3^{d_3}$$

② 输出密文 C 对应的解封装密钥 k'。

3.4.2 正确性

由下述等式即可获得上述 IB-HPS 实例的正确性。

$$\begin{aligned} k' &= e(c_1, d_1)e(c_2, d_2)c_3^{d_3} \\ &= e(g^z, (g^\alpha)^{id}g^{-\eta t}(u^{id}h)^r)e((u^{id}h)^z, g^{-r})e(g, g)^{\eta z t} \\ &= e(g^z, (g^\alpha)^{id})e(g^z, g^{-\eta t})e(g, g)^{\eta z t} \\ &= e(g, g^{id})^{\alpha z} \end{aligned}$$

3.4.3 匿名性

对于任意的两个身份 id 和 id'，与其相对应的用户私钥分别为

$$d_{id} = (d_1, d_2, d_3) = ((g^\alpha)^{id}g^{-\eta t}(u^{id}h)^r, g^{-r}, t)$$

$$d_{id'} = (d'_1, d'_2, d'_3) = ((g^\alpha)^{id'}g^{-\eta t'}(u^{id'}h)^{r'}, g^{-r'}, t')$$

身份 id 和 id' 对应的无效封装密文分别为

$$C^*_{id} = (c_1, c_2, c_3) = (g^{z_1}, (u^{id}h)^{z_1}, e(g, g)^{\eta z'_1})$$

$$C^*_{id'} = (c'_1, c'_2, c'_3) = (g^{z_2}, (u^{id'}h)^{z_2}, e(g, g)^{\eta z'_2})$$

则，相应的解封装结果分别为

$$k'_{id} = e(c_1, d_1)e(c_2, d_2)c_3^{d_3} = e(g, g^{id})^{\alpha z_1}e(g, g)^{\eta t(z'_1 - z_1)}$$

$$k'_{id'} = e(c'_1, d'_1)e(c'_2, d'_2)(c'_3)^{d'_3} = e(g, g^{id'})^{\alpha z_2}e(g, g)^{\eta t'(z'_2 - z_2)}$$

由于参数 z_1、z'_1、z_2、z'_2、t 和 t' 是从 Z_p^* 中相互独立且均匀随机选取的，因此有

$$\mathrm{SD}((C^*_{id}, k'_{id}), (C^*_{id'}, k'_{id'})) \leqslant \mathrm{negl}(\kappa)$$

特别地，通用性、平滑性和有效封装密文与无效封装密文的不可区分性等安全属性的证明过程与前面的构造相类似，为避免重复，此处不再赘述。

3.5 IB-HPS 在抗泄露密码机制中的应用

本节将介绍 IB-HPS 在抗泄露密码机制通用构造方面的应用。

3.5.1 抗泄露 CPA 安全的 IBE 机制

Alwen 等人[2]提出了基于 IB-HPS 和强随机性提取器设计 CPA 安全的抗泄露 IBE 机制的通用构造方法，本节将回顾该通用构造。

1. 具体构造

令 Π=(Setup′, KeyGen′, Encap, Encap*, Decap)是封装密钥空间为 $\mathcal{K}=\{0, 1\}^{l_k}$、身份空间为 $\mathcal{ID}$ 和封装密文空间为 $\mathcal{C}$ 的平滑性 IB-HPS；令 Ext：$\{0, 1\}^{l_k} \times \{0, 1\}^{l_t} \rightarrow \{0, 1\}^{l_\kappa}$ 是平均情况的 $(l_k-\lambda, \varepsilon)$-强随机性提取器。

CPA 安全的抗泄露 IBE 机制的通用构造由下述算法组成。

(1) $(Params, msk) \leftarrow \mathrm{Setup}(1^\kappa)$：

输出 $Params=(mpk, \mathrm{Ext})$ 和 msk，其中

$$(mpk, msk) \leftarrow \mathrm{Setup}'(1^\kappa)$$

(2) $sk_{id} \leftarrow \mathrm{KeyGen}(msk, id)$：

输出 $sk_{id}=d_{id}$，其中

$$d_{id} \leftarrow \text{KeyGen}'(msk, id)$$

(3) $C \leftarrow \text{Enc}(id, M)$：

① 随机选取 $S \leftarrow \{0, 1\}^{l_t}$，并计算

$$(c_1, k) \leftarrow \text{Encap}(id), \ c_2 \leftarrow \text{Ext}(k, S) \oplus M$$

② 输出 $C=(c_1, c_2, S)$。

(4) $M \leftarrow \text{Dec}(sk_{id}, C)$：

① 计算

$$k \leftarrow \text{Decap}(sk_{id}, c_1), \ M \leftarrow \text{Ext}(k, S) \oplus c_2$$

② 输出 M 作为相应密文 C 的解密结果。

2. 安全性证明

上述 IBE 机制通用构造的正确性可由底层 IB-HPS 和随机性提取器的正确性获得。

定理 3-5 若 $\Pi=(\text{Setup}, \text{KeyGen}, \text{Encap}, \text{Encap}^*, \text{Decap})$是平滑的 IB-HPS，Ext：$\{0, 1\}^{l_k} \times \{0, 1\}^{l_t} \rightarrow \{0, 1\}^{l_\kappa}$是平均情况的$(l_k-\lambda, \varepsilon)$-强随机性提取器，那么对于相应的泄露参数 $\lambda \leqslant l_k - l_\kappa - \omega(\log\kappa)$，上述机制是 CPA 安全的抗泄露 IBE 机制的通用构造。

证明 下面将通过游戏论证的方式对 IBE 机制的 CPA 安全性进行证明，每个游戏由模拟器$\mathcal{S}$和敌手 $\mathcal{A}$ 执行。令事件 $\mathcal{E}_i$表示敌手 $\mathcal{A}$ 在游戏 Game_i 中获胜，即有

$$\Pr[\mathcal{E}_i] = \Pr[\mathcal{A}\ wins\ \text{in Game}_i]$$

特别地，证明过程中与挑战密文相关的变量均标记为“$*$”，即挑战身份和挑战密文分别是 id^* 和 $C_v^*=(c_1^*, c_2^*, S^*)$。

Game_0：该游戏是 IBE 机制原始的抗泄露 CCA 安全性游戏，其中挑战密文 $C_v^*=(c_1^*, c_2^*, S^*)$的生成过程如下所述。

(1) 随机选取 $v \leftarrow_R \{0, 1\}$和 $S^* \leftarrow_R \{0, 1\}^{l_t}$，并计算

$$(c_1^*, k^*) \leftarrow \text{Encap}(id^*), \ c_2^* \leftarrow \text{Ext}(k^*, S^*) \oplus M_v$$

(2) 输出挑战密文 $C_v^*=(c_1^*, c_2^*, S^*)$。

由于该游戏是 IBE 机制原始的抗泄露 CPA 安全性游戏，故有

$$\text{Adv}_{\text{IBE}, \mathcal{A}}^{\text{LR-CPA}}(\kappa, \lambda) = \left| \Pr[\mathcal{E}_0] - \frac{1}{2} \right|$$

Game_1：该游戏与 Game_0 相类似，但该游戏使用挑战身份的私钥完成挑战密文的生成，即 $C_v^*=(c_1^*, c_2^*, S^*)$的生成过程如下所述。

(1) 计算

$$sk_{id^*} \leftarrow \text{KeyGen}(msk, id^*), \ (c_1^*, k^*) \leftarrow \text{Encap}(id^*)$$

(2) 随机选取 $v \leftarrow_R \{0, 1\}$和 $S^* \leftarrow_R \{0, 1\}^{l_t}$，并计算

$$\tilde{k}^* \leftarrow \text{Decap}(sk_{id^*}, c_1^*), \ c_2^* \leftarrow \text{Ext}(\tilde{k}^*, S^*) \oplus M_v$$

(3) 输出挑战密文 $C_v^*=(c_1^*, c_2^*, S^*)$。

由底层 IB-HPS 解封装的正确性可知 Game_1 与 Game_0 是不可区分的，因此有

$$|\Pr[\mathcal{E}_1] - \Pr[\mathcal{E}_0]| \leqslant \text{negl}(\kappa)$$

Game_2：该游戏与 Game_1 相类似，但该游戏使用无效的密文封装算法完成挑战密文的生成，即 $C_v^*=(c_1^*, c_2^*, S^*)$的生成过程如下所述。

(1) 计算

$$sk_{id^*} \leftarrow \text{KeyGen}(msk, id^*), \ c_1^* \leftarrow \text{Encap}^*(id^*)$$

(2) 随机选取 $v \leftarrow_R \{0, 1\}$ 和 $S^* \leftarrow_R \{0, 1\}^{l_t}$，并计算

$$\tilde{k}^* \leftarrow \text{Decap}(sk_{id^*}, c_1^*), \ c_2^* \leftarrow \text{Ext}(\tilde{k}^*, S^*) \oplus M_v$$

(3) 输出挑战密文 $C_v^* = (c_1^*, c_2^*, S^*)$。

由底层 IB-HPS 有效封装密文与无效封装密文的不可区分性可知 Game_2 与 Game_1 是不可区分的，因此有

$$|\Pr[\mathcal{E}_2] - \Pr[\mathcal{E}_1]| \leqslant \text{negl}(\kappa)$$

Game_3：该游戏与 Game_2 相类似，但该游戏使用封装密钥空间中的随机值完成挑战密文的生成，即 $C_v^* = (c_1^*, c_2^*, S^*)$的生成过程如下所述。

(1) 随机选取 $v \leftarrow_R \{0, 1\}$，$\tilde{k}^* \leftarrow_R \mathcal{K}$ 和 $S^* \leftarrow_R \{0, 1\}^{l_t}$，并计算

$$c_1^* \leftarrow \text{Encap}^*(id^*), \ c_2^* \leftarrow \text{Ext}(\tilde{k}^*, S^*) \oplus M_v$$

(2) 输出挑战密文 $C_v^* = (c_1^*, c_2^*, S^*)$。

由底层 IB-HPS 的光滑性可知 Game_3 与 Game_2 是不可区分的，因此有

$$|\Pr[\mathcal{E}_3] - \Pr[\mathcal{E}_2]| \leqslant \text{negl}(\kappa)$$

在 Game_3 中，挑战密文 $C_v^* = (c_1^*, c_2^*, S^*)$由随机的封装密钥$\tilde{k}^* \leftarrow_R \mathcal{K}$ 生成，因此 C_v^* 中不包含 v 的任何信息，即 $\Pr[\mathcal{E}_3] = \frac{1}{2}$。

由 Game_3 与 Game_0 的不可区分性可知

$$\text{Adv}_{\text{IBE}, \mathcal{A}}^{\text{LR-CPA}}(\kappa, \lambda) \leqslant \text{negl}(\kappa)$$

（定理 3-5 证毕）

特别地，底层 IB-HPS 的无效密文封装算法 Encap^* 在抗泄露 IBE 机制的构造中并未使用，而是在安全性证明中使用。

3.5.2 抗泄露的可撤销 IBE 机制

在 IBE 机制中，密钥生成中心(Key Generation Center, KGC)需要撤销部分用户的私钥，然而在传统 IBE 机制中，KGC 只能重新建立系统并生成新的主私钥，并且对所有的未撤销用户生成新的秘密钥，该操作在一定程度上降低了 IBE 机制的工作效率，并且限制了 IBE 机制在实际系统中的大规模部署，因此，需要具有撤销功能的 IBE 机制来灵活处理用户的身份撤销问题。针对上述实际应用需求，可撤销的身份基加密(Revocable Identity-Based Encryption, RIBE)机制被提出，即 RIBE 机制是传统 IBE 机制的扩展，增加了用户的身份撤销功能，KGC 在不进行系统重建的前提下可快捷地实现对用户的身份撤销。为满足 RIBE 机制抗泄露攻击的需求，本节将介绍抗泄露 RIBE 机制的构造方法。首先将对 RIBE 机制的形式化定义和安全模型进行描述，然后基于 IB-HPS 提出抗泄露 RIBE 机制的通用构造方法[6]。

1. 形式化定义

一个 RIBE 机制包含 6 个 PPT 算法，即 Setup、KeyGen、Enc、Dec、Revoke 和 KeyUpdate，各算法的具体描述如下所述。

(1) $(Params, msk) \leftarrow \text{Setup}(1^\kappa)$：

初始化算法 Setup 以系统安全参数 κ 为输入，输出相应的系统公开参数 $Params$ 和主私钥 msk。其中，$Params$ 定义了身份空间 $\mathcal{ID}$、私钥空间 $\mathcal{SK}$ 和密文空间 $\mathcal{M}$，同时还定义了初始为空的用户身份撤销列表 RL。此外，$Params$ 是其他算法 KeyGen、Enc、Dec、Revoke 和 KeyUpdate 的隐含输入；为了方便，下述算法的输入列表并未将其列出。

(2) $sk_{(id, T_i)} \leftarrow \mathrm{KeyGen}(msk, id, RL, TL)$：

输入任意的身份 $id \in \mathcal{ID}$、主私钥 msk、身份撤销列表 RL 和当前时间列表 TL，密钥生成算法 KeyGen 首先检测 id 是否在身份撤销列表 RL 中，若在则终止算法并输出 $\perp$；否则，输出身份 id 在当前 T_i 时刻所对应的私钥 $sk_{(id, T_i)} = (k_{id}, k_{T_i})$，其中 k_{id} 是私钥 $sk_{(id, T_i)}$ 的身份组件，k_{T_i} 是私钥 $sk_{(id, T_i)}$ 的时间组件。

(3) $(C_{T_i}, T_i) \leftarrow \mathrm{Enc}(id, M, T_i)$：

对于输入的身份 $id \in \mathcal{ID}$、明文消息 M 和时间戳 T_i，加密算法 Enc 输出身份 id 在 T_i 时刻对消息 M 的加密密文 C_{T_i}，同时一起输出与加密密文 C_{T_i} 相对应的标记时间戳 T_i。

(4) $M \leftarrow \mathrm{Dec}(sk_{(id, T_i)}, C_{T_i}, T_i)$：

输入身份 id 在 T_i 时刻的密文 C_{T_i} 和身份 id 在 T_i 时刻的私钥 $sk_{(id, T_i)}$，解密算法 Dec 输出相应的明文消息 M。

(5) $RL' \leftarrow \mathrm{Revoke}(RL, \{id_1, id_2, \cdots, id_n\})$：

输入现有的撤销列表 RL 和相应的待撤销的身份集合 $\{id_1, id_2, \cdots, id_n\}$，身份撤销算法 Revoke 输出更新后的撤销列表 RL'。

(6) $k_{T_{i+1}} \leftarrow \mathrm{KeyUpdate}(RL, id, T_{i+1})$：

输入现有的撤销列表 RL、身份 id 和时间戳 T_{i+1}，密钥更新算法 KeyUpdate 首先检测 id 是否在身份撤销列表 RL 中，若在则终止算法并输出 $\perp$；否则，输出私钥 $sk_{(id, T_i)}$ 更新后的时间组件 $k_{T_{i+1}}$，即将身份 id 所对应的时间组件更新到 T_{i+1} 时刻，将用户私钥更新到 $sk_{(id, T_{i+1})} = (k_{id}, k_{T_{i+1}})$，实现对用户之前私钥 $sk_{(id, T_i)} = (k_{id}, k_{T_i})$ 的撤销，其中私钥的身份组件部分 k_{id} 保持不变。

2. 安全模型

RIBE 机制抗泄露攻击的 CCA 安全性游戏由模拟器 $\mathcal{C}$ 和敌手 $\mathcal{A}$ 执行，其中 κ 是安全参数，λ 是泄露参数。具体的消息交互过程如下所述。

(1) 系统初始化：

该阶段通过输入安全参数 κ，$\mathcal{C}$ 运行 $\mathrm{Setup}(1^{\kappa})$ 获得相应的公开参数 $Params$ 和主私钥 msk；在秘密保存 msk 的同时，发送 $Params$ 给 $\mathcal{A}$；此外，初始化算法还定义了初始为空的身份撤销列表 RL，同时设定了系统时间列表 TL。

(2) 阶段 1(训练)：

该阶段 $\mathcal{A}$ 能对密钥生成询问、解密询问、泄露询问、身份撤销询问和密钥更新询问等适应性地进行多项式有界次。

① 密钥生成询问。对于身份 id 在 T_i 时刻密钥的生成询问，挑战者 $\mathcal{C}$ 首先检测 id 是否在撤销列表 RL 中，若 $id \in RL$，那么 $\mathcal{C}$ 终止算法并输出 $\perp$；否则，$\mathcal{C}$ 运行密钥生成算法 KeyGen，输出 id 在 T_i 时刻的私钥 $sk_{(id, T_i)}$，并发送 $sk_{(id, T_i)}$ 给 $\mathcal{A}$。

② 解密询问。对于 $\mathcal{A}$ 提交的关于身份、密文和时刻的三元组 (id, C_{T_i}, T_i) 的解密询问，$\mathcal{C}$ 首先检测 id 是否在撤销列表 RL 中，若 $id \in RL$，那么 $\mathcal{C}$ 终止算法并输出 $\perp$；否则，

$\mathcal{C}$运行秘密钥生成算法 KeyGen，产生身份 id 在 T_i 时刻所对应的私钥 $sk_{(id,T_i)}$，再运行解密算法 Dec，用 $sk_{(id,T_i)}$ 解密密文 C_{T_i}，并将相应的解密结果 M 发送给 $\mathcal{A}$。

③ 泄露询问。当收到 $\mathcal{A}$ 提交的关于身份 id 在 T_i 时刻对应的私钥 $sk_{(id,T_i)}$ 的泄露询问时，$\mathcal{C}$首先通过运行 KeyGen 获得相应的私钥 $sk_{(id,T_i)}$，然后运行泄露谕言机 $\mathcal{O}_{sk_{id}}^{\lambda_i,\kappa}(\cdot)$，产生 $sk_{(id,T_i)}$ 的泄露信息 $f_i(sk_{(id,T_i)})$，并把 $f_i(sk_{(id,T_i)})$ 发送给敌手 $\mathcal{A}$，其中 f_i：$\{0,1\}^* \rightarrow \{0,1\}^{\lambda_i}$ 是由敌手所提交的高效可计算的泄露函数。特别需要说明的是，同一用户私钥 $sk_{(id,T_i)}$ 泄露信息的总量不能超过系统设定的泄露界 λ，即有 $\sum_{l=1}^{i} f_l(sk_{(id,T_l)}) \leqslant \lambda$ 成立，否则 $\mathcal{C}$将输出终止符 $\perp$ 给敌手 $\mathcal{A}$。

④ 身份撤销询问。对于敌手 $\mathcal{A}$ 提交的待撤销身份集合 $\{id_1, id_2, \cdots, id_n\}$，挑战者 $\mathcal{C}$ 输出更新后的身份撤销列表 $RL = RL \cup \{id_1, id_2, \cdots, id_n\}$。

⑤ 密钥更新询问。对于身份 id 在 T_{i+1} 时刻的密钥更新询问，挑战者 $\mathcal{C}$ 首先检测 id 是否在撤销列表 RL 中，若 $id \in RL$，那么 $\mathcal{C}$ 终止算法并输出 $\perp$；否则，$\mathcal{C}$ 运行密钥更新算法 KeyUpdate，产生身份 id 在 T_{i+1} 时刻所对应的时间组件 $k_{T_{i+1}}$，并将其发送给敌手 $\mathcal{A}$。

(3) 挑战：

敌手 $\mathcal{A}$ 在某时刻决定结束阶段 1，并输出挑战元组(id^*, T_i, M_0, M_1)(其中 $M_0, M_1 \in \mathcal{M}$ 且 $|M_0| = |M_1|$)，但是阶段 1 中不能对挑战身份 id^* 进行密钥生成询问，同时关于挑战身份 id^* 对应私钥 sk_{id^*} 的泄露信息总量不能超过泄露参数 λ。$\mathcal{C}$ 计算挑战密文 $C^*_{(v,T_i)} = \text{Enc}(id^*, T_i, M_v)$，其中 $v \leftarrow_R \{0,1\}$，并将 $C^*_{(v,T_i)}$ 发送给 $\mathcal{A}$。

(4) 阶段 2(训练)：

敌手在该阶段除不能提交相应的泄露询问之外，将适应性地重复执行阶段 1 中的其他询问，但是相应的询问分别具有一定的限制条件。

① 密钥生成询问。敌手对除挑战身份 id^* 之外的任何身份 $id(id \neq id^*)$进行密钥产生询问。挑战者 $\mathcal{C}$ 以阶段 1 中的方式进行回应。

② 解密询问。敌手对除$(id^*, C^*_{(v,T_i)})$之外的任意身份密文对(id, C)进行解密询问，则有$(id, C) \neq (id^*, C^*_{(v,T_i)})$。$\mathcal{C}$将使用与阶段 1 相类似的方法返回相应的明文消息。

③ 身份撤销询问和密钥更新询问的应答方式与阶段 1 的相应询问相类似，但询问身份不能涉及挑战身份 id^*。

(5) 猜测：

敌手 $\mathcal{A}$ 输出对随机数 v 的猜测 v'，如果 $v = v'$，则敌手 $\mathcal{A}$ 攻击成功。

敌手 $\mathcal{A}$ 在上述游戏中获胜的优势定义为

$$\text{Adv}_{\text{RIBE},\mathcal{A}}^{\text{LR-CCA}}(\kappa, \lambda) = \left| \Pr[v = v'] - \frac{1}{2} \right|$$

其中概率来自挑战者 $\mathcal{C}$ 和敌手 $\mathcal{A}$ 对随机数的使用。

定义 3-3(抗泄露 RIBE 机制的 CCA 安全性)　若对任意的 PPT 敌手 $\mathcal{A}$，其在上述游戏中获胜的优势 $\text{Adv}_{\text{RIBE},\mathcal{A}}^{\text{LR-CCA}}(\kappa, \lambda)$ 是可忽略的，那么相应的 RIBE 机制具有抗泄露选择密文攻击的安全性。

类似地，在抗泄露 RIBE 机制的 CPA 安全性游戏中，敌手能够执行除解密询问之外的其他询问，即敌手不具有执行解密询问的能力，并且对其他询问的限制条件与 CCA 安全性游戏相一致。

3. CPA安全的抗泄露RIBE机制

抗泄露RIBE机制的设计思路如下：RIBE机制的用户私钥 $sk_{(id, T_i)}=(k_{id}, k_{T_i})$ 包含两部分，一部分是身份组件 k_{id}，另一部分是时间组件 k_{T_i}。由于IB-HPS可视为一个基于身份的密钥封装机制，因此抗泄露RIBE机制的通用构造中利用两个IB-HPS分别完成 k_{id} 和 k_{T_i} 的生成，其中 k_{T_i} 相对应的身份信息 id' 由用户的真实身份 id 和时间戳 T_i 通过映射生成，即 $id'=\mathcal{H}(id, T_i)$，其中，$\mathcal{H}(\cdot)$ 是身份映射函数；时间戳 T_i 的使用便于KGC执行用户私钥信息的撤销操作，通过对时间组件 k_{T_i} 的更新实现对RIBE机制中用户私钥 $sk_{(id, T_i)}$ 的撤销，因此KGC无需重建系统，只需通过更新系统时间实现对过去私钥的撤销。

特别地，底层IB-HPS能够确保输出的封装密钥具有足够的平均最小熵，通过平均情况的强随机性提取器可将封装密钥转换成对于任意敌手而言是完全均匀随机的对称密钥；然后使用对称密钥对消息进行隐藏，其中随机性提取器实现了用户密钥的弹性泄露容忍。此外，用户私钥的时间组件和身份组件分别对应一个封装密钥，两个封装密钥的随机性是RIBE机制实现抗泄露性质的基础。

令 $\text{Ext}: \{0, 1\}^{l_k}\times\{0, 1\}^{l_v}\times\{0, 1\}^{l_t}\to\{0, 1\}^{l_m}$ 是平均情况的 $(l_k+l_v-\lambda, \varepsilon)$-强随机性提取器，其中 λ 是泄露参数，ε 在安全参数 κ 上是可忽略的。令 $\Pi_1=(\text{Setup}_1, \text{KeyGen}_1, \text{Encap}_1, \text{Encap}_1^*, \text{Decap}_1)$ 是封装密钥空间为 $\mathcal{K}_1=\{0, 1\}^{l_k}$、身份空间为 $\mathcal{ID}_1$ 的平滑性IB-HPS。令 $\Pi_2=(\text{Setup}_2, \text{KeyGen}_2, \text{Encap}_2, \text{Encap}_2^*, \text{Decap}_2)$ 是封装密钥空间为 $\mathcal{K}_2=\{0, 1\}^{l_v}$、身份空间为 $\mathcal{ID}_2$ 的平滑性IB-HPS。令 $\mathcal{H}: \mathcal{ID}_1\times\mathcal{T}\to\mathcal{ID}_2$ 是抗碰撞的单向哈希函数，其中 $\mathcal{T}$ 表示时间列表 TL 中的时刻。CPA安全的抗泄露RIBE机制通用构造的具体算法如下所述。

(1) $(Params, msk)\leftarrow\text{Setup}(1^\kappa)$：

输出 $Params=(mpk_1, mpk_2, RL, TL)$，$msk=(msk_1, msk_2)$，其中

$$(mpk_1, msk_1)\leftarrow\text{Setup}_1(1^\kappa),\ (mpk_2, msk_2)\leftarrow\text{Setup}_2(1^\kappa)$$

特别地，该算法还定义了初始为空的身份撤销列表 RL，并且初始化了时间列表 TL。

(2) $(sk_{(id, T_i)}, T_i)\leftarrow\text{KeyGen}(msk, id, RL, TL)$：

对于身份 id 的密钥生成，KGC首先检测身份 id 是否在撤销列表 RL 中，若 $id\in RL$，则KGC终止执行并输出 $\perp$；否则KGC执行下述操作。

① 计算 $d_{id}^1\leftarrow\text{KeyGen}_1(msk_1, id)$。

② 从时间列表 TL 中读取当前时戳 T_i，并计算

$$id'=\mathcal{H}(id, T_i),\ d_{id}^2\leftarrow\text{KeyGen}_2(msk_2, id')$$

③ 输出身份 id 在 T_i 时刻的私钥 $sk_{(id, T_i)}=(k_{id}, k_{T_i})=(d_{id}^1, d_{id}^2)$，其中 $k_{id}=d_{id}^1$ 是私钥 $sk_{(id, T_i)}$ 的身份组件，$k_{T_i}=d_{id}^2$ 是私钥 $sk_{(id, T_i)}$ 的时间组件。

(3) $(C_{T_i}, T_i)\leftarrow\text{Enc}'(M, id, T_i)$：

对于一个消息 $M\in\mathcal{M}=\{0, 1\}^{l_m}$、时间戳 T_i 和身份 $id\in\mathcal{ID}$，加密者进行下述运算。

① 计算 $id'=\mathcal{H}(id, T_i)$。

② 计算

$$(c_1, k_1)\leftarrow\text{Encap}_1(id),\ (c_2, k_2)\leftarrow\text{Encap}_2(id')$$

③ 随机选取 $S\leftarrow_R\{0,1\}^{l_t}$ 后计算

$$c_3 \leftarrow \mathrm{Ext}(k_1, k_2, S) \oplus M$$

④ 输出密文 $C_{T_i}=(c_1, c_2, c_3, S)$，即 C_{T_i} 是身份 id 在 T_i 时刻对消息 M 的加密密文。

(4) $M\leftarrow \mathrm{Dec}(C_{T_i}, sk_{(id, T_i)})$：

对于身份 id 在 T_i 时刻的密钥 $sk_{(id, T_i)}=(d_{id}^1, d_{id}^2)$ 和加密密文 $C_{T_i}=(c_1, c_2, c_3, S)$，解密者进行下述运算。

① 计算

$$k_1 = \mathrm{Encap}_1(c_1, d_{id}^1),\ k_2 = \mathrm{Encap}_2(c_2, d_{id}^2)$$

② 计算 $M=\mathrm{Ext}(k_1, k_2, S)\oplus c_3$。

③ 输出密文 $C=(c_1, c_2, c_3, S)$ 所对应的明文消息 M。

(5) $RL'\leftarrow \mathrm{Revoke}'(RL, \{id_1, id_2, \cdots, id_n\})$：

若集合 $\{id_1, id_2, \cdots, id_n\}$ 中的身份将被撤销，那么 KGC 通过下述操作对身份撤销列表进行更新，并输出更新后的撤销列表 RL'，即

$$RL' = RL \cup \{id_1, id_2, \cdots, id_n\}$$

(6) $k_{T_{i+1}}\leftarrow \mathrm{KeyUpdate}'(RL, id, T_{i+1}, msk)$：

当需要对身份 $id\in\mathcal{ID}$ 在时间戳 T_{i+1} 时刻的密钥进行更新时，KGC 首先检测身份 id 是否在撤销列表 RL 中，若存在则 KGC 终止执行并输出 $\perp$；否则 KGC 进行下述运算。

① 计算 $id'=\mathcal{H}(id, T_{i+1})$ 和 $d_{id}^2\leftarrow \mathrm{KeyGen}_2(msk_2, id')$。

② 输出 $k_{T_{i+1}}=d_{id}^2$，那么身份 id 所对应的密钥由 T_i 时刻的 $sk_{(id, T_i)}=(k_{id}, k_{T_i})$ 更新为 T_{i+1} 时刻的 $sk_{(id, T_{i+1})}=(k_{id}, k_{T_{i+1}})$，随着时间戳 T_i 的递增，用户之前的私钥 $sk_{(id, T_i)}$ 相继被撤销。

上述通用构造的正确性可由底层 IB-HPS 的正确性获得，下面将给出上述通用构造安全性的形式化证明过程。

定理 3-6　设 Π_1 和 Π_2 分别是平滑性 IB-HPS，Ext：$\{0,1\}^{l_k}\times\{0,1\}^{l_v}\times\{0,1\}^{l_t}\to\{0,1\}^{l_m}$ 是平均情况的 $(l_k+l_v-\lambda, \varepsilon)$-强随机性提取器，那么，对于任意的泄露参数 $\lambda\leqslant l_k+l_v-l_m-\omega(\log\kappa)$，上述构造是 CPA 安全的抗泄露 RIBE 机制。

证明　上述通用构造的安全性，将通过一系列游戏论证来证明。

Game_0：这个游戏是抗泄露 RIBE 机制原始的 CPA 安全性游戏。该游戏中，挑战身份 id^* 在 T_i 时刻所对应的挑战密文 $C_{(v, T_i)}^*=(c_1', c_2', c_3', S)$ 通过下述计算生成。

(1) 计算 $\overline{id}^*=\mathcal{H}(id^*, T_i)$。

(2) 计算

$$(c_1', k_1) \leftarrow \mathrm{Encap}_1(id^*),\ (c_2', k_2) \leftarrow \mathrm{Encap}_2(\overline{id}^*)$$

(3) 随机选取 $S\leftarrow_R\{0,1\}^{l_t}$ 和 $v\leftarrow_R\{0,1\}$ 后，计算

$$c_3' \leftarrow \mathrm{Ext}(k_1, k_2, S) \oplus M_v$$

由 RIBE 机制原始抗泄露的 CPA 安全性游戏的定义可知：

$$\mathrm{Adv}_{\mathrm{RIBE},\mathcal{A}}^{\mathrm{LR\text{-}CPA}}(\kappa, \lambda) = \left|\Pr[\mathcal{A}\ wins\ \text{in Game}_0] - \frac{1}{2}\right|$$

Game_1：该游戏与 Game_0 相类似，修改挑战密文的生成过程。在 Game_1 中，使用挑战身份 id^* 在 T_i 时刻的私钥 $sk_{(id^*, T_i)}=(d_{id^*}^1, d_{id^*}^2)$ 去生成挑战密文，即挑战密文 $C_{(v, T_i)}^*=$

(c_1', c_2', c_3', S)通过下述计算生成。

(1) 计算$\overline{id}^* = \mathcal{H}(id^*, T_i)$。

(2) 计算

$$(c_1', k_1) \leftarrow \text{Encap}_1(id^*), (c_2', k_2) \leftarrow \text{Encap}_2(\overline{id}^*)$$

(3) 计算

$$k_1' \leftarrow \text{Decap}_1(c_1', d_{id^*}^1)$$

(4) 随机选取$S \leftarrow_R \{0, 1\}^{l_t}$和$v \leftarrow_R \{0, 1\}$后计算

$$c_3' \leftarrow \text{Ext}(k_1', k_2, S) \oplus M_v$$

由底层 IB-HPS Π_1 解封装操作的正确性可知 $k_1 = k_1'$，那么 Game_1 和 Game_0 是不可区分的。

Game_2：该游戏与 Game_1 相类似，只需修改挑战密文的生成过程。该游戏中，挑战密文$C_{(v, T_i)}^* = (c_1', c_2', c_3', S)$通过下述计算生成。

(1) 计算$\overline{id}^* = \mathcal{H}(id^*, T_i)$。

(2) 计算

$$(c_1', k_1) \leftarrow \text{Encap}_1(id^*), (c_2', k_2) \leftarrow \text{Encap}_2(\overline{id}^*)$$

(3) 计算

$$k_1' \leftarrow \text{Decap}_1(c_1', d_{id^*}^1), k_2' \leftarrow \text{Decap}_2(c_2', d_{id^*}^2)$$

(4) 随机选取$S \leftarrow_R \{0, 1\}^{l_t}$和$v \leftarrow_R \{0, 1\}$后计算

$$c_3' \leftarrow \text{Ext}(k_1', k_2', S) \oplus M_v$$

由底层 IB-HPS Π_2 解封装操作的正确性可知 $k_2 = k_2'$，那么 Game_2 和 Game_1 是不可区分的。

Game_3：该游戏与 Game_2 相类似，只需修改挑战密文的生成过程。在 Game_3 中，使用无效密文去生成挑战密文，即挑战密文 $C_{(v, T_i)}^* = (c_1', c_2', c_3', S)$通过下述计算生成。

(1) 计算$\overline{id}^* = \mathcal{H}(id^*, T_i)$。

(2) 计算

$$c_1' \leftarrow \text{Encap}_1^*(id^*), (c_2', k_2) \leftarrow \text{Encap}_2(\overline{id}^*)$$

(3) 计算

$$k_1' \leftarrow \text{Decap}_1(c_1', d_{id^*}^1), k_2' \leftarrow \text{Decap}_2(c_2', d_{id^*}^2)$$

(4) 随机选取$S \leftarrow_R \{0, 1\}^{l_t}$和$v \leftarrow_R \{0, 1\}$后计算

$$c_3' \leftarrow \text{Ext}(k_1', k_2', S) \oplus M_v$$

由底层 IB-HPS Π_1 有效密文与无效密文的不可区分性可知 Game_3 和 Game_2 是不可区分的。

Game_4：该游戏与 Game_3 相类似，只需修改挑战密文的生成过程，使用无效密文去生成挑战密文，即挑战密文 $C_{(v, T_i)}^* = (c_1', c_2', c_3', S)$通过下述计算生成。

(1) 计算$\overline{id}^* = \mathcal{H}(id^*, T_i)$。

(2) 计算

$$c_1' \leftarrow \text{Encap}_1^*(id^*), c_2' \leftarrow \text{Encap}_2^*(\overline{id}^*)$$

(3) 计算

$$k_1' \leftarrow \mathrm{Decap}_1(c_1', d_{id^*}^1), k_2' \leftarrow \mathrm{Decap}_2(c_2', d_{id^*}^2)$$

(4) 随机选取 $S \leftarrow_R \{0, 1\}^{l_t}$ 和 $v \leftarrow_R \{0, 1\}$ 后计算

$$c_3' \leftarrow \mathrm{Ext}(k_1', k_2', S) \oplus M_v$$

由底层 IB-HPS Π_2 有效密文与无效密文的不可区分性可知 Game_4 和 Game_3 是不可区分的。

Game_5：该游戏与 Game_4 相类似，只需修改挑战密文的生成过程。在 Game_5 中，使用随机数去生成挑战密文，即挑战密文 $C_{(v, T_i)}^* = (c_1', c_2', c_3', S)$通过下述计算生成。

(1) 计算$\overline{id}^* = \mathcal{H}(id^*, T_i)$。

(2) 计算

$$c_2' \leftarrow \mathrm{Encap}_2^*(\overline{id}^*)$$

(3) 计算

$$k_1' \leftarrow \{0, 1\}^{l_k}, k_2' \leftarrow \mathrm{Decap}_2(c_2', d_{id^*}^2)$$

(4) 随机选取 $S \leftarrow_R \{0, 1\}^{l_t}$ 和 $v \leftarrow_R \{0, 1\}$ 后计算

$$c_3' \leftarrow \mathrm{Ext}(k_1', k_2', S) \oplus M_v$$

由底层 IB-HPS Π_1 的平滑性可知 Game_5 和 Game_4 是不可区分的。

Game_6：该游戏与 Game_5 相类似，只需修改挑战密文的生成过程。在 Game_6 中，使用随机数去生成挑战密文，即挑战密文 $C_{(v, T_i)}^* = (c_1', c_2', c_3', S)$通过下述计算生成。

(1) 计算$\overline{id}^* = \mathcal{H}(id^*, T_i)$。

(2) 计算

$$k_1' \leftarrow_R \{0, 1\}^{l_k}, k_2' \leftarrow_R \{0, 1\}^{l_v}$$

(3) 随机选取 $S \leftarrow_R \{0, 1\}^{l_t}$ 和 $v \leftarrow_R \{0, 1\}$ 后计算

$$c_3' \leftarrow \mathrm{Ext}(k_1', k_2', S) \oplus M_v$$

由底层 IB-HPS Π_2 的平滑性可知 Game_6 和 Game_5 是不可区分的。

综上所述，对于任意的 PPT 敌手而言，Game_0 和 Game_6 是不可区分的。特别地，在 Game_6 中挑战密文完全由随机数生成，使得挑战密文 $C_{(v, T_i)}^* = (c_1', c_2', c_3', S)$中不包含随机数 v 的任何信息，那么任意敌手在 Game_6 中获胜的优势是可忽略的。因此，任意敌手在 Game_0 中获胜的优势同样是可忽略的，即有

$$\mathrm{Adv}_{\mathrm{RIBE}, \mathcal{A}}^{\mathrm{LR\text{-}CPA}}(\kappa, \lambda) \leqslant \mathrm{negl}(\kappa)$$

（定理 3-6 证毕）

4. CCA 安全的抗泄露 RIBE 机制

对于一个加密机制而言，CCA 安全性是一个非常实用且重要的安全属性。因此，下面将基于 CPA 安全的抗泄露 RIBE 机制，给出 CCA 安全的抗泄露 RIBE 机制的通用构造方法。该方法使用 CPA 安全的抗泄露 RIBE 机制结合 NIZK 论证的模式设计 CCA 安全的抗泄露 RIBE 机制，其中使用 NIZK 论证将密文中的各元素进行绑定，为密文提供防扩展的性质，并且抗泄露攻击的能力由底层的 CPA 安全的抗泄露 RIBE 机制提供。

为方便设计，对 CPA 安全的抗泄露 RIBE 机制的加密算法进行简单的修改，即加密算法所使用的随机数来自算法输入，则相应的加密算法可表示为 $C \leftarrow \mathrm{Enc}(M, id, T_i, r)$，其中 r 表示加密算法运算过程中所使用的随机数。

令 $\varepsilon'=$(Setup′, KeyGen′, Enc′, Dec′, Revoke′, KeyUpdate′)是一个 CPA 安全的抗泄露 RIBE 机制，$\Pi'_{\text{NIZK}}=$(Setup, Prove, Verify)是关系 R_{enc} 上的强一次性 f-tSE NIZK 论证，其中

$$R_{\text{enc}} = \{(M, r), (id, T_i, C') \mid C' = \text{Enc}'(M, id, T_i, r)\}$$

此外，在提取操作中，f-tSE NIZK 论证中的提取器 Ext′只需要输出消息 M，无需输出加密所需的随机数 r，即 $f(M, r)=M$。

CCA 安全的抗泄露 RIBE 机制通用构造的具体算法如下所述。

(1) $(Params, msk) \leftarrow \text{Setup}(1^\kappa)$：

输出 $Params=(Params', CRS)$，$msk=msk'$，其中

$$(Params', msk') \leftarrow \text{Setup}'(1^\kappa), (CRS, tk, ek) \leftarrow \text{Setup}(1^\kappa)$$

(2) $sk_{id} \leftarrow \text{KeyGen}(msk, id, T_i)$：

输出 $sk_{(id, T_i)}=sk'_{(id, T_i)}$，其中

$$sk'_{(id, T_i)} \leftarrow \text{KeyGen}'(msk, id, T_i)$$

(3) $C_{T_i} \leftarrow \text{Enc}'''(M, id, T_i)$：

① 从相应的空间中选取一个随机数 r，并计算 $C' \leftarrow \text{Enc}'(M, id, T_i, r)$。

② 生成 C' 所对应的 NIZK 论证 π，即

$$\pi \leftarrow \text{Prove}((M, r), (C', id, T_i))$$

③ 输出密文 $C_{T_i}=(C', \pi)$。

(4) $M/\perp \leftarrow \text{Dec}(C_{T_i}, sk_{(id, T_i)}, T_i)$：

接收者首先验证

$$\text{Verify}(\pi, (C', id, T_i)) = 1$$

是否成立，若成立则输出 $M \leftarrow \text{Dec}'(C', sk_{(id, T_i)})$；否则输出⊥。

(5) $RL' \leftarrow \text{Revoke}(RL, \{id_1, id_2, \cdots, id_n\})$：

若集合 $\{id_1, id_2, \cdots, id_n\}$ 中的身份将被撤销，那么 KGC 通过下述操作对身份撤销列表进行更新，并输出更新后的撤销列表 RL'，即

$$RL' \leftarrow \text{Revoke}'(RL, \{id_1, id_2, \cdots, id_n\})$$

(6) $k_{T_{i+1}} \leftarrow \text{KeyUpdate}(RL, id, T_{i+1}, msk)$：

① 当收到身份 $id \in \mathcal{ID}$ 在 T_{i+1} 时刻的密钥更新询问时，KGC 首先检测身份 id 是否在撤销列表 RL 中，若存在则 KGC 输出⊥，并终止；否则 KGC 计算

$$k_{T_{i+1}} \leftarrow \text{KeyUpdate}'(RL, id, T_{i+1}, msk)$$

② 输出身份 id 在 T_{i+1} 时刻私钥 $sk_{(id, T_{i+1})}$ 的时间组件 $k_{T_{i+1}}$。

上述通用构造的正确性可由底层 CPA 安全的抗泄露 RIBE 机制和 f-tSE NIZK 论证的正确性获得。下面将对上述构造抗泄露攻击的 CCA 安全性进行形式化证明。

定理 3-7 假设底层的 ε' 是一个 CPA 安全的抗泄露 RIBE 机制，Π'_{NIZK} 是相应关系上的强一次性 f-tSE NIZK 论证，那么，上述构造是 CCA 安全的抗泄露 RIBE 机制的通用构造。

证明 底层机制 ε' 的正确性保证了上述 RIBE 通用构造的正确性。安全性将通过一系列游戏来证明。

Game_0：该游戏是抗泄露 RIBE 机制原始的 CCA 安全性游戏。

(1) 初始化：

挑战者 $\mathcal{C}$ 输入安全参数 κ 运行初始化算法 $(Params, msk) \leftarrow \text{Setup}(1^\kappa)$，发送系统公开参数 $Params$ 给敌手 $\mathcal{A}$，并秘密保存主私钥 msk。

(2) 阶段 1：

敌手 $\mathcal{A}$ 适应性地进行下述询问。

① 密钥生成询问：收到身份 id 在 T_i 时刻的密钥生成询问时，挑战者 $\mathcal{C}$ 通过运行密钥生成算法 $sk_{(id, T_i)} \leftarrow \text{KeyGen}(msk, id, T_i)$ 返回 id 在 T_i 时刻所对应的私钥 $sk_{(id, T_i)}$ 给敌手 $\mathcal{A}$。

② 解密询问：收到关于 (C_{T_i}, id, T_i) 的解密询问时，$\mathcal{C}$ 返回相应的明文消息 $M = \text{Dec}(C_{T_i}, sk_{(id, T_i)}, T_i)$ 给敌手 $\mathcal{A}$，其中 $sk_{(id, T_i)} \leftarrow \text{KeyGen}(msk, id, T_i)$。

③ 泄露询问：敌手 $\mathcal{A}$ 提交身份时戳二元组 (id, T_i) 和多项式可计算的函数 $f_i: \{0, 1\}^* \to \{0, 1\}^{\lambda_i}$ $(i \geqslant 1)$ 给挑战者进行泄露询问，$\mathcal{C}$ 返回私钥 $sk_{(id, T_i)}$ 的泄露信息 $f_i(sk_{(id, T_i)})$，但关于 $sk_{(id, T_i)}$ 的泄露总长度不能超过系统设定的泄露界 λ，否则 $\mathcal{C}$ 忽略本次询问。

④ 身份撤销询问：

对于敌手 $\mathcal{A}$ 提交的待撤销身份集合 $\{id_1, id_2, \cdots, id_n\}$，挑战者 $\mathcal{C}$ 输出更新后的身份撤销列表 $RL = RL \cup \{id_1, id_2, \cdots, id_n\}$。

⑤ 密钥更新询问：对于身份 id 在 T_{i+1} 时刻的密钥更新询问，挑战者 $\mathcal{C}$ 首先检测 id 是否在撤销列表 RL 中，若 $id \in RL$，那么 $\mathcal{C}$ 终止并输出 $\perp$；否则，$\mathcal{C}$ 运行算法 $k_{T_{i+1}} \leftarrow \text{KeyUpdate}'(RL, id, T_{i+1}, msk)$，产生身份 id 在 T_{i+1} 时刻所对应的时间组件 $k_{T_{i+1}}$，并将其发送给 $\mathcal{A}$。

(3) 挑战：

对于挑战身份 $id^* \in \mathcal{ID}$ 和时间戳 T_i，挑战者 $\mathcal{C}$ 计算挑战密文 $C^*_{(v, T_i)} = (C', \pi^*)$，其中 $v \leftarrow_R \{0, 1\}$，$C' \leftarrow \text{Enc}'(M_v, id^*, T_i, r)$，$\pi^* \leftarrow \text{Prove}((M_v, r), (C', id, T_i))$

(4) 阶段 2：

与阶段 1 相类似，但该阶段敌手不能对挑战身份进行密钥生成询问，并且不能对挑战密文和挑战身份对进行解密询问；此外，不能对挑战身份进行身份撤销和密钥更新询问。同时，该阶段敌手不能进行泄露询问。

(5) 输出：

敌手 $\mathcal{A}$ 输出对 v 的猜测 v'。若 $v' = v$，则称敌手 $\mathcal{A}$ 在该游戏中获胜。

综上所述，在 Game_0 中有

$$\text{Adv}^{\text{LR-CCA}}_{\text{RIBE}, \mathcal{A}}(\kappa, \lambda) = \left| \Pr[\mathcal{A}\ wins] - \frac{1}{2} \right|$$

Game_1：该游戏与 Game_0 相类似，只需修改挑战密文 $C^*_{(v, T_i)}$ 的生成过程。在 Game_1 中，使用模拟谕言机 $\mathcal{O}^{\text{Sim}}_{tk}(\cdot)$ 生成挑战密文，即真实论证变换为模拟论证。更详细地讲，T_i 时刻的挑战密文 $C^*_{(v, T_i)} = (C', \pi^*)$ 由下述计算生成：

$$v \leftarrow_R \{0, 1\}, C' \leftarrow \text{Enc}'(M_v, id^*, T_i, r), \pi^* \leftarrow \text{Sim}_{tk}(id^*, C')$$

由底层 f-tSE NIZK 论证 Π_{NIZK} 的零知识性可知 Game_1 和 Game_0 是不可区分的。

Game_2：该游戏与 Game_1 相类似，只需修改解密询问的应答方式。对于敌手提交的关于 (C_{T_i}, id, T_i) 的解密询问，挑战者运行提取器 Ext' 从论证 π 中提取出相应的明文

$f(M, r)=M$，即对于敌手提交的任意解密询问(C_{T_i}, id, T_i)，挑战者$\mathcal{C}$通过计算提取操作$\text{Ext}'((C', id), \pi, ek)$返回相应的询问应答。

由底层 f-tSE NIZK 论证的强一次性模拟可提取性可知 Game_2 和 Game_1 是不可区分的。f-tSE NIZK 论证能以不可忽略的概率从论证 π 中提取出相应的 M。在 f-tSE NIZK 论证中，敌手只能获得一个关于真实状态(C, id)的模拟论证，因此对于新的状态论证对$((C, id), \pi)\neq((C', id^*), \pi^*)$中的证据 π，即使通过验证，提取器 Ext'也无法提取出相应的消息。

Game_3：该游戏与 Game_2 相类似，只需修改挑战密文 $C^*_{(v, T_i)}$ 的生成方式。在 Game_3，使用明文空间 $\mathcal{M}$ 中的任意随机消息生成挑战密文，即 $C^*_{(v, T_i)}=(C', \pi^*)$由下述计算生成：

$$M' \leftarrow_R \mathcal{M}, C' \leftarrow \text{Enc}'(M', id^*, T_i, r), \pi^* \leftarrow \text{Sim}_{tk}(id^*, C')$$

由底层抗泄露 RIBE 机制的 CPA 安全性可知 Game_2 和 Game_3 是不可区分的。

综上所述，对于任意的敌手而言，Game_0 和 Game_3 是不可区分的。此外，由于在 Game_3 中完全由明文空间 $\mathcal{M}$ 中的随机消息生成了挑战密文，因此挑战密文不包含随机值 v 的任何信息，那么任意敌手在 Game_3 中获胜的优势是可忽略的。因此，任意敌手在 Game_0 中获胜的优势是可忽略的，即有

$$\text{Adv}^{\text{LR-CCA}}_{\text{RIBE}, \mathcal{A}}(\kappa, \lambda) \leqslant \text{negl}(\kappa)$$

（定理 3-7 证毕）

特别地，为了方便读者了解构造 CCA 安全的抗泄露 RIBE 机制时 NIZK 和 OT-LF 的区别与联系，下面将给出基于 OT-LF 设计 CCA 安全的抗泄露 RIBE 机制的具体构造。由于 OT-LF 在抗泄露 IBE 机制的构造中已有相应的使用，因此此处仅给出具体的构造，省略了相应的安全性证明过程。

令 $\Pi_1=(\text{Setup}_1, \text{KeyGen}_1, \text{Encap}_1, \text{Encap}_1^*, \text{Decap}_1)$是封装密钥空间为 $\mathcal{K}_1=\{0, 1\}^{l_k}$、身份空间为 $\mathcal{ID}_1$ 的平滑性 IB-HPS。令 $\mathcal{H}$: $\mathcal{ID}_1\times\mathcal{T}\rightarrow\mathcal{ID}_2$ 是抗碰撞的单向哈希函数，其中 $\mathcal{T}$表示时间列表 TL 中的时刻。令 Ext: $\{0, 1\}^{l_k}\times\{0, 1\}^{l_v}\times\{0, 1\}^{l_t}\rightarrow\{0, 1\}^{l_m}$ 是平均情况的$(l_k+l_v-\lambda, \varepsilon)$-强随机性提取器，其中 λ 是泄露参数，ε 在安全参数 κ 上是可忽略的。令 $\Pi_2=(\text{Setup}_2, \text{KeyGen}_2, \text{Encap}_2, \text{Encap}_2^*, \text{Decap}_2)$是封装密钥空间为 $\mathcal{K}_2=\{0, 1\}^{l_v}$、身份空间为 $\mathcal{ID}_2$ 的平滑性 IB-HPS。令 LF=(LF. Gen, LF. Eval, LF. Tag)是$(\mathcal{K}_1\times\mathcal{K}_2, l_{\text{LF}})$-OT-LF。

(1) $(Params, msk)\leftarrow\text{Setup}(1^\kappa)$：

输出 $Params=(mpk_1, mpk_2, F_{pk})$，$msk=(msk_1, msk_2)$，其中

$$(mpk_1, msk_1) \leftarrow \text{Setup}_1(1^\kappa), (mpk_2, msk_2) \leftarrow \text{Setup}_2(1^\kappa), (F_{pk}, F_{td}) \leftarrow \text{LF. Gen}(1^\kappa)$$

特别地，该算法还定义了初始为空的身份撤销列表 RL，并且初始化了时间列表 TL。此外，算法 LF. Gen(1^κ)还定义了 OT-LF 的公开标签空间 $\mathcal{T}_C$。

(2) $(sk_{(id, T_i)}, T_i)\leftarrow\text{KeyGen}(msk, id, RL, TL)$：

对于身份 id 的密钥生成，KGC 首先检测身份 id 是否在撤销列表 RL 中，若 $id\in RL$，算法 KeyGen 输出⊥；否则 KGC 执行下述操作。

① 计算 $d^1_{id}\leftarrow\text{KeyGen}_1(msk_1, id)$。

② 从时间列表 TL 中读取当前时间戳 T_i，并计算

$$id' = \mathcal{H}(id, T_i), d^2_{id} \leftarrow \text{KeyGen}_2(msk_2, id')$$

③ 输出身份 id 在 T_i 时刻的私钥 $sk_{(id,T_i)}=(k_{id},k_{T_i})=(d_{id}^1,d_{id}^2)$，其中 $k_{id}=d_{id}^1$ 是私钥 $sk_{(id,T_i)}$ 的身份组件，$k_{T_i}=d_{id}^2$ 是私钥 $sk_{(id,T_i)}$ 的时间组件。

(3) $(C_{T_i},T_i)\leftarrow \mathrm{Enc}(M,id,T_i)$：

对于一个消息 $M\in\mathcal{M}=\{0,1\}^{l_m}$、时间戳 T_i 和身份 $id\in\mathcal{ID}$，加密者进行下述运算。

- 计算 $id'=\mathcal{H}(id,T_i)$。
- 计算

$$(c_1,k_1)\leftarrow \mathrm{Encap}_1(id),\ (c_2,k_2)\leftarrow \mathrm{Encap}_2(id')$$

- 随机选取 $S\leftarrow_R\{0,1\}^{l_t}$ 后计算

$$c_3\leftarrow \mathrm{Ext}(k_1,k_2,S)\oplus M,\ v=\mathrm{LF.Eval}(F_{pk},t,k_1,k_2)$$

其中 $t=(t_a,t_c)$，$t_a=(c_1,c_2,c_3)$，$t_c\leftarrow_R\mathcal{T}_C$。

- 输出密文 $C_{T_i}=(c_1,c_2,c_3,v,t_c,S)$，即密文 C_{T_i} 是身份 id 在 T_i 时刻对消息 M 的加密密文。

(4) $M\leftarrow \mathrm{Dec}(C_{T_i},sk_{(id,T_i)})$：

对于身份 id 在 T_i 时刻的密钥 $sk_{(id,T_i)}=(d_{id}^1,d_{id}^2)$ 和加密密文 $C_{T_i}=(c_1,c_2,c_3,v,t_c,S)$，解密者进行下述运算。

① 计算

$$k_1'=\mathrm{Encap}_1(c_1,d_{id}^1),\ k_2'=\mathrm{Encap}_1(c_2,d_{id}^2)$$

② 计算

$$v'=\mathrm{LF.Eval}(F_{pk},t,k_1',k_2')$$

其中 $t=(t_a,t_c)$，$t_a=(c_1,c_2,c_3)$。

③ 如果 $v'=v$，则计算 $M=\mathrm{Ext}(k_1,k_2,S)\oplus c_3$，输出密文 $C_{T_i}=(c_1,c_2,c_3,v,t_c,S)$ 所对应的明文消息 M；否则输出特殊的终止符⊥。

(5) $RL'\leftarrow \mathrm{Revoke}(RL,\{id_1,id_2,\cdots,id_n\})$：

若集合 $\{id_1,id_2,\cdots,id_n\}$ 中的身份将被撤销，那么 KGC 通过下述操作对身份撤销列表进行更新，输出更新后的撤销列表 RL'，即

$$RL'=RL\cup\{id_1,id_2,\cdots,id_n\}$$

(6) $k_{T_{i+1}}\leftarrow \mathrm{KeyUpdate}'(RL,id,T_{i+1},msk)$：

当收到身份 $id\in\mathcal{ID}$ 在时间戳 T_{i+1} 时刻的密钥更新询问时，KGC 首先检测身份 id 是否在撤销列表 RL 中，若存在则 KGC 输出⊥，并终止；否则 KGC 进行下列运算。

① 计算

$$id'=\mathcal{H}(id,T_{i+1}),\ d_{id}^2\leftarrow \mathrm{KeyGen}_2(msk,id')$$

② 输出 $k_{T_{i+1}}=d_{id}^2$，那么身份 id 所对应的密钥由 T_i 时刻的 $sk_{(id,T_i)}=(k_{id},k_{T_i})$ 更新为 T_{i+1} 时刻的 $sk_{(id,T_{i+1})}=(k_{id},k_{T_{i+1}})$，随着时间戳 T_i 的递增，用户之前的私钥 $sk_{(id,T_i)}$ 相继被撤销。

定理 3-8　假设 Π_1 和 Π_2 是平滑性 IB-HPS，Ext：$\{0,1\}^{l_k}\times\{0,1\}^{l_v}\times\{0,1\}^{l_t}\rightarrow\{0,1\}^{l_m}$ 是平均情况的 $(l_k+l_v-\lambda,\varepsilon)$-强随机性提取器，LF 是一个 $(\mathcal{K}_1\times\mathcal{K}_2,L_{\mathrm{LF}})$-一次性损耗滤波器，那么，对于任意的泄露参数 $\lambda\leqslant l_k+l_v-l_{\mathrm{LF}}-l_m-\omega(\log\kappa)$，上述构造是 CCA 安全的抗泄露 RIBE 机制。

定理 3-8 的证明过程可参考 OT-LF 在抗泄露 IBE 机制构造中的证明，详见文献[5]。

3.6 参考文献

[1] CRAMER R，SHOUP V. Universal hash proofs and a paradigm for adaptive chosen ciphertext secure public-key encryption [C]. International Conference on the Theory and Applications of Cryptographic Techniques. Amsterdam，The Netherlands，2002：45-64.

[2] ALWEN J，DODIS Y，NAOR M，et al. Public-key encryption in the bounded-retrieval model [C]. 29th Annual International Conference on the Theory and Applications of Cryptographic Techniques，French Riviera，2010：113-134.

[3] CHOW S M，DODIS Y，ROUSELAKIS Y，et al. Practical leakage-resilient identity-based encryption from simple assumptions [C]. 17th ACM Conference on Computer and Communications Security，Chicago，Illinois，USA，2010：152-161

[4] CHEN Y，ZHANG Z Y，LIN D D，et al，Anonymous identity-based hash proof system and its applications [C]. Proceedings of the 6th International Conference on the Provable Security [C]. Chengdu，China，2012：143-160.

[5] ZHOU Y W，YANG B，MU Y. The generic construction of continuous leakage-resilient identity-based cryptosystems[J]. Theoretical Computer Science，2019，772：1-45.

[6] 周彦伟，杨波，夏喆，等. 抵抗泄露攻击的可撤销 IBE 机制[J]. 计算机学报，2020，43(8)：1534-1554.

第4章　可更新身份基哈希证明系统(U-IB-HPS)

基于IB-HPS所构造的IBE机制仅能抵抗有界的泄露攻击，且只有CPA安全性。针对上述不足，为抵抗连续的泄露攻击，Zhou等人[1,2]在IB-HPS的基础上提出了可更新身份基哈希证明系统(U-IB-HPS)的新密码工具，同时以U-IB-HPS为底层工具提出了CCA安全的抗连续泄露IBE机制和抗连续泄露身份基混合加密(Identity-Based Hybrid Encryption，IB-HE)机制的通用构造方法，并对上述构造的安全性分别进行了形式化证明。同时，在Chen等人[3]所提出的认证密钥协商协议的基础上提出了抗连续泄露身份基密钥协商(Identity-Based Authenticated Key Exchange，IB-AKE)协议的通用构造方法。

本章主要介绍U-IB-HPS的形式化定义及相应的安全属性，同时对Zhou等人[1,2]提出的U-IB-HPS实例进行回顾。此外，还将介绍U-IB-HPS在抗连续泄露加密机制构造方面的应用[4]。

4.1　算法定义及安全属性

在IB-HPS的基础上，为了进一步增强IB-HPS的实用性，Zhou等人[1,2]提出了U-IB-HPS，并指出了设计U-IB-HPS时所面临的两个挑战。

(1) 在密钥更新的前提下如何保持有效封装密文与无效封装密文的不可区分性。在IB-HPS中，即使敌手获得了包括挑战身份在内的任意身份的私钥，有效封装密文与无效封装密文依然是不可区分的。然而，在U-IB-HPS中敌手能够对挑战身份的私钥进行多次更新，对于有效封装密文而言，更新操作不会改变更新私钥对有效封装密文的解封装视图；对于无效封装密文而言，一旦私钥更新前后对无效封装密文的解封装视图发生变化，那么敌手就能够借助更新操作来区分有效封装密文与无效封装密文。

(2) 在密钥更新的前提下如何保持平滑性。在U-IB-HPS中，敌手能够选择任意的随机数完成对用户私钥的更新。由于更新操作中的随机数是由敌手所控制的，一旦无效封装密文的解封装结果中包含了该随机数，那么相应的解封装视图对于敌手而言不再是均匀随机的，故敌手就能借助更新操作来区分无效封装密文的解封装结果和封装密钥空间上的均匀随机值。

为解决上述挑战，Zhou等人[1,2]在IB-HPS的安全属性基础上，为U-IB-HPS增加了重复随机性和更新不变性这两个新的安全属性。

4.1.1 U-IB-HPS 的形式化定义

一个 U-IB-HPS 包含 6 个 PPT 算法，即 Setup、KeyGen、Update、Encap、Encap* 和 Decap，各算法的具体描述如下所述。

(1) $(mpk, msk) \leftarrow \text{Setup}(1^\kappa)$：

初始化算法 Setup 以系统安全参数 κ 为输入，输出相应的系统公开参数 mpk 和主私钥 msk。其中，mpk 定义了系统的用户身份空间 $\mathcal{ID}$、封装密钥空间 $\mathcal{K}$、封装密文空间 $\mathcal{C}$ 和用户私钥空间 $\mathcal{SK}$。此外，mpk 也是其他算法(即 KeyGen、Update、Encap、Encap* 和 Decap)的隐含输入，为了方便起见，下述算法的输入列表并未将其列出。

特别地，具体的方案设计中初始化算法 Setup 有时还会输出用于密钥更新操作的更新密钥 tk，是否产生 tk 由具体方案设计情况决定。

(2) $d_{id} \leftarrow \text{KeyGen}(msk, id)$：

对于输入的任意身份 $id \in \mathcal{ID}$，密钥生成算法 KeyGen 以主私钥 msk 作为输入，输出身份 id 所对应的私钥 d_{id}。特别地，每次运行该算法，概率性的密钥生成算法基于不同的随机数为用户生成相应的私钥。

(3) $d'_{id} \leftarrow \text{Update}(d_{id}, id)$：

对于输入身份 $id \in \mathcal{ID}$ 对应的有效私钥 d_{id}，密钥更新算法 Update 输出身份 id 满足条件 $d'_{id} \neq d_{id}$ 和 $|d'_{id}| \neq |d_{id}|$ 的新有效私钥 d'_{id}。特别地，对于任意敌手而言，d_{id} 和 d'_{id} 是完全均匀随机的，即 $\text{SD}(d'_{id}, d_{id}) \leqslant \text{negl}(\kappa)$。

(4) $(C, k) \leftarrow \text{Encap}(id)$：

对于输入的任意身份 $id \in \mathcal{ID}$，有效密文封装算法 Encap 输出相应的封装密文 $C \in \mathcal{C}$ 及对应的封装密钥 k。

(5) $C^* \leftarrow \text{Encap}^*(id)$：

对于输入的任意身份 $id \in \mathcal{ID}$，无效密文封装算法 Encap* 输出相应的无效封装密文 $C^* \in \mathcal{C}$。

(6) $k' \leftarrow \text{Decap}(d_{id}, C)$：

对于确定性的解封装算法 Decap，其输入身份 id 所对应的封装密文 C(或 C^*)和私钥 d_{id}，输出相应的解封装密钥 k'。

4.1.2 U-IB-HPS 的安全属性

一个 U-IB-HPS 需满足正确性、通用性、平滑性、有效封装密文与无效封装密文的不可区分性、重复随机性和更新不变性。

1. 正确性

对于任意的身份 $id \in \mathcal{ID}$，有

$$\Pr[k \neq k' \mid (C, k) \leftarrow \text{Encap}(id), k' \leftarrow \text{Decap}(d_{id}, C)] \leqslant \text{negl}(\kappa)$$

成立，其中 $(mpk, msk) \leftarrow \text{Setup}(1^\kappa)$，$d_{id} \leftarrow \text{KeyGen}(msk, id)$。

对于身份 id 任意的更新密钥 $d'_{id} \leftarrow \text{Update}(d_{id}, id)$ 而言，有

$$\Pr[k \neq k' \mid (C, k) \leftarrow \text{Encap}(id), k' \leftarrow \text{Decap}(d'_{id}, C)] \leqslant \text{negl}(\kappa)$$

成立。

2. 通用性

由于更新后的用户私钥与原始私钥具有相同的底层随机性，因此 U-IB-HPS 通用性的讨论中不同私钥是针对密钥生成算法而言的，即两次运行算法 KepGen 为同一身份生成的私钥才是不同的私钥。

对于$(mpk, msk) \leftarrow \mathrm{Setup}(1^{\kappa})$和任意的身份 $id \in \mathcal{ID}$，当一个 U-IB-HPS 满足下述两个性质时，称该 U-IB-HPS 是 δ-通用的。

(1) 对于 $d_{id} \leftarrow \mathrm{KeyGen}(msk, id)$，有 $H_{\infty}(d_{id}) \geqslant \delta$。

(2) 对于身份 id 所对应的任意两个不同的私钥 d_{id}^1 和 d_{id}^2 ($d_{id}^1 \neq d_{id}^2$)，有

$$\Pr[\mathrm{Decap}(d_{id}^1, C^*) = \mathrm{Decap}(d_{id}^2, C^*)] \leqslant \mathrm{negl}(\kappa)$$

成立。其中，$C^* \leftarrow \mathrm{Encap}^*(id)$。

3. 平滑性

对于任意身份 $id \in \mathcal{ID}$ 的私钥 $d_{id} \leftarrow \mathrm{KeyGen}(msk, id)$和 $d'_{id} \leftarrow \mathrm{Update}(d_{id}, id)$，若有关系

$$\mathrm{SD}((C^*, k'), (C^*, \tilde{k})) \leqslant \mathrm{negl}(\kappa)$$

和

$$\mathrm{SD}((C^*, k''), (C^*, \tilde{k})) \leqslant \mathrm{negl}(\kappa)$$

成立，则称该 U-IB-HPS 是平滑的。其中，$C^* \leftarrow \mathrm{Encap}^*(id)$，$k' \leftarrow \mathrm{Decap}(d_{id}, C^*)$，$k'' \leftarrow \mathrm{Decap}(d'_{id}, C^*)$，$\tilde{k} \leftarrow_R \mathcal{K}$。

在平滑性的基础上，下面讨论 U-IB-HPS 的泄露平滑性。令函数 $f: \{0,1\}^* \rightarrow \{0,1\}^{\lambda}$ 是一个高效可计算的泄露函数，若有关系

$$\mathrm{SD}((C^*, f(d_{id}), k'), (C^*, f(d_{id}), \tilde{k})) \leqslant \mathrm{negl}(\kappa)$$

和

$$\mathrm{SD}((C^*, f(d_{id}), k''), (C^*, f(d_{id}), \tilde{k})) \leqslant \mathrm{negl}(\kappa)$$

成立，则称相应的 U-IB-HPS 具有抗泄露攻击的平滑性，简称泄露平滑的 U-IB-HPS。

特别地，之前泄露平滑性的定义并未考虑主私钥的泄露，为扩展定义的整体性，下面将在主私钥和用户私钥同时存在泄露的情况下给出泄露平滑性的增强版定义。令函数 $f: \{0,1\}^* \rightarrow \{0,1\}^{\lambda_1}$ 和 $f': \{0,1\}^* \rightarrow \{0,1\}^{\lambda_2}$ 是两个高效可计算的泄露函数，其中 λ_1 和 λ_2 分别是衡量用户私钥和主私钥泄露量的参数。若有关系

$$\mathrm{SD}((C^*, f(d_{id}), f'(msk), k'), (C^*, f(d_{id}), f'(msk), \tilde{k})) \leqslant \mathrm{negl}(\kappa)$$

和

$$\mathrm{SD}((C^*, f(d_{id}), f'(msk), k''), (C^*, f(d_{id}), f'(msk), \tilde{k})) \leqslant \mathrm{negl}(\kappa)$$

成立，则称相应的 U-IB-HPS 具有完美的泄露平滑性。

4. 有效封装密文与无效封装密文的不可区分性

有效封装密文与无效封装密文的不可区分性游戏包括挑战者 $\mathcal{C}$ 和敌手 $\mathcal{A}$ 两个参与者，具体的消息交互过程如下所述。

(1) 初始化：

挑战者 $\mathcal{C}$ 运行初始化算法$(mpk, msk) \leftarrow \mathrm{Setup}(1^{\kappa})$，发送系统公开参数 mpk 给敌手 $\mathcal{A}$，并秘密保存主私钥 msk。

（2）阶段1：

敌手$\mathcal{A}$能够适应性地对身份空间$\mathcal{ID}$的任意身份$id \in \mathcal{ID}$进行密钥生成询问（包括挑战身份），挑战者$\mathcal{C}$通过运行密钥生成算法$d_{id} \leftarrow \mathrm{KeyGen}(msk, id)$返回相应的私钥$d_{id}$给敌手$\mathcal{A}$。此外，敌手$\mathcal{A}$能够对任意身份$id$的私钥$d_{id}$进行密钥更新操作获得更新后的有效私钥$d'_{id} \leftarrow \mathrm{Update}(d_{id}, id)$。

（3）挑战：

对于挑战身份$id^* \in \mathcal{ID}$，挑战者$\mathcal{C}$首先计算

$$(C_1, k) \leftarrow \mathrm{Encap}(id^*),\ C_0 \leftarrow \mathrm{Encap}^*(id^*)$$

然后，发送挑战密文C_v给敌手$\mathcal{A}$，其中$v \leftarrow_R \{0, 1\}$。

（4）阶段2：

与阶段1相类似，敌手$\mathcal{A}$能够适应性地对任意身份$id \in \mathcal{ID}$进行密钥生成询问（包括挑战身份），获得挑战者$\mathcal{C}$返回的相应应答$d_{id} \leftarrow \mathrm{KeyGen}(msk, id)$。同样地，对任意身份的私钥能够进行私钥更新操作。

（5）输出：

敌手$\mathcal{A}$输出对v的猜测v'，且该敌手能对其掌握的用户私钥（包括挑战身份）执行多次的密钥更新操作。若$v'=v$，则称敌手$\mathcal{A}$在该游戏中获胜，并且挑战者$\mathcal{C}$输出$\omega=1$，意味着$\mathcal{C}$能够区分有效封装密文和无效封装密文；否则，挑战者$\mathcal{C}$输出$\omega=0$。

在上述有效封装密文与无效封装密文的区分性实验中，敌手$\mathcal{A}$获胜的优势定义为

$$\mathrm{Adv}_{\text{U-IB-HPS}}^{\text{VI-IND}}(\kappa) \left| \Pr[\mathcal{A}\ wins] - \frac{1}{2} \right|$$

其中概率来自挑战者和敌手对随机数的选取。对于任意的PPT敌手$\mathcal{A}$，有

$$\mathrm{Adv}_{\text{U-IB-HPS}}^{\text{VI-IND}}(\kappa) \leqslant \mathrm{negl}(\kappa)$$

成立。

5. 重复随机性

对于$(mpk, msk) \leftarrow \mathrm{Setup}(1^\kappa)$和任意的身份$id \in \mathcal{ID}$，若有关系

$$\mathrm{SD}(d'_{id}, d_{id}) \leqslant \mathrm{negl}(\kappa)$$

成立，则称相应的U-IB-HPS具有重复随机性。其中，$d_{id} \leftarrow \mathrm{KeyGen}(msk, id)$，$d'_{id} \leftarrow \mathrm{Update}(d_{id}, id)$。

6. 更新不变性

对于$(mpk, msk) \leftarrow \mathrm{Setup}(1^\kappa)$和任意的身份$id \in \mathcal{ID}$，若有关系

$$\mathrm{Decap}(d_{id}, C^*) = \mathrm{Decap}(d'_{id}, C^*)$$

成立，则称相应的U-IB-HPS具有更新不变性。其中，$C^* \leftarrow \mathrm{Encap}^*(id)$，$d_{id} \leftarrow \mathrm{KeyGen}(msk, id)$，$d'_{id} \leftarrow \mathrm{Update}(d_{id}, id)$。

4.1.3 U-IB-HPS中通用性、平滑性及泄露平滑性之间的关系

下面将讨论U-IB-HPS中通用性、平滑性及泄露平滑性之间的关系。其中，定理4-1表明当参数满足相应的限制条件时任意一个通用的U-IB-HPS是泄露平滑的，定理4-2表明基于平均情况的强随机性提取器可将平滑的U-IB-HPS转变成泄露平滑的U-IB-HPS。

定理 4-1　假设封装密钥空间为 $\mathcal{K}=\{0,1\}^{l_k}$ 的 U-IB-HPS 是 δ-通用的，那么它也是泄露平滑的，其中泄露参数满足 $\lambda\leqslant\delta-l_k-\omega(\log\kappa)$。

定理 4-1 可由剩余哈希引理(引理 2-4)和广义的剩余哈希引理(引理 2-5)得到。

下面基于平均情况的强随机性提取器给出由平滑的 U-IB-HPS 构造泄露平滑的 U-IB-HPS 的通用转换方式。

令 $\Pi'=(\text{Setup}', \text{KeyGen}', \text{Update}', \text{Encap}', \text{Encap}'^{*}, \text{Dacep}')$ 是封装密钥空间为 $\mathcal{K}=\{0, 1\}^{l'_k}$、身份空间为 $\mathcal{ID}$ 的平滑性 U-IB-HPS；令 $\text{Ext}:\{0, 1\}^{l'_k}\times\{0, 1\}^{l_t}\rightarrow\{0, 1\}^{l_k}$ 是平均情况的 $(l'_k-\lambda, \varepsilon)$-强随机性提取器，其中 λ 是泄露参数，ε 在安全参数 κ 上是可忽略的。那么，泄露平滑的 U-IB-HPS 通用构造 $\Pi'=(\text{Setup}, \text{KeyGen}, \text{Update}, \text{Encap}, \text{Encap}^{*}, \text{Decap})$ 可表述如下。

(1) $(mpk, msk)\leftarrow\text{Setup}(1^{\kappa})$：

输出 (mpk, msk)，其中 $(mpk, msk)\leftarrow\text{Setup}'(1^{\kappa})$。

(2) $d_{id}\leftarrow\text{KeyGen}(msk, id)$：

输出 d_{id}，其中 $d_{id}\leftarrow\text{KeyGen}'(msk, id)$。

(3) $d'_{id}\leftarrow\text{Update}(d_{id}, id)$：

输出 d'_{id}，其中 $d'_{id}\leftarrow\text{Update}'(d_{id}, id)$。

(4) $(C, k)\leftarrow\text{Encap}(id)$：

① 计算 $(C', k')\leftarrow\text{Encap}'(id)$。

② 随机选取 $S\leftarrow_R\{0, 1\}^{l_t}$，并计算 $k=\text{Ext}(k', S)$。

③ 输出 (C, k)，其中 $C=(C', S)$。

(5) $C^{*}\leftarrow\text{Encap}^{*}(id)$：

① 随机选取 $S\leftarrow_R\{0, 1\}^{l_t}$，并计算 $C'\leftarrow\text{Encap}'^{*}(id)$。

② 输出 $C^{*}=(C', S)$。

(6) $k\leftarrow\text{Decap}(d_{id}, C)$：

① 计算 $k'\leftarrow\text{Decap}'(d_{id}, C')$ 和 $k=\text{Ext}(k', S)$。

② 输出 k。

定理 4-2　假设底层的 Π' 是平滑性 U-IB-HPS，$\text{Ext}:\{0, 1\}^{l'_k}\times\{0, 1\}^{l_t}\rightarrow\{0, 1\}^{l_k}$ 是平均情况的 $(l'_k-\lambda, \varepsilon)$-强随机性提取器，那么，当 $\lambda\leqslant l'_k-l_k-\omega(\log\kappa)$ 时，上述通用转换可生成一个 λ-泄露平滑性 U-IB-HPS。

定理 4-2 的证明过程与定理 3-2 相类似，为避免重复，此处不再赘述。

4.2　选择身份安全的 U-IB-HPS 实例

本节介绍选择身份安全的 U-IB-HPS，并基于 DBDH 假设对其有效封装密文与无效封装密文的不可区分性进行证明。

4.2.1　具体构造

选择身份安全的 U-IB-HPS 主要包含下述 6 个算法，各算法的具体构造如下所述。

(1) $(Params, msk) \leftarrow \text{Setup}(1^{\kappa})$：

① 运行群生成算法 $\mathcal{G}(1^{\kappa})$，输出相应的元组 $(p, G, g, G_T, e(\cdot))$。其中，G 是阶为大素数 p 的乘法循环群，g 是群 G 的生成元，$e: G\times G\rightarrow G_T$ 是高效可计算的双线性映射。

② 令 $n\in\mathbb{N}$ 表示实例构造过程中所使用向量的长度。随机选取一个长度为 n 的向量 $\boldsymbol{a}=(a_1, a_2, \cdots, a_n)\leftarrow_R (Z_p)^n$，对于任意的 $i=1,2,\cdots,n$，计算 $g_i=g^{a_i}$。为了隐藏向量 $\boldsymbol{a}$，随机选取 $\theta\leftarrow_R Z_p^*$ 且 $\theta\neq 0$，计算 $\boldsymbol{\vartheta}=\theta\boldsymbol{a}$。

③ 随机选取 α，$\eta\leftarrow_R Z_p^*$ 和 u，$h\leftarrow_R G$，公开系统参数 $Params$，并计算主私钥 $msk=(\alpha, \eta)$，其中

$Params=\{p, G, g, G_T, e(\cdot), u, h, \boldsymbol{\vartheta}, n, e(g,g)^{\alpha}, e(g,g_1)^{\beta}, \cdots, e(g,g_n)^{\beta}\}$

(2) $d_{id}\leftarrow \text{KeyGen}(msk, id)$：

① 随机选取 $r\leftarrow_R Z_p^*$ 和 $\boldsymbol{t}=(t_1, t_2, \cdots, t_n)\leftarrow_R (Z_p^*)^n$ 且满足条件 $\langle \boldsymbol{t}, \boldsymbol{\vartheta}\rangle\neq 0$)(这意味着内积 $\langle \boldsymbol{t}, \boldsymbol{a}\rangle\neq 0$)，并计算

$$d_1 = g^{\alpha}\Big(\prod_{i=1}^{n} g_i^{t_i}\Big)^{-\eta}(u^{id}h)^r,\ d_2 = g^{-r},\ d_3 \triangleq \boldsymbol{t}$$

② 输出身份 id 所对应的私钥 $d_{id}=(d_1, d_2, d_3)$。

(3) $d'_{id}\leftarrow \text{Update}(d_{id}, id)$：

① 随机选取 $r_j\leftarrow_R Z_p^*$ 和 $\boldsymbol{b}_j\leftarrow_R (Z_p^*)^n$ 且满足条件 $\langle \boldsymbol{b}_j, \boldsymbol{\vartheta}\rangle=0$(这意味着 $\langle \boldsymbol{b}_j, \boldsymbol{a}\rangle=0$)，并计算

$$d'_1=d_1(u^{id}h)^{r_j},\ d'_2=d_2 g^{-r_j},\ d'_3\triangleq d_3+\boldsymbol{b}_j$$

② 输出身份 id 所对应的更新私钥 $d'_{id}=(d'_1, d'_2, d'_3)$。

对于任意的更新索引 $j\in\mathbb{N}$，身份 id 相对应的更新私钥为 $d^j_{id}=(d^j_1, d^j_2, d^j_3)$，其中

$$d_1^j = g^{\alpha}\Big(\prod_{i=1}^{n} g_i^{t_i}\Big)^{-\eta}(u^{id}h)^{r+\sum_{i=1}^{j} r_i},\ d_2^j = g^{-\left(r+\sum_{i=1}^{j} r_i\right)},\ d_3^j \stackrel{\text{def}}{=} \boldsymbol{t}+\sum_{i=1}^{j}\boldsymbol{b}_i$$

特别地，敌手为了攻击密钥更新算法的安全性，一般基于公开信息对密钥元素进行相应的验证，一旦发现原始私钥和更新私钥的验证结果不一致，那么敌手就能以较大的优势区分原始私钥和更新私钥。下面对敌手的验证过程进行分析。

对于身份 id 对应的原始私钥 $d_{id}=(d_1, d_2, d_3)$，有

$$\begin{aligned}
e(d_1,g)e(d_2,u^{id}h) &= e\left(g^{\alpha}\left(\prod_{i=1}^{n} g_i^{t_i}\right)^{-\eta}(u^{id}h)^r, g\right)e(g^{-r},u^{id}h)\\
&= e(g,g)^{\alpha}e\left(\left(\prod_{i=1}^{n} g_i^{t_i}\right)^{-\eta}, g\right)\\
&= e(g,g)^{\alpha}e(g_1,g)^{-\eta t_1}\cdots e(g_n,g)^{-\eta t_n}\\
&= e(g,g)^{\alpha}\prod_{i=1}^{n} e(g_i,g)^{-\eta t_i}\\
&= e(g,g)^{\alpha}e(g,g)^{-\eta\langle \boldsymbol{a},\boldsymbol{t}\rangle}\\
&= e(g,g)^{\alpha}e(g,g)^{-\eta\langle \boldsymbol{a},d_3\rangle}
\end{aligned}$$

其中，$d_3\stackrel{\text{def}}{=}\boldsymbol{t}=(t_1,t_2,\cdots,t_n)$

对于身份 id 对应的更新私钥 $d_{id}^{j}=(d_1^j, d_2^j, d_3^j)$，有

$$
\begin{aligned}
& e(d_1^j, g)e(d_2^j, u^{id}h) \\
&= e\left(g^{\alpha}\left(\prod_{i=1}^{n} g_i^{t_i}\right)^{-\eta}(u^{id}h)^{r+\sum_{i=1}^{j} r_i}, g\right) e\left(g^{-\left(r+\sum_{i=1}^{j} r_i\right)}, u^{id}h\right) \\
&= e(g,g)^{\alpha} e\left(\left(\prod_{i=1}^{n} g_i^{t_i}\right)^{-\eta}, g\right) e(g,g)^{-\eta\langle \boldsymbol{b}_1, \boldsymbol{a}\rangle} \cdots e(g,g)^{-\eta\langle \boldsymbol{b}_n, \boldsymbol{a}\rangle} \\
&= e(g,g)^{\alpha} e(g_1, g)^{-\eta t_1} \cdots e(g_n, g)^{-\eta t_n} e(g, g)^{-\eta\langle \boldsymbol{b}_1, \boldsymbol{a}\rangle} \cdots e(g, g)^{-\eta\langle \boldsymbol{b}_n, \boldsymbol{a}\rangle}
\end{aligned}
$$

其中，$\langle \boldsymbol{b}_j, \boldsymbol{a}\rangle=0$。

由于

$$
\begin{aligned}
& e(g, g)^{-\eta\langle \boldsymbol{b}_1, \boldsymbol{a}\rangle} \cdots e(g, g)^{-\eta\langle \boldsymbol{b}_n, \boldsymbol{a}\rangle} \\
&= e(g_1, g)^{-\eta b_1^1} \cdots e(g_n, g)^{-\eta b_1^n} \cdots e(g_1, g)^{-\eta b_n^1} e(g_n, g)^{-\eta b_n^n} \\
&= e(g_1, g)^{-\eta(b_1^1+b_2^1+\cdots+b_n^1)} \cdots e(g_n, g)^{-\eta(b_1^n+b_2^n+\cdots+b_n^n)}
\end{aligned}
$$

故有

$$
\begin{aligned}
& e(d_1^j, g)e(d_2^j, u^{id}h) \\
&= e(g, g)^{\alpha} e(g_1, g)^{-\eta t_1} \cdots e(g_n, g)^{-\eta t_n} e(g_1, g)^{-\eta(b_1^1+b_2^1+\cdots+b_n^1)} \cdots e(g_n, g)^{-\eta(b_1^n+b_2^n+\cdots+b_n^n)} \\
&= e(g, g)^{\alpha} e(g_1, g)^{-\eta\left(t_1+\sum_{i=1}^{n} b_i^1\right)} \cdots e(g_n, g)^{-\eta\left(t_1+\sum_{i=1}^{n} b_i^n\right)} \\
&= e(g, g)^{\alpha} e(g, g)^{-\eta a_1\left(t_1+\sum_{i=1}^{n} b_i^1\right)} \cdots e(g, g)^{-\eta a_n\left(t_1+\sum_{i=1}^{n} b_i^n\right)} \\
&= e(g, g)^{\alpha} e(g, g)^{-\eta\langle \boldsymbol{a}, d_3^j\rangle}
\end{aligned}
$$

其中，$d_3^j \stackrel{\text{def}}{=} \boldsymbol{t}+\sum_{i=1}^{j}\boldsymbol{b}_i=(\tilde{t}_1, \tilde{t}_2, \cdots, \tilde{t}_n)=\left(t_1+\sum_{i=1}^{n} b_i^1, t_2+\sum_{i=1}^{n} b_i^2, \cdots, t_n+\sum_{i=1}^{n} b_i^n\right)$，$\boldsymbol{b}_i=(b_1^1, b_1^2, \cdots, b_1^n)$。

综上所述，对于任意敌手而言，更新私钥和原始私钥是不可区分的。

(4) $(C, k)\leftarrow$Encap(id)：

① 随机选取 $z\leftarrow_R Z_p^*$，并计算

$$c'=g^z,\ c''=(u^{id}h)^z$$

$$c_1=e(g_1, g)^{\eta z},\ c_2=e(g_2, g)^{\eta z},\ \cdots,\ c_n=e(g_n, g)^{\eta z}$$

② 计算 $k=e(g, g)^{\alpha z}$。

③ 输出有效封装密文 $C=(c', c'', c_1, c_2, \cdots, c_n)$及相应的封装密钥 k。

(5) $C\leftarrow$Encap$^*(id)$：

① 随机选取 $z, z'\leftarrow_R Z_p^*(z\neq z')$，并计算

$$c'=g^z,\ c''=(u^{id}h)^z$$

$$c_1=e(g_1, g)^{\eta z'},\ c_2=e(g_2, g)^{\eta z'},\ \cdots,\ c_n=e(g_n, g)^{\eta z'}$$

② 输出无效封装密文 $C^*=(c', c'', c_1, c_2, \cdots, c_n)$。

(6) $k'\leftarrow$Decap(d_{id}, C)：

① 计算

$$k'=e(c', d_1)e(c'', d_2)\prod_{i=1}^{n} c_i^{t_i}$$

② 输出密文 C 对应的解封装密钥 k'，其中 $d_3 \overset{\text{def}}{=} \boldsymbol{t}=(t_1, t_2, \cdots, t_n)$。

4.2.2 正确性

由下述等式即可获得上述 U-IB-HPS 实例的正确性。

(1) 对于身份 id 的原始私钥 $d_{id}=(d_1, d_2, d_3)$，有

$$\begin{aligned} k' &= e(c', d_1)e(c'', d_2)\prod_{i=1}^{n} c_3^{t_i} \\ &= e\left(g^z, g^\alpha\left(\prod_{i=1}^{n} g_i^{t_i}\right)^{-\eta}(u^{id}h)^r\right)e((u^{id}h)^z, g^{-r})\prod_{i=1}^{n} e(g_i, g)^{\eta z t_i} \\ &= e(g, g)^{\alpha z} e\left(g^z, \left(\prod_{i=1}^{n} g_i^{t_i}\right)^{-\eta}\right)e(g, g)^{\eta z \sum_{i=1}^{n} a_i t_i} \\ &= e(g, g)^{\alpha z} e\left(g^z, \left(\prod_{i=1}^{n} g_i^{t_i}\right)^{-\eta}\right)e(g, g)^{\eta z \sum_{i=1}^{n} a_i t_i} \\ &= e(g, g)^{\alpha z} e\left(g^z, g^{-\eta \sum_{i=1}^{n} a_i t_i}\right)e(g, g)^{\eta z \sum_{i=1}^{n} a_i t_i} \\ &= e(g, g)^{\alpha z} \end{aligned}$$

(2) 对于身份 id 的更新私钥 $d_{id}^j=(d_1^j, d_2^j, d_3^j)$，有

$$\begin{aligned} k' &= e(c', d_1^j)e(c'', d_2^j)\prod_{i=1}^{n} c_3^{\tilde{t}_i} \\ &= e\left(g^z, g^\alpha\left(\prod_{i=1}^{n} g_i^{t_i}\right)^{-\eta}(u^{id}h)^{r+\sum_{i=1}^{j} r_i}\right)e\left((u^{id}h)^z, g^{-\left(r+\sum_{i=1}^{j} r_i\right)}\right)\prod_{i=1}^{n} e(g_i, g)^{\eta z\left(t_i+\sum_{j=1}^{n} b_j^i\right)} \\ &= e(g, g)^{\alpha z} e\left(g^z, \left(\prod_{i=1}^{n} g_i^{t_i}\right)^{-\eta}\right)e(g, g)^{\eta z \sum_{i=1}^{n} a_i\left(t_i+\sum_{j=1}^{n} b_j^i\right)} \\ &= e(g, g)^{\alpha z} e\left(g^z, g^{-\eta \sum_{j=1}^{n} a_i t_i}\right)e(g, g)^{\eta z \sum_{j=1}^{n} a_i t_i} e(g, g)^{\eta z \sum_{i=1}^{n}\left(a_i \sum_{j=1}^{n} b_j^i\right)} \\ &= e(g, g)^{\alpha z} e(g, g)^{\eta z\left(a_1 \sum_{j=1}^{n} b_j^1 + a_2 \sum_{j=1}^{n} b_j^2 + \cdots + a_n \sum_{j=1}^{n} b_j^n\right)} \\ &= e(g, g)^{\alpha z} \end{aligned}$$

其中，对于任意的 $\boldsymbol{b}_i=(b_i^1, b_i^2, \cdots, b_i^n)$ 有 $\langle \boldsymbol{b}_i, \boldsymbol{a}\rangle=0$ 成立，则有

$$a_1\sum_{j=1}^{n} b_j^1 + a_2\sum_{j=1}^{n} b_j^2 + \cdots + a_n\sum_{j=1}^{n} b_j^n = \langle \boldsymbol{b}_1, \boldsymbol{a}\rangle + \langle \boldsymbol{b}_2, \boldsymbol{a}\rangle + \cdots + \langle \boldsymbol{b}_n, \boldsymbol{a}\rangle = 0$$

4.2.3 通用性

对于身份 id 的私钥 $d_{id}=(d_1, d_2, d_3)=\left(g^\alpha\left(\prod_{i=1}^{n} g_i^{t_i}\right)^{-\eta}(u^{id}h)^r, g^{-r}, \boldsymbol{t}\right)$ 及相应的无效封装算法 Encap* 输出的无效封装密文 $C=(c', c'', c_1, c_2, \cdots, c_n)=(g^z, (u^{id}h)^z, e(g_1, g)^{\eta z'}, e(g_2, g)^{\eta z'}, \cdots, e(g_n, g)^{\eta z'})$，由解封装算法 $k' \leftarrow \text{Decap}(d_{id}, C^*)$ 可知：

$$\begin{aligned}
k' &= e(c', d_1)e(c'', d_2)\prod_{i=1}^{n} c_3^{t_i} \\
&= e\left(g^z, g^\alpha\left(\prod_{i=1}^{n} g_i^{t_i}\right)^{-\eta}(u^{id}h)^r\right)e((u^{id}h)^z, g^{-r})\prod_{i=1}^{n} e(g_1, g)^{\eta z' t_i} \\
&= e(g, g)^{\alpha z} e\left(g^z, \left(\prod_{i=1}^{n} g_i^{t_i}\right)^{-\eta}\right)e(g, g)^{\eta z' \sum_{i=1}^{n} a_i t_i} \\
&= e(g, g)^{\alpha z} e\left(g^z, g^{-\eta\sum_{i=1}^{n} a_i t_i}\right)e(g, g)^{\eta z' \sum_{i=1}^{n} a_i t_i} \\
&= e(g, g)^{\alpha z} e(g, g)^{\eta(z'-z)\sum_{i=1}^{n} a_i t_i} \\
&= e(g, g)^{\alpha z} e(g, g)^{\eta\langle \boldsymbol{a}, \boldsymbol{t}\rangle (z'-z)}
\end{aligned}$$

由此可见，无效封装密文 $C^* = (c', c'', c_1, c_2, \cdots, c_n)$ 的解封装结果中包含了相应私钥 $d_{id} = (d_1, d_2, d_3)$ 的底层随机数向量 $\boldsymbol{t}$，因此，对于任意的敌手而言，同一身份 id 的不同私钥 d_{id} 和 d'_{id} 对同一无效封装密文 $C^* = (c', c'', c_1, c_2, \cdots, c_n)$ 的解封装结果的视图是各不相同的，即有下述关系成立：

$$\Pr[\mathrm{Decap}(d_{id}, C^*) = \mathrm{Decap}(d'_{id}, C^*)] \leqslant \mathrm{negl}(\boldsymbol{\kappa})$$

4.2.4　平滑性

对于身份 id 的原始私钥 d_{id} 及相应的无效封装算法 Encap^* 输出的无效封装密文 $C^* = (c', c'', c_1, c_2, \cdots, c_n)$，由通用性可知，相应的解封装结果为 $k' = e(g, g)^{\alpha z} e(g, g)^{\eta\langle \boldsymbol{a}, \boldsymbol{t}\rangle (z'-z)}$。

类似地，对于任意的更新私钥

$$d_{id}^j = (d_1^j, d_2^j, d_3^j) = \left(g^\alpha\left(\prod_{i=1}^{n} g_i^{t_i}\right)^{-\eta}(u^{id}h)^{r+\sum_{i=1}^{j} r_i}, g^{-\left(r+\sum_{i=1}^{j} r_i\right)}, \boldsymbol{t} + \sum_{i=1}^{j} \boldsymbol{b}_i\right)$$

由下述等式

$$\begin{aligned}
k' &= e(c', d_1^j)e(c'', d_2^j)\prod_{i=1}^{n} c_3^{\tilde{t}_i} \\
&= e\left(g^z, g^\alpha\left(\prod_{i=1}^{n} g_i^{t_i}\right)^{-\eta}(u^{id}h)^{r+\sum_{i=1}^{j} r_i}\right)e\left((u^{id}h)^z, g^{-\left(r+\sum_{i=1}^{j} r_i\right)}\right)\prod_{i=1}^{n} e(g_i, g)^{\eta z'\left(t_i+\sum_{j=1}^{n} b_j^i\right)} \\
&= e(g, g)^{\alpha z} e\left(g^z, g^{-\eta\sum_{i=1}^{n} a_i t_i}\right)e(g, g)^{\eta z' \sum_{i=1}^{n} a_i t_i} e(g, g)^{\eta z' \sum_{i=1}^{n}\left(a_i\sum_{j=1}^{n} b_j^i\right)} \\
&= e(g, g)^{\alpha z} e(g, g)^{\eta\langle \boldsymbol{a}, \boldsymbol{t}\rangle (z'-z)}
\end{aligned}$$

可知，对无效封装密文

$$C^* = (c', c'', c_1, c_2, \cdots, c_n) = (g^z, (u^{id}h)^z, e(g_1, g)^{\eta z'}, e(g_2, g)^{\eta z'}, \cdots, e(g_n, g)^{\eta z'})$$

的解封装结果依然是 $k' = e(g, g)^{\alpha z} e(g, g)^{\eta\langle \boldsymbol{a}, \boldsymbol{t}\rangle (z'-z)}$。

对于任意的敌手而言，参数 z 和 z' 都是从 Z_p^* 中均匀随机选取的，并且随机向量 $\boldsymbol{t}$ 是从 $(Z_p)^n$ 中随机选取的；换句话说，在敌手看来 k' 是封装密钥空间 $\mathcal{K} = G_T$ 上的均匀随机值。

综上所述，有下述关系成立：

$$SD((C^*, k'), (C^*, \tilde{k})) \leqslant \mathrm{negl}(\kappa)$$

其中，$\tilde{k} \leftarrow_R G_T$。

4.2.5 有效封装密文与无效封装密文的不可区分性

定理 4-3 对于上述 U-IB-HPS 的实例，在选择身份安全模型下，若存在一个 PPT 敌手$\mathcal{A}$在多项式时间内能以不可忽略的优势 $\mathrm{Adv}_{\text{U-IB-HPS}, \mathcal{A}}^{\text{VI-IND}}(\kappa)$区分有效封装密文与无效封装密文，那么就能够构造一个敌手$\mathcal{B}$在多项式时间内能以优势 $\mathrm{Adv}_{\mathcal{B}}^{\text{DBDH}}(\kappa) \geqslant \mathrm{Adv}_{\text{U-IB-HPS}, \mathcal{A}}^{\text{VI-IND}}(\kappa)$攻破经典的 DBDH 困难性假设。

证明 敌手$\mathcal{B}$与敌手$\mathcal{A}$开始有效封装密文与无效封装密文区分性游戏之前，敌手$\mathcal{B}$从 DBDH 假设的挑战者处获得一个 DBDH 挑战元组$(g, g^a, g^b, g^c, T_\omega)$及相应的公开元组$(p, G, g, G_T, e(\cdot))$，其中 $a, b, c, c' \leftarrow Z_p^*$，$\omega =_R (0, 1)$，$T_1 = e(g, g)^{abc}$，$T_0 = e(g, g)^{abc'}$。根据选择身份安全模型的要求，在游戏开始之前，敌手$\mathcal{A}$将选定的挑战身份 id^* 发送给敌手$\mathcal{B}$。敌手$\mathcal{A}$与敌手$\mathcal{B}$间的消息交互过程具体如下所述。

(1) 初始化：

初始化阶段敌手$\mathcal{B}$执行下述操作。

① 令 $u = g^a$，随机选取 $y \leftarrow_R Z_p^*$，计算 $h = (g^a)^{-id^*} g^y$。

② 随机选取两个向量 $\boldsymbol{a} = (a_1, a_2, \cdots, a_n) \leftarrow_R (Z_p)^n$ 和 $\boldsymbol{t}^* = (t_1, t_2, \cdots, t_n) \leftarrow_R (Z_p)^n$ 且$\langle \boldsymbol{t}^*, \boldsymbol{a} \rangle \neq 0$，对于 $i = 1, 2, \cdots, n$，计算 $g_i = g^{a_i}$。

③ 随机选取 $\theta \leftarrow_R Z_p^*$，计算 $\boldsymbol{\vartheta} = \theta \boldsymbol{a}$。

④ 随机选取 $\tilde{\alpha} \leftarrow_R Z_p^*$，计算：

$$e(g, g)^\alpha = e(g, g)^{\tilde{\alpha}} e(g^a, g^b)^{\sum_{i=1}^{n} t_i a_i}, \quad e(g_1, g)^\eta = e(g^a, g^b)^{a_1}$$
$$e(g_2, g)^\eta = e(g^a, g^b)^{a_2}, \cdots, e(g_n, g)^\eta = e(g^a, g^b)^{a_n}$$

通过上述计算隐含地设置了 $\alpha = \tilde{\alpha} + ab \sum_{i=1}^{n} t_i a_i$（也可以写成 $\alpha = \tilde{\alpha} + ab\langle \boldsymbol{a}, \boldsymbol{t}^* \rangle$）和 $\eta = ab$。

⑤ 发送公开参数 $Params = \{p, G, g, G_T, e(\cdot), u, h, \boldsymbol{\vartheta}, n, e(g, g)^\alpha, e(g, g_1)^\beta, \cdots, e(g, g_n)^\beta\}$给敌手$\mathcal{A}$。

特别地，$\tilde{\alpha}$ 和 y 是敌手$\mathcal{B}$从 Z_p^* 中均匀随机选取的，$\boldsymbol{a}$ 和 $\boldsymbol{t}^*$ 是敌手$\mathcal{B}$从$(Z_p)^n$ 中均匀随机选取的向量，a 和 b 是 DBDH 挑战者从 Z_p^* 中均匀随机选取的。因此，对于敌手$\mathcal{A}$而言，$Params$ 中的所有公开参数都是均匀随机的，即模拟游戏与真实环境中的游戏是不可区分的。

(2) 阶段 1：

敌手$\mathcal{A}$能够适应性地对身份空间$\mathcal{ID}$的任意身份 $id \in \mathcal{ID}$ 进行密钥生成询问（包括挑战身份 id^*），敌手$\mathcal{B}$分下述两类情况处理敌手$\mathcal{A}$关于身份 id 的密钥生成询问。

① $id \neq id^*$。敌手$\mathcal{B}$随机选取 $r \leftarrow_R Z_p^*$ 和 $\boldsymbol{d} = (d_1, d_2, \cdots, d_n) \leftarrow_R (Z_p)^n$ 且$\langle \boldsymbol{d}, \boldsymbol{\vartheta} \rangle \neq 0$，输出身份 id 相对应的私钥，即

$$d_{id} = (d_1, d_2, d_3) = \left(g^{\tilde{\alpha}} (g^b)^{\frac{-y\sum_{i=1}^{n} a_i d_i}{id - id^*}} (u^{id} h)^{-r}, \; g^{-r} (g^b)^{\frac{\sum_{i=1}^{n} a_i d_i}{id - id^*}}, \; \boldsymbol{t}^* + \boldsymbol{d} \right)$$

其中 $d_3 \stackrel{\text{def}}{=} (\tilde{t}_1, \tilde{t}_2, \cdots, \tilde{t}_n) = \boldsymbol{t}^* + \boldsymbol{d}$。

对于任意选取的 $r \leftarrow_R Z_p^*$，存在 $\tilde{r} \in Z_p^*$，满足 $\tilde{r} = r - \frac{b\sum_{i=1}^{n} a_i d_i}{id - id^*}$(其中 r 的随机性确保了 $\tilde{r}$ 的随机性)，则有

$$\begin{aligned}
g^{\tilde{\alpha}}(g^b)^{\frac{-y\sum_{i=1}^{n}a_i d_i}{id-id^*}}(u^{id}h)^{-r} &= g^{\alpha-ab\sum_{i=1}^{n}t_i a_i}(g^b)^{\frac{-y\sum_{i=1}^{n}a_i d_i}{id-id^*}}(u^{id}h)^{-\tilde{r}-\frac{b\sum_{i=1}^{n}a_i d_i}{id-id^*}} \\
&= g^{\alpha}g^{-\eta\sum_{i=1}^{n}t_i a_i}(g^b)^{\frac{-y\sum_{i=1}^{n}a_i d_i}{id-id^*}}(g^{a(id-id^*)}g^y)^{-\frac{b\sum_{i=1}^{n}a_i d_i}{id-id^*}}(u^{id}h)^{-\tilde{r}} \\
&= g^{\alpha}g^{-\eta\sum_{i=1}^{n}t_i a_i}g^{-\eta\sum_{i=1}^{n}a_i d_i}(u^{id}h)^{-\tilde{r}} \\
&= g^{\alpha}g^{-\eta\sum_{i=1}^{n}a_i(t_i+d_i)}(u^{id}h)^{-\tilde{r}} \\
&= g^{\alpha}\left(\prod_{i=1}^{n}g_i^{\tilde{t}_i}\right)^{-\eta}(u^{id}h)^{-\tilde{r}}
\end{aligned}$$

$$g^{-r}(g^b)^{\frac{\sum_{i=1}^{n}a_i d_i}{id-id^*}} = g^{-\left(r-\frac{b\sum_{i=1}^{n}a_i d_i}{id-id^*}\right)} = g^{-\tilde{r}}$$

因此，敌手 $\mathcal{B}$ 输出了身份 id 关于随机数 r 和随机向量 $\boldsymbol{t}^* + \boldsymbol{d}$ 的有效私钥 d_{id}。

② $id = id^*$。敌手 $\mathcal{B}$ 随机选取 $r^* \leftarrow_R Z_p^*$，输出身份 id^* 相对应的私钥

$$d_{id} = (d_1, d_2, d_3) = (g^{\tilde{\alpha}}(u^{id^*}h)^{r^*}, g^{-r^*}, \boldsymbol{t}^*)$$

其中

$$g^{\tilde{\alpha}}(u^{id^*}h)^{r^*} = g^{\alpha-ab\sum_{i=1}^{n}t_i a_i}(u^{id^*}h)^{r^*} = g^{\alpha}g^{-ab\sum_{i=1}^{n}t_i a_i}(u^{id^*}h)^{r^*} = g^{\alpha}\left(\prod_{i=1}^{n}g_i^{t_i}\right)g^{-\eta}(u^{id^*}h)^{r^*}$$

由于 r^* 和 $\boldsymbol{t}^*$ 分别是从 Z_p^* 和 $(Z_p)^n$ 中均匀随机选取的，因此敌手 $\mathcal{B}$ 输出了挑战身份 id^* 的有效私钥 d_{id^*}。

(3) 挑战：

敌手 $\mathcal{B}$ 首先计算

$$c' = g^c,\ c'' = (g^c)^y,\ c_1 = T_{\omega}^{a_1},\ c_2 = T_{\omega}^{a_2},\ \cdots,\ c_n = T_{\omega}^{a_n}$$

然后输出挑战密文 $C_v^* = (c', c'', c_1, c_2, \cdots, c_n)$ 给敌手 $\mathcal{A}$，其中

$$(u^{id^*}h)^c = \left((g^a)^{id^*}(g^a)^{-id^*}g^y\right)^c = (g^c)^y$$

下面分两种情况来讨论挑战密文 $C = (c', c'', c_1, c_2, \cdots, c_n)$。

① 当 $T_{\omega} = e(g, g)^{abc}$ 时，有

$$c_1 = e(g, g)^{abca_1} = e(g_1, g)^{\eta c},\ c_2 = e(g, g)^{abca_2} = e(g_2, g)^{\eta c},$$
$$\cdots,\ c_n = e(g, g)^{abca_n} = e(g_n, g)^{\eta c}$$

因此，挑战密文 $C_v^* = (c', c'', c_1, c_2, \cdots, c_n)$ 是关于挑战身份 id^* 的有效封装密文。

② 当 $T_{\omega} = e(g, g)^{abc'}$ 时，有

$$c_1 = e(g, g)^{abc'a_1} = e(g_1, g)^{\eta c'},\ c_2 = e(g, g)^{abc'a_2} = e(g_2, g)^{\eta c'},$$

$$\cdots,\ c_n = e(g,\ g)^{abc'a_n} = e(g_n,\ g)^{\eta c'}$$

因此，挑战密文 $C_v^* = (c',\ c'',\ c_1,\ c_2,\ \cdots,\ c_n)$是关于挑战身份 id^* 的无效封装密文。

(4) 阶段 2：

与阶段 1 相类似，敌手 $\mathcal{A}$ 能够适应性地对任意身份 $id \in \mathcal{ID}$ 进行密钥生成询问(包括挑战身份 id^*)，敌手 $\mathcal{B}$ 按与阶段 1 相同的方式返回相应的应答 d_{id}。

(5) 输出：

敌手 $\mathcal{A}$ 输出对 v 的猜测 v'。若 $v'=v$，则敌手 $\mathcal{B}$ 输出 $\omega=1$，意味着 $\mathcal{B}$ 能够解决 DBDH 假设；否则，敌手 $\mathcal{B}$ 输出 $\omega=0$。

综上所述，如果敌手 $\mathcal{A}$ 能以不可忽略的优势 $\mathrm{Adv}_{\text{U-IB-HPS},\ \mathcal{A}}^{\text{VI-IND}}(\kappa)$ 区分有效封装密文与无效封装密文，并且敌手 $\mathcal{B}$ 将敌手 $\mathcal{A}$ 以子程序的形式运行，那么敌手 $\mathcal{B}$ 能以显而易见的优势 $\mathrm{Adv}_{\mathcal{B}}^{\text{DBDH}}(\kappa) \geqslant \mathrm{Adv}_{\text{U-IB-HPS},\ \mathcal{A}}^{\text{VI-IND}}(\kappa)$ 攻破经典的 DBDH 困难性假设。

(定理 4-3 证毕)

4.2.6 重复随机性

密钥更新算法基于随机值 r_j 和随机向量 $\boldsymbol{b}$ 生成了相应的更新私钥 d_{id}^j，对于敌手而言，由于 r_j 和 $\boldsymbol{b}$ 分别是从 Z_p^* 和$(Z_p)^n$ 中均匀随机选取的，因此有

$$\mathrm{SD}(d_{id},\ d_{id}^j) \leqslant \mathrm{negl}(\kappa)$$

综上所述，对于任意敌手，原始私钥 d_{id} 和更新私钥 d_{id}^j 是不可区分的。

4.2.7 更新不变性

由通用性可知，对于身份 id 的原始私钥 $d_{id} = (d_1,\ d_2,\ d_3)$及相应的无效封装算法 Encap^* 输出的无效封装密文 $C\ = (c',\ c'',\ c_1,\ c_2,\ \cdots,\ c_n)$，由解封装算法 $k' \leftarrow \mathrm{Decap}(d_{id},\ C)$ 可知：

$$k' = e(c',\ d_1)e(c'',\ d_2)\prod_{i=1}^{n} c_3^{t_i} = e(g,\ g)^{\alpha z} e(g,\ g)^{\eta\langle \boldsymbol{a},\ \boldsymbol{t}\rangle(z'-z)}$$

身份 id 的任意更新私钥 $d_{id}^j = (d_1^j,\ d_2^j,\ d_3^j)$对无效封装密文 $C^* = (c',\ c'',\ c_1,\ c_2,\ \cdots,\ c_n)$ 的解封装结果为

$$k' = e(c',\ d_1^j)e(c'',\ d_2^j)\prod_{i=1}^{n} c_3^{\tilde{t}_i} = e(g,\ g)^{\alpha z} e(g,\ g)^{\eta\langle \boldsymbol{a},\ \boldsymbol{t}\rangle(z'-z)}$$

综上所述，对于敌手而言，任意身份 id 所对应的原始私钥 d_{id} 和更新私钥 d_{id}^j 对相应无效封装密文 $C^* = (c',\ c'',\ c_1,\ c_2,\ \cdots,\ c_n)$的解封装视图是不变的，即有

$$\mathrm{Decap}(d_{id},\ C^*) = \mathrm{Decap}(d_{id}^j,\ C^*)$$

4.3 适应性安全的 U-IB-HPS 实例

本节结合 U-IB-HPS 的安全属性，设计适应性安全的 U-IB-HPS 实例。在方案具体构造之前，首先定义向量的指数运算。

对于任意的向量 $\boldsymbol{a}=(a_1, a_2, \cdots, a_n)\leftarrow_R(Z_p)^n$ 和 $\boldsymbol{b}=(b_1, b_2, \cdots, b_n)\leftarrow_R(Z_p)^n$，有下述运算过程成立，即

$$g^{\boldsymbol{a}}=\prod_{i=1}^{n} g^{a_i},\ (g^{\boldsymbol{a}})^{\boldsymbol{b}}=g^{\langle \boldsymbol{a}, \boldsymbol{b}\rangle}=g^{\sum_{i=1}^{n} a_i b_i}$$

4.3.1 具体构造

适应性安全的 U-IB-HPS 主要包含下述 6 个算法，各算法的具体构造如下所述。

(1) $(Params, msk)\leftarrow \mathrm{Setup}(1^\kappa)$：

① 运行群生成算法 $\mathcal{G}(1^\kappa)$，输出相应的元组$(N=p_1p_2p_3, G, g, G_T, e(\cdot))$，其中 G 和 G_T 是阶为合数 N 的乘法循环群。G_1、G_2 和 G_3 是群 G 的三个子群，G_1 是阶为素数 p_1 的子群，G_2 是阶为素数 p_2 的子群，G_3 是阶为素数 p_3 的子群。g 是群 G_1 的生成元，X_3 是群 G_3 的生成元，$e: G\times G\rightarrow G_T$ 是高效可计算的双线性映射。

② 令 $n\in\mathbb{N}$ 表示实例构造过程中所使用向量的长度。随机选取一个长度为 n 的向量 $\boldsymbol{a}=(a_1, a_2, \cdots, a_n)\leftarrow_R(Z_p)^n$ 并计算 $g_1=g^{\boldsymbol{a}}$。特别地，随机选取 $\theta\leftarrow_R Z_N^*$，通过计算 $\boldsymbol{\vartheta}=\theta\boldsymbol{a}$ 对向量 $\boldsymbol{a}$ 进行隐藏处理。

③ 随机选取 $\alpha, \eta\leftarrow_R Z_N^*$，计算 $e(g, g)^\alpha$ 和 $e(g, g_1)^\eta$。

④ 随机选取 $u, h\leftarrow_R G_1$，公开系统参数

$$Params=\{N, G, g, G_T, e(\cdot), u, h, \boldsymbol{\vartheta}, e(g, g)^\alpha, e(g, g_1)^\eta\}$$

并计算主私钥 $msk=(g^\alpha, g^\beta, X_3)$。

(2) $d_{id}\leftarrow \mathrm{KeyGen}(msk, id)$：

① 随机选取 $r, \rho, \rho'\leftarrow_R Z_N^*$ 和 $\boldsymbol{t}\leftarrow_R(Z_N)^n$ 且满足条件$\langle\boldsymbol{\vartheta}, \boldsymbol{t}\rangle\neq 0$(这意味着$\langle\boldsymbol{a}, \boldsymbol{t}\rangle\neq 0$)，并计算

$$d_1=g^\alpha g_1^{-\eta t}(u^{id}h)^r X_3^\rho,\ d_2=g^{-r}X_3^{\rho'},\ d_3\overset{\text{def}}{=\!=}\boldsymbol{t}$$

② 输出身份 id 所对应的私钥 $d_{id}=(d_1, d_2, d_3)$。

(3) $d'_{id}\leftarrow \mathrm{Update}(d_{id}, id)$：

① 随机选取 $r_j\leftarrow_R Z_N^*$ 和 $\boldsymbol{b}_j\leftarrow_R(Z_N)^n$ 且满足条件$\langle\boldsymbol{\vartheta}, \boldsymbol{b}_j\rangle=0$(这意味着$\langle\boldsymbol{a}, \boldsymbol{b}_j\rangle=0$)，并计算

$$d'_1=d_1(u^{id}h)^{r_j},\ d'_2=d_2g^{-r_j},\ d_3\overset{\text{def}}{=\!=}\boldsymbol{t}+\boldsymbol{b}_j$$

② 输出身份 id 所对应的私钥 $d'_{id}=(d'_1, d'_2, d'_3)$。

对于任意的更新索引 $j\in\mathbb{N}$，与身份 id 相对应的更新私钥为 $d_{id}^j=(d_1^j, d_2^j, d_3^j)$，其中

$$d_1^j=g^\alpha g_1^{-\eta t}(u^{id}h)^{r+\sum_{i=1}^{j}r_i}X_3^\rho,\ d_2^j=g^{-\left(r+\sum_{i=1}^{j}r_i\right)}X_3^{\rho'},\ d_3^j\overset{\text{def}}{=\!=}\boldsymbol{t}+\sum_{i=1}^{j}\boldsymbol{b}_j$$

(4) $(C, k)\leftarrow \mathrm{Encap}(id)$：

① 随机选取 $z\leftarrow_R Z_q^*$，并计算

$$c_1=g^z,\ c_2=(u^{id}h)^z,\ c_3=e(g, g_1)^{\eta z}$$

② 计算 $k=e(g, g)^{\alpha z}$。

③ 输出有效封装密文 $C=(c_1, c_2, c_3)$及相应的封装密钥 k。

(5) $C\leftarrow \mathrm{Encap}^*(id)$：

① 随机选取 $z, z' \leftarrow_R Z_p^* (z \neq z')$，并计算

$$c_1 = g^z, \ c_2 = (u^{id}h)^z, \ c_3 = e(g, g_1)^{\eta z'}$$

② 输出无效封装密文 $C^* = (c_1, c_2, c_3)$。

(6) $k' \leftarrow \text{Decap}(d_{id}, C)$：

① 计算

$$k' = e(c_1, d_1)e(c_2, d_2)c_3^{d_3}$$

② 输出与封装密文 C 相对应的解封装密钥 k'。

4.3.2 正确性

由下述等式即可获得上述 U-IB-HPS 实例的正确性。

对于身份 id 对应的原始私钥 $d_{id} = (d_1, d_2, d_3) = (g^\alpha g_1^{-\eta t}(u^{id}h)^r X_3^\rho, \ g^{-r}X_3^{\rho'}, \ \boldsymbol{t})$，有

$$\begin{aligned}
k' &= e(c_1, d_1)e(c_2, d_2)c_3^{d_3} \\
&= e(g^z, g^\alpha g_1^{-\eta t}(u^{id}h)^r X_3^\rho)e((u^{id}h)^z, g^{-r}X_3^{\rho'})e(g, g_1)^{\eta z t} \\
&= e(g^z, g^\alpha g_1^{-\eta t}(u^{id}h)^r)e((u^{id}h)^z, g^{-r})e(g, g_1)^{\eta z t} \\
&= e(g, g)^{\alpha z}
\end{aligned}$$

特别地，在合数阶双线性群中，由不同子群间元素求解双线性映射的正交性可知：

$$e(g^z, X_3^\rho) = 1, \ e((u^{id}h)^z, X_3^{\rho'}) = 1$$

对于更新私钥 $d_{id}^j = (d_1^j, d_2^j, d_3^j) = \left(g^\alpha g_1^{-\eta t}(u^{id}h)^{r+\sum_{i=1}^{j} r_i} X_3^\rho, \ g^{-\left(r+\sum_{i=1}^{j} r_i\right)} X_3^{\rho'}, \ \boldsymbol{t} + \sum_{i=1}^{j} \boldsymbol{b}_i \right)$，有

$$\begin{aligned}
k' &= e(c_1, d_1^j)e(c_2, d_2^j)c_3^{d_3^j} \\
&= e\left(g^z, g^\alpha g_1^{-\eta t}(u^{id}h)^{r+\sum_{i=1}^{j} r_i} X_3^\rho \right) e\left((u^{id}h)^z, g^{-\left(r+\sum_{i=1}^{j} r_i\right)} X_3^{\rho'} \right) e(g, g_1)^{\eta z\left(t+\sum_{i=1}^{j} b_i\right)} \\
&= e(g^z, g^\alpha)e(g^z, g_1^{-\eta t})e(g, g_1)^{\eta z t}e(g, g_1)^{\eta z \sum_{i=1}^{j} b_i} \\
&= e(g^z, g^\alpha)e(g, g)^{\eta z(\langle \boldsymbol{a}, \boldsymbol{b}_1 \rangle + \langle \boldsymbol{a}, \boldsymbol{b}_2 \rangle + \cdots + \langle \boldsymbol{a}, \boldsymbol{b}_j \rangle)} \\
&= e(g^z, g^\alpha)
\end{aligned}$$

其中，对于任意的 $\boldsymbol{b}_i = (b_i^1, b_i^2, \cdots, b_i^n)$ 有 $\langle \boldsymbol{b}_i, \boldsymbol{a} \rangle = 0$ 成立，则有

$$\langle \boldsymbol{b}_1, \boldsymbol{a} \rangle + \langle \boldsymbol{b}_2, \boldsymbol{a} \rangle + \cdots + \langle \boldsymbol{b}_n, \boldsymbol{a} \rangle = 0$$

4.3.3 通用性

对于身份 id 的私钥 $d_{id} = (d_1, d_2, d_3) = (g^\alpha g_1^{-\eta t}(u^{id}h)^r X_3^\rho, \ g^{-r}X_3^{\rho'}, \ \boldsymbol{t})$ 及相应的无效封装算法 Encap* 输出的无效封装密文 $C^* = (c_1, c_2, c_3) = (g^z, (u^{id}h)^z, e(g, g_1)^{\eta z'})$，由解封装算法 $k' \leftarrow \text{Decap}(d_{id}, C^*)$ 可知：

$$\begin{aligned}
k' &= e(c_1, d_1)e(c_2, d_2)c_3^{d_3} \\
&= e(g^z, g^\alpha g_1^{-\eta t}(u^{id}h)^r)e((u^{id}h)^z, g^{-r})e(g, g_1)^{\eta z' t} \\
&= e(g^z, g^\alpha)e(g^z, g_1^{-\eta t})e(g, g_1)^{\eta z' t} \\
&= e(g, g)^{\alpha z}e(g, g_1)^{\eta t(z'-z)}
\end{aligned}$$

由于同一身份 id 的不同私钥 d_{id} 和 d'_{id} 是由不同的底层随机数 t 和 t' 生成的，因此有下述关系成立：

$$\Pr[\mathrm{Decap}(d_{id}, C^*) = \mathrm{Decap}(d'_{id}, C^*)] \leqslant \mathrm{negl}(\kappa)$$

类似地，U-IB-HPS 的通用性中不同私钥的定义仅考虑原始密钥，因为更新密钥与原始密钥的底层随机数是相同的。

4.3.4　平滑性

对于身份 id 的原始私钥 d_{id} 及相应的无效封装算法 Encap^* 输出的无效封装密文 $C^* = (c_1, c_2, c_3) = (g^z, (u^{id}h)^z, e(g, g_1)^{\eta z'})$，由通用性可知，$k' = e(g, g)^{\alpha z} e(g, g_1)^{\eta t(z'-z)}$。对于更新私钥 $d_{id}^j = (d_1^j, d_2^j, d_3^j) = \left(g^\alpha g_1^{-\eta t}(u^{id}h)^{r+\sum_{i=1}^{j} r_i} X_3^\rho,\ g^{-\left(r+\sum_{i=1}^{j} r_i\right)} X_3^{\rho'},\ \boldsymbol{t} + \sum_{i=1}^{j} \boldsymbol{b}_i\right)$ 及相应的无效封装密文 $C^* = (c_1, c_2, c_3)$，由解封装算法 $k' \leftarrow \mathrm{Decap}(d_{id}, C^*)$ 可知：

$$\begin{aligned}
k' &= e(c_1, d_1^j) e(c_2, d_2^j) c_3^{d_3^j} \\
&= e\left(g^z,\ g^\alpha g_1^{-\eta t}(u^{id}h)^{r+\sum_{i=1}^{j} r_i} X_3^\rho\right) e\left((u^{id}h)^z,\ g^{-\left(r+\sum_{i=1}^{j} r_i\right)} X_3^{\rho'}\right) e(g, g_1)^{\eta z'\left(t+\sum_{i=1}^{j} \boldsymbol{b}_i\right)} \\
&= e(g^z, g^\alpha) e(g^z, g_1^{-\eta t}) e(g, g_1)^{\eta z' t} e(g, g_1)^{\eta z' \sum_{i=1}^{j} \boldsymbol{b}_i} \\
&= e(g, g)^{\alpha z} e(g, g_1)^{\eta t(z'-z)}
\end{aligned}$$

对于任意的敌手而言，由于参数 α、η、z 和 z' 是从 Z_N^* 中均匀随机选取的，向量 $\boldsymbol{t}$ 是从 $(Z_N)^n$ 中均匀随机选取的，因此有

$$\mathrm{SD}((C^*, k'), (C^*, \tilde{k})) \leqslant \mathrm{negl}(\kappa)$$

其中，$\tilde{k} \leftarrow_R G_T$。

4.3.5　有效封装密文与无效封装密文的不可区分性

定理 4-4　若合数阶群上相应的困难性假设 1、2 和 3 成立，那么上述 U-IB-HPS 实例中的有效封装密文与无效封装密文是不可区分的。

定理 4-4 的证明过程与定理 3-4 的相类似，为避免重复，此处不再赘述。

4.3.6　重复随机性

密钥更新算法基于随机值 r_j 和随机向量 $\boldsymbol{b}_j$ 生成了相应的更新私钥 d_{id}^j，对于敌手而言，由于 r_j 和 $\boldsymbol{b}_j$ 分别是从 Z_N^* 和 $(Z_N)^n$ 中均匀随机选取的，因此有

$$\mathrm{SD}(d_{id}, d_{id}^j) \leqslant \mathrm{negl}(\kappa)$$

综上所述，对于任意的 PPT 敌手，原始私钥 d_{id} 和更新私钥 d_{id}^j 是不可区分的。

4.3.7　更新不变性

由通用性可知，对于身份 id 的原始私钥 $d_{id} = (d_1, d_2, d_3)$ 及相应的无效封装算法

Encap^* 输出的无效封装密文 $C^*=(c_1, c_2, c_3)$，由解封装算法 $k'\leftarrow \mathrm{Decap}(d_{id}, C^*)$ 可知：

$$k'=e(c_1, d_1)e(c_2, d_2)c_3^{d_3}=e(g, g)^{\alpha z}e(g, g_1)^{\eta t(z'-z)}$$

对于身份 id 的任意更新私钥 $d_{id}^j=(d_1^j, d_2^j, d_3^j)$，其对无效封装密文 $C^*=(c_1, c_2, c_3)$ 的解封装结果为

$$k'=e(c_1, d_1^j)e(c_2, d_2^j)c_3^{d_3^j}=e(g, g)^{\alpha z}e(g, g_1)^{\eta t(z'-z)}$$

综上所述，对于敌手而言，任意身份 id 所对应的原始私钥 d_{id} 和更新私钥 d_{id}^j 对相应无效封装密文 $C^*=(c_1, c_2, c_3)$ 的解封装视图是不变的，即有

$$\mathrm{Decap}(d_{id}, C^*)=\mathrm{Decap}(d_{id}^j, C^*)$$

4.4 匿名的 U-IB-HPS 实例

本节基于 4.2 节 U-IB-HPS 的实例，设计具有匿名性的 U-IB-HPS 新构造。U-IB-HPS 的匿名性定义与 IB-HPS 的相类似，此处不再赘述。

4.4.1 具体构造

匿名的 U-IB-HPS 主要包含下述 6 个算法，各算法的具体构造如下所述。

(1) $(Params, msk)\leftarrow \mathrm{Setup}(1^\kappa)$：

① 运行群生成算法 $\mathcal{G}(1^\kappa)$，输出相应的元组 $(p, G, g, G_T, e(\cdot))$，其中 G 是阶为大素数 p 的乘法循环群，g 是群 G 的生成元，$e: G\times G\rightarrow G_T$ 是高效可计算的双线性映射。

② 令 $n\in\mathbb{N}$ 表示实例构造过程中所使用向量的长度。随机选取一个长度为 n 的向量 $\boldsymbol{a}=(a_1, a_2, \cdots, a_n)\leftarrow_R (Z_p)^n$，并计算 $g_1=g^{\boldsymbol{a}}$。为隐藏向量 $\boldsymbol{a}$，随机选取 $\theta\leftarrow_R Z_p^*$ 且 $\theta\neq 0$，计算 $\boldsymbol{\vartheta}=\theta\boldsymbol{a}$。

③ 随机选取 $\alpha, \eta\leftarrow_R Z_p^*$ 和 $u, h\leftarrow_R G$，公开系统参数 $Params$，并计算主私钥 $msk=(\alpha, \eta)$，其中

$$Params=\{p, G, g, G_T, e(\cdot), u, h, \boldsymbol{\vartheta}, n, e(g, g)^\alpha, e(g, g_1)^\eta\}$$

(2) $d_{id}\leftarrow \mathrm{KeyGen}(msk, id)$：

① 随机选取 $r\leftarrow_R Z_p^*$ 和 $\boldsymbol{t}=(t_1, t_2, \cdots, t_n)\leftarrow_R (Z_p^*)^n$ 且满足条件 $\langle \boldsymbol{t}, \boldsymbol{\vartheta}\rangle\neq 0$（这意味着 $\langle \boldsymbol{t}, \boldsymbol{a}\rangle\neq 0$），并计算

$$d_1=(g^\alpha)^{id}g_1^{-\eta t}(u^{id}h)^r, \ d_2=(g^{-r}), \ d_3\triangleq \boldsymbol{t}$$

② 输出身份 id 所对应的私钥 $d_{id}=(d_1, d_2, d_3)$。

(3) $d'_{id}\leftarrow \mathrm{Update}(d_{id}, id)$：

① 随机选取 $r_j\leftarrow_R Z_p^*$ 和 $\boldsymbol{b}_j\leftarrow_R (Z_p^*)^n$ 且满足条件 $\langle \boldsymbol{b}_j, \boldsymbol{\vartheta}\rangle=0$（这意味着 $\langle \boldsymbol{b}_j, \boldsymbol{a}\rangle=0$），并计算

$$d'_1=d_1(u^{id}h)^{r_j}, \ d'_2=d_2 g^{-r_j}, \ d'_3\overset{\mathrm{def}}{=\!=}d_3+\boldsymbol{b}_j$$

② 输出身份 id 所对应的更新私钥 $d'_{id}=(d'_1, d'_2, d'_3)$。

对于任意的更新索引 $j\in\mathbb{N}$，与身份 id 相对应的更新密钥为 $d_{id}^j=(d_1^j, d_2^j, d_3^j)$，其中

$$d_1^j=(g^{\alpha})^{id}g_1^{-\eta t}(u^{id}h)^{r+\sum_{i=1}^{j}r_i},\ d_2^j=g^{-\left(r+\sum_{i=1}^{j}r_i\right)},\ d_3^j\overset{\text{def}}{=}\boldsymbol{t}+\sum_{i=1}^{j}\boldsymbol{b}_i$$

(4) $(C,k)\leftarrow\text{Encap}(id)$：

① 随机选取 $z\leftarrow_R Z_p^*$，并计算

$$c_1=g^z,\ c_2=(u^{id}h)^z,\ c_3=e(g,g_1)^{\eta z}$$

② 计算 $k=e(g,g)^{\alpha\cdot z\cdot id}$。

③ 输出有效封装密文 $C=(c_1,c_2,c_3)$及相应的封装密钥 k。

(5) $C\leftarrow\text{Encap}^*(id)$：

① 随机选取 z，$z'\leftarrow_R Z_p^*(z\neq z')$，并计算

$$c_1=g^z,\ c_2=(u^{id}h)^z,\ c_3=e(g,g_1)^{\eta z'}$$

② 输出无效封装密文 $C^*=(c_1,c_2,c_3)$。

(6) $k'\leftarrow\text{Decap}(d_{id},C)$：

① 计算

$$k'=e(c_1,d_1)e(c_2,d_2)c_3^{d_3}$$

② 输出与封装密文 C 对应的解封装密钥 k'。

4.4.2 正确性

由下述等式即可获得上述 U-IB-HPS 实例的正确性。

(1) 对于身份 id 的原始私钥 $d_{id}=(d_1,d_2,d_3)=((g^{\alpha})^{id}g_1^{-\eta t}(u^{id}h)^r,g^{-r},\boldsymbol{t})$，有

$$\begin{aligned}k'&=e(c_1,d_1)e(c_2,d_2)c_3^{d_3}\\&=e(g^z,(g^{\alpha})^{id}g_1^{-\eta t}(u^{id}h)^r)e((u^{id}h)^z,g^{-r})e(g,g_1)^{\eta zt}\\&=e(g^z,(g^{\alpha})^{id}e(g^z,g_1^{-\eta t})(g,g_1)^{\eta zt}\\&=e(g,g)^{\alpha\cdot z\cdot id}\end{aligned}$$

(2) 对于更新私钥 $d_{id}^j=(d_1^j,d_2^j,d_3^j)=\left((g^{\alpha})^{id}g_1^{-\eta t}(u^{id}h)^{r+\sum_{i=1}^{j}r_i},g^{-\left(r+\sum_{i=1}^{j}r_i\right)},\boldsymbol{t}+\sum_{i=1}^{j}\boldsymbol{b}_i\right)$，有

$$\begin{aligned}k'&=e(c_1,d_1^j)e(c_2,d_2^j)c_3^{d_3^j}\\&=e\left(g^z,(g^{\alpha})^{id}g_1^{-\eta t}(u^{id}h)^{r+\sum_{i=1}^{j}r_i}\right)e\left((u^{id}h)^z,g^{-\left(r+\sum_{i=1}^{j}r_i\right)}\right)e(g,g_1)^{\eta z\left(t+\sum_{i=1}^{j}b_i\right)}\\&=e(g^z,(g^{\alpha})^{id})e(g^z,g_1^{-\eta t})e(g,g_1)^{\eta zt}e(g,g_1)^{\eta z\sum_{i=1}^{j}b_i}\\&=e(g^z,(g^{\alpha})^{id})e(g,g_1)^{\eta z\sum_{i=1}^{j}b_i}\\&=e(g^z,(g^{\alpha})^{id})e(g,g)^{\eta z\langle\boldsymbol{a},\boldsymbol{b}_1\rangle}\cdots e(g,g)^{\eta z\langle\boldsymbol{a},\boldsymbol{b}_n\rangle}\\&=e(g,g)^{\alpha\cdot z\cdot id}\end{aligned}$$

其中，$\langle\boldsymbol{b}_1,\boldsymbol{a}\rangle+\langle\boldsymbol{b}_2,\boldsymbol{a}\rangle+\cdots+\langle\boldsymbol{b}_n,\boldsymbol{a}\rangle=0$。

4.4.3 匿名性

对于任意的两个身份 id 和 id'，其相对应的用户私钥分别为

$$d_{id}=(d_1, d_2, d_3)=((g^{\alpha})^{id}g_1^{-\eta t}(u^{id}h)^r, g^{-r}, \boldsymbol{t})$$

$$d_{id'}=(d_1', d_2', d_3')=((g^{\alpha})^{id'}g_1^{-\eta t}(u^{id'}h)^{r'}, g^{-r'}, \boldsymbol{t})$$

身份 id 和 id' 对应的无效封装密文分别为

$$C_{id}^*=(c_1, c_2, c_3)=(g^{z_1}, (u^{id}h)^{z_1}, e(g, g_1)^{\eta z_1'})$$

$$C_{id'}^*=(c_1', c_2', c_3')=(g^{z_2}, (u^{id'}h)^{z_2}, e(g, g_1)^{\eta z_2'})$$

则，相应的解封装结果分别为

$$k_{id}'=e(c_1, d_1)e(c_2, d_2)c_3^{d_3}=e(g, g)^{\alpha\cdot z_1\cdot id}e(g, g_1)^{\eta t(z_1'-z_1)}$$

$$k_{id'}'=e(c_1', d_1')e(c_2', d_2')(c_3')^{d_3'}=e(g, g)^{\alpha\cdot z_2\cdot id'}e(g, g_1)^{\eta t(z_2'-z_2)}$$

由于参数 z_1、z_1'、z_2 和 z_2' 是从 Z_p^* 中相互独立且均匀随机选取的，$\boldsymbol{t}$ 和 $\boldsymbol{t}'$ 是从 $(Z_p)^n$ 中相互独立且均匀随机选取的向量，因此有

$$\mathrm{SD}((C_{id}^*, k_{id}'), (C_{id'}^*, k_{id'}'))\leqslant \mathrm{negl}(\kappa)$$

特别地，通用性、平滑性和有效封装密文与无效封装密文的不可区分等安全属性的描述过程与第 3 章相类似，此处不再赘述。

4.5 U-IB-HPS 在抗泄露密码机制中的应用

本节将介绍 U-IB-HPS 在抗泄露加密机制构造方面的应用。

4.5.1 抗连续泄露的 IB-HE 机制

类似地，U-IB-HPS 可视为一个密钥封装机制，因此结合 U-IB-HPS 和数据封装机制能够设计 IB-HE 机制。

1. CPA 安全的 IB-HE 机制

令 $\Pi=(\mathrm{Setup}', \mathrm{KeyGen}', \mathrm{Update}', \mathrm{Encap}', \mathrm{Encap}'^*, \mathrm{Decap}')$ 是封装密钥空间为 $\mathcal{K}_1=\{0, 1\}^{l_1}$ 的平滑性 U-IB-HPS；令 $\Pi_{\mathrm{DEM}}=(\mathrm{DEM.Enc}, \mathrm{DEM.Dec})$ 是密钥空间为 $\mathcal{K}_2=\{0, 1\}^{l_2}$ 的强一次性安全的数据封装机制；令 $\mathrm{Ext}:\{0, 1\}^{l_1}\times\{0, 1\}^{l_t}\rightarrow\{0, 1\}^{l_2}$ 是平均情况的 $(l_1-\lambda, \varepsilon)$-强随机性提取器。

CPA 安全的抗泄露 IB-HE 机制的通用构造由下述算法组成。

(1) $(Params, msk)\leftarrow\mathrm{Setup}(1^{\kappa})$：

输出 $Params=(mpk, \mathrm{Ext})$ 和 msk，其中

$$(mpk, msk)\leftarrow\mathrm{Setup}'(1^{\kappa})$$

(2) $sk_{id}\leftarrow\mathrm{KeyGen}(msk, id)$：

输出 $sk_{id}=d_{id}$，其中

$$d_{id}\leftarrow\mathrm{KeyGen}'(msk, id)$$

(3) $sk_{id}'\leftarrow\mathrm{Update}(sk_{id}, id)$：

输出 $sk'_{id}=d'_{id}$，其中

$$d_{id}=sk_{id}, \ d'_{id} \leftarrow \text{Update}'(d_{id}, id)$$

(4) $C \leftarrow \text{Enc}(id, M)$：

① 随机选取 $S \leftarrow_R \{0, 1\}^{l_t}$，并计算

$$(c_1, k) \leftarrow \text{Encap}'(id), \ k' \leftarrow \text{Ext}(k, S), \ c_2 \leftarrow \text{DEM.Enc}(k', M)$$

② 输出 $C=(c_1, c_2, S)$。

(5) $M \leftarrow \text{Dec}(sk_{id}, C)$：

① 计算

$$k \leftarrow \text{Decap}'(sk_{id}, c_1), \ k' \leftarrow \text{Ext}(k, S)$$

② 输出 $M \leftarrow \text{DEM.Dec}(k', c_2)$作为密文 $C=(c_1, c_2, S)$解密后的明文。

特别地，上述 IB-HE 机制通用构造的正确性可由底层平滑的 U-IB-HPS 和强随机性提取器的正确性获得。

定理 4-5　若 $\Pi=(\text{Setup}', \text{KeyGen}', \text{Update}', \text{Encap}', \text{Encap}'^{*}, \text{Decap}')$是平滑的 U-IB-HPS，$\Pi_{\text{DEM}}=(\text{DEM.Enc}, \text{DEM.Dec})$是强一次性安全的数据封装机制，$\text{Ext}: \{0, 1\}^{l_1} \times \{0, 1\}^{l_t} \rightarrow \{0, 1\}^{l_2}$是平均情况的强随机性提取器，那么对于相应的泄露参数 $\lambda \leqslant l_1-l_2-\omega(\log\kappa)$，上述机制是 CPA 安全的抗泄露 IB-HE 机制的通用构造。

定理 4-5 的证明过程与第 3 章的相类似，为避免重复，此处不再赘述。

2. CCA 安全的 IB-HE 机制

令 $\Pi=(\text{Setup}', \text{KeyGen}', \text{Update}', \text{Encap}', \text{Encap}'^{*}, \text{Decap}')$是封装密钥空间为 $\mathcal{K}_1=\{0, 1\}^{l_1}$的平滑性 U-IB-HPS；令 $\Pi_{\text{DEM}}=(\text{DEM.Enc}, \text{DEM.Dec})$是密钥空间为 $\mathcal{K}_2=\{0, 1\}^{l_2}$的强一次性安全的数据封装机制；令 $\text{Ext}: \{0, 1\}^{l_1} \times \{0, 1\}^{l_t} \rightarrow \{0, 1\}^{l_2}$是平均情况的$(l_1-\lambda, \varepsilon)$-强随机性提取器；令 $\text{LF}=(\text{LF.Gen}, \text{LF.Eval}, \text{LF.Tag})$是$(\mathcal{K}_2, l_{\text{LF}})$-OT-LF。

CCA 安全的抗泄露 IB-HE 机制的通用构造由下述算法组成。

(1) $(Params, msk) \leftarrow \text{Setup}(1^{\kappa})$：

输出 $Params=(mpk, F_{pk}, \text{Ext})$和 msk，其中

$$(mpk, msk) \leftarrow \text{Setup}'(1^{\kappa}), \ (F_{pk}, F_{td}) \leftarrow \text{LF.Gen}(1^{\kappa})$$

(2) $sk_{id} \leftarrow \text{KeyGen}(msk, id)$：

输出 $sk_{id}=d_{id}$，其中

$$d_{id} \leftarrow \text{KeyGen}'(msk, id)$$

(3) $sk'_{id} \leftarrow \text{Update}(sk_{id}, id)$：

输出 $sk'_{id}=d'_{id}$，其中

$$d_{id}=sk_{id}, \ d'_{id} \leftarrow \text{Update}'(d_{id}, id)$$

(4) $C \leftarrow \text{Enc}(id, M)$：

① 随机选取 $S \leftarrow_R \{0, 1\}^{l_t}$，并计算

$$(c_1, k) \leftarrow \text{Encap}'(id), \ k' \leftarrow \text{Ext}(k, S), \ c_2 \leftarrow \text{DEM.Enc}(k', M)$$

② 随机选取 $t_c \leftarrow_R \mathcal{T}_c$，并计算

$$v \leftarrow \text{LF}_{F_{pk}, t}(k')$$

其中，$t=(t_a, t_c)$，$t_a=(c_1, c_2)$。

③ 输出 $C=(c_1, c_2, v, t_c, S)$。

(5) $M \leftarrow \mathrm{Dec}(sk_{id}, C)$:

① 计算

$$k \leftarrow \mathrm{Decap}'(sk_{id}, c_1), \ k' \leftarrow \mathrm{Ext}(k, S), \ v' \leftarrow \mathrm{LF}_{F_{pk}, t}(k')$$

其中，$t=(t_a, t_c)$和$t_a=(c_1, c_2)$。

② 若$v=v'$，则输出$M \leftarrow \mathrm{DEM.Dec}(k', c_2)$作为密文$C=(c_1, c_2, v, t_c, S)$解密后的明文，否则输出无效符号⊥。

定理 4-6 若$\Pi=(\mathrm{Setup}', \mathrm{KeyGen}', \mathrm{Update}', \mathrm{Encap}', \mathrm{Encap}'^{*}, \mathrm{Decap}')$是平滑的U-IB-HPS，$\Pi_{\mathrm{DEM}}=(\mathrm{DEM.Enc}, \mathrm{DEM.Dec})$是强一次性安全的数据封装机制，$\mathrm{Ext}: \{0,1\}^{l_1} \times \{0,1\}^{l_t} \to \{0,1\}^{l_2}$是平均情况的强随机性提取器，$\mathrm{LF}=(\mathrm{LF.Gen}, \mathrm{LF.Eval}, \mathrm{LF.Tag})$是$(\mathcal{K}_2, l_{\mathrm{LF}})$-OT-LF，那么对于相应的泄露参数$\lambda \leqslant l_1 - l_2 - l_{\mathrm{LF}} - \omega(\log\kappa)$，上述机制是CCA安全的抗泄露IB-HE机制的通用构造。

证明 下面将通过游戏论证的方式对IBE机制的抗泄露CCA安全性进行证明，每个游戏由模拟器$\mathcal{S}$和敌手$\mathcal{A}$执行。令事件$\mathcal{E}_i$表示敌手$\mathcal{A}$在游戏Game_i中获胜，即有

$$\Pr[\mathcal{E}_i]=\Pr[\mathcal{A} \ wins \ \mathrm{in} \ \mathrm{Game}_i]$$

特别地，证明过程中与挑战密文相关的变量均标记为“*”，即挑战身份和挑战密文分别是id^*和$C_v^*=(c_1^*, c_2^*, v^*, t_c^*, S^*)$。

Game_0：该游戏是IBE机制原始的抗泄露CCA安全性游戏。由安全性定义可知

$$\mathrm{Adv}_{\mathrm{IBE}, \mathcal{A}}^{\mathrm{LR\text{-}CCA}}(\kappa, \lambda)=\left|\Pr[\mathcal{E}_0]-\frac{1}{2}\right|$$

Game_1：该游戏除了初始化阶段和挑战阶段，其余的与Game_0相类似。在Game_1的初始化阶段，模拟器$\mathcal{S}$保存OT-LF $\mathrm{LF}=(\mathrm{LF.Gen}, \mathrm{LF.Eval}, \mathrm{LF.Tag})$的陷门$F_{td}$作为主私钥$msk$的一部分，并且在挑战阶段，核心标签$t_c^*$不再从$\mathcal{T}_c$中随机选取，而是由$\mathcal{S}$通过计算产生，即$t_c^*=\mathrm{LF.Tag}(F_{td}, t_a^*)$，其中$t_a^*=(c_1^*, c_2^*)$。

由底层OT-LF $\mathrm{LF}=(\mathrm{LF.Gen}, \mathrm{LF.Eval}, \mathrm{LF.Tag})$随机标签和损耗标签的不可区分性可知游戏$\mathrm{Game}_1$与$\mathrm{Game}_0$是不可区分的，即

$$|\Pr[\mathcal{E}_1]-\Pr[\mathcal{E}_0]| \leqslant \mathrm{negl}(\kappa)$$

Game_2：该游戏与Game_1相类似，但在该游戏的解密询问中增加了新的拒绝规则，当敌手$\mathcal{A}$提交的解密询问(id, C)（其中$C=(c_1, c_2, v, t_c, S)$）满足条件$t=(t_a, t_c)=(t_a^*, t_c^*)=t^*$时，模拟器$\mathcal{S}$拒绝该询问。下面分两种情况讨论具有OT-LF复制标签的解密询问在游戏Game_2和Game_1中将被模拟器$\mathcal{S}$拒绝。

(1) $v=v^*$。这意味着$C=C_v^*$。由于敌手$\mathcal{A}$禁止对挑战密文进行解密询问，因此模拟器$\mathcal{S}$在Game_2和Game_1中将拒绝该解密询问。

(2) $v \neq v^*$。由$t=((c_1, c_2), t_c)=((c_1^*, c_2^*), t_c^*)=t^*$和$k'=k'^*$可知，$\mathrm{LF}_{F_{pk}, t}(k')=\mathrm{LF}_{F_{pk}, t^*}(k'^*)$，因此具有OT-LF复制标签的解密询问在游戏$\mathrm{Game}_1$中将被模拟器$\mathcal{S}$拒绝。

由上述分析可知，Game_2与Game_1是不可区分的，因此有

$$|\Pr[\mathcal{E}_2]-\Pr[\mathcal{E}_1]| \leqslant \mathrm{negl}(\kappa)$$

Game_3：该游戏除了挑战密文的生成过程，其余的与Game_2相类似。在游戏Game_3中，$C_v^*=(c_1^*, c_2^*, v^*, t_c^*, S^*)$的生成过程如下所述。

(1) 计算

$$sk_{id^*} \leftarrow \text{KeyGen}(msk, id^*), (c_1^*, \hat{k}) \leftarrow \text{Encap}'(id^*)$$

(2) 随机选取 $S^* \leftarrow_R \{0, 1\}^{l_t}$ 和 $v \leftarrow_R \{0, 1\}$，并计算

$$k^* \leftarrow \text{Decap}'(sk_{id^*}, c_1^*), k'^* \leftarrow \text{Ext}(k^*, S^*), c_2^* \leftarrow \text{DEM.Enc}(k'^*, M_v)$$

(3) 随机选取 $t_c^* \leftarrow_R \mathcal{T}_c$，并计算

$$v^* \leftarrow \text{LF}_{F_{pk}, t^*}(k'^*)$$

其中，$t^* = (t_a^*, t_c^*)$，$t_a^* = (c_1^*, c_2^*)$。

即，在游戏 Game_3 中使用 $(c_1^*, \hat{k}) \leftarrow \text{Encap}'(id^*)$ 和 $k^* \leftarrow \text{Decap}'(sk_{id^*}, c_1^*)$ 代替了游戏 Game_2 中的 $(c_1^*, k^*) \leftarrow \text{Encap}'(id^*)$，由底层 IB-HPS 的正确性可知 Game_3 与 Game_2 是不可区分的，因此有

$$|\Pr[\mathcal{E}_3] - \Pr[\mathcal{E}_2]| \leqslant \text{negl}(\kappa)$$

Game_4：该游戏除了挑战密文的生成过程，其余的与 Game_3 相类似。在游戏 Game_4 中，$C_v^* = (c_1^*, c_2^*, v^*, t_c^*, S^*)$ 的生成过程如下所述。

(1) 计算

$$sk_{id^*} \leftarrow \text{KeyGen}(msk, id^*), c_1^* \leftarrow \text{Encap}'^*(id^*)$$

(2) 随机选取 $S^* \leftarrow_R \{0, 1\}^{l_t}$ 和 $v \leftarrow_R \{0, 1\}$，并计算

$$k^* \leftarrow \text{Decap}'(sk_{id^*}, c_1^*), k'^* \leftarrow \text{Ext}(k^*, S^*), c_2^* \leftarrow \text{DEM.Enc}(k'^*, M_v)$$

(3) 随机选取 $t_c^* \leftarrow_R \mathcal{T}_c$，并计算

$$v^* \leftarrow \text{LF}_{F_{pk}, t^*}(k'^*)$$

其中，$t^* = (t_a^*, t_c^*)$ 和 $t_a^* = (c_1^*, c_2^*)$。

即，在游戏 Game_4 中使用无效封装算法 $c_1^* \leftarrow \text{Encap}'^*(id^*)$ 代替了游戏 Game_3 中的有效封装算法 $(c_1^*, \hat{k}) \leftarrow \text{Encap}'(id^*)$，由底层 IB-HPS 有效封装密文与无效封装密文的不可区分性可知 Game_4 与 Game_3 是不可区分的，因此有

$$|\Pr[\mathcal{E}_4] - \Pr[\mathcal{E}_3]| \leqslant \text{negl}(\kappa)$$

Game_5：该游戏与 Game_4 相类似，但在该游戏的解密询问中增加了新的拒绝规则，即在解密询问中敌手 $\mathcal{A}$ 提交的密文 $C = (c_1, c_2, v, t_c, S)$ 满足条件 $c_1 \leftarrow \text{Encap}'^*(id)$，则模拟器 $\mathcal{S}$ 拒绝该询问。

令事件 $\mathcal{F}$ 表示敌手 $\mathcal{A}$ 提交了满足条件 $c_1 = \text{Encap}'^*(id)$ 的解密询问 (id, C)，其中 $C = (c_1, c_2, v, t_c, S)$。在 Game_5 中，当事件 $\mathcal{F}$ 发生时，模拟器 $\mathcal{S}$ 拒绝敌手 $\mathcal{A}$ 提交的相应询问，而在 Game_4 中，当事件 $\mathcal{F}$ 发生时，模拟器 $\mathcal{S}$ 并不拒绝敌手 $\mathcal{A}$ 提交的相应询问，因此，由区别引理可知

$$|\Pr[\mathcal{E}_5] - \Pr[\mathcal{E}_4]| \leqslant \Pr[\mathcal{F}]$$

令事件 $\mathcal{F}'$ 表示在 Game_4 中敌手 $\mathcal{A}$ 提交的解密询问 $(id, C = (c_1, c_2, v, t_c, S))$ 中 $t = ((c_1, c_2), t_c)$ 是一个非单射非复制标签，那么有

$$\Pr[\mathcal{F}] = \Pr[\mathcal{F} | \mathcal{F}']\Pr[\mathcal{F}'] + \Pr[\mathcal{F} | \bar{\mathcal{F}}']\Pr[\bar{\mathcal{F}}'] \leqslant \Pr[\mathcal{F}'] + \Pr[\mathcal{F} | \bar{\mathcal{F}}']$$

令 Q_d 表示敌手 $\mathcal{A}$ 提交解密询问的最大次数。$\mathcal{S}$ 是 LF 环境下的敌手，将从挑战者处获得 LF 的计算密钥 F_{pk}^*，则 $\mathcal{S}$ 通过下述计算为敌手 $\mathcal{A}$ 模拟游戏 Game_4：$\mathcal{S}$ 进行初始化操作生成相应的公开参数 mpk，并令 $F_{pk} = F_{pk}^*$。特别地，$\mathcal{S}$ 能够利用主私钥 msk 处理敌手提交的密钥生成询问、解密询问和泄露询问。在挑战阶段，为了模拟挑战密文，$\mathcal{S}$ 通过提交询问

$t_a^*=(c_1^*, c_2^*)$给损耗标签谕言机来产生 t_c^*，其中 c_1^* 和 c_2^* 的生成过程与 Game_4 相同。最后，随机选取 $i\in[\mathcal{Q}_d]$，并输出敌手 $\mathcal{A}$ 第 i 次解密询问$(id, C=(c_1, c_2, v, t_c, S))$的提取值 $t=((c_1, c_2), t_c)$。若事件 $\mathcal{F}'$ 发生，那么 $t=((c_1, c_2), t_c)$是非单射标签。由于 $\Pr[\mathcal{F}']=\frac{1}{\mathcal{Q}_d}$，故有 $\Pr[\mathcal{F}']\leqslant \mathcal{Q}_d \text{Adv}_{\text{LF}}^{\text{eva}}(\kappa)$，其中 $\text{Adv}_{\text{LF}}^{\text{eva}}(\kappa)$是任意敌手攻破 LF 计算性的优势。

由 LF 的安全性可知，$\text{Adv}_{\text{LF}}^{\text{eva}}(\kappa)\leqslant \text{negl}(\kappa)$，因此有 $\Pr[\mathcal{F}']\leqslant \text{negl}(\kappa)$。

令 $C=(c_1, c_2, v, t_c, S)$是在事件 $\bar{\mathcal{F}}$ 发生的前提下，使得事件 $\mathcal{F}$ 发生的第一个密文，其中 $c_1\leftarrow \text{Encap}'^*(id)$，$k'\leftarrow \text{Decap}(sk_{id}, c_1)$，$v\leftarrow \text{LF}_{F_{pk}, t}(k')$，也称满足上述条件的密文是无效密文。在泄露环境下，敌手 $\mathcal{A}$ 的视图($\mathcal{A}_{\text{view}}$)包括公开参数 $Params$、挑战身份 id^*、挑战密文 C_v^* 及关于用户私钥 sk_{id^*} 的 λ 比特的泄露信息 $Leak$，则有

$$\widetilde{H}_\infty(sk_{id^*}\mid \mathcal{A}_{\text{view}})=\widetilde{H}_\infty(sk_{id^*}\mid Params, id^*, C_v^*, Leak)\geqslant l_2-\lambda-l_{\text{LF}}$$

事件 $\bar{\mathcal{F}}'$ 发生表示 $t=((c_1, c_2), t_c)$是单射标签，则任意的敌手能够猜测出私钥 sk_{id^*} 的最大概率是 $2^{-\widetilde{H}_\infty(sk_{id^*}\mid \mathcal{A}_{\text{view}})}\leqslant\frac{2^{\lambda+l_{\text{LF}}}}{2^{l_2}}$。

那么，在解密询问中第一个无效密文 $C=(c_1, c_2, v, t_c, S)$被接收的概率是 $\frac{2^{\lambda+l_{\text{LF}}}}{2^{l_2}}$。由于敌手能够从被拒绝的解密询问中获得一些帮助，使得其猜测私钥的概率 sk_{id^*} 得到提升，因此一个无效密文被接收的最大概率是 $\frac{2^{\lambda+l_{\text{LF}}}}{2^{l_2}-\mathcal{Q}_d+1}$。综合考虑 $\mathcal{Q}_d$ 次解密询问，可得到解密询问中无效密文不被拒绝的概率最大为 $\frac{\mathcal{Q}_d 2^{\lambda+l_{\text{LF}}}}{2^{l_2}-\mathcal{Q}_d+1}$，因此 $\Pr[\mathcal{F}\mid\bar{\mathcal{F}}']\leqslant\frac{\mathcal{Q}_d 2^{\lambda+l_{\text{LF}}}}{2^{l_2}-\mathcal{Q}_d+1}$。

通过上述分析可知：

$$|\Pr[\mathcal{E}_5]-\Pr[\mathcal{E}_4]|\leqslant\frac{\mathcal{Q}_d 2^{\lambda+l_{\text{LF}}}}{2^{l_2}-\mathcal{Q}_d+1}$$

Game_6：该游戏除了挑战密文的生成过程，其余的与 Game_5 相类似。在游戏 Game_6 中 $C_v^*=(c_1^*, c_2^*, v^*, t_c^*, S^*)$的生成过程如下所述。

(1) 随机选取 $S^*\leftarrow_R\{0, 1\}^{l_t}$ 和 $v\leftarrow_R\{0, 1\}$，并计算

$$c_1^*\leftarrow \text{Encap}'^*(id^*),\ k^*\leftarrow_R\mathcal{K},\ k'^*\leftarrow \text{Ext}(k^*, S^*),$$
$$c_2^*\leftarrow \text{DEM.Enc}(k'^*, M_v)$$

(2) 随机选取 $t_c^*\leftarrow_R\mathcal{T}_c$，并计算

$$v^*\leftarrow \text{LF}_{F_{pk}, t^*}(k'^*)$$

其中，$t^*=(t_a^*, t_c^*)$，$t_a^*=(c_1^*, c_2^*)$。

即在游戏 Game_6 中使用随机的封装密钥 $k^*\leftarrow_R\mathcal{K}$ 代替了游戏 Game_5 中的解封装密钥 $k^*\leftarrow \text{Decap}'(sk_{id^*}, c_1^*)$，由底层 IB-HPS 的平滑性可知 Game_6 与 Game_5 是不可区分的，因此有

$$|\Pr[\mathcal{E}_6]-\Pr[\mathcal{E}_5]|\leqslant \text{negl}(\kappa)$$

由于 Game_6 中挑战密文 $C_v^*=(c_1^*, c_2^*, v^*, t_c^*, S^*)$由随机的封装密钥 $\tilde{k}^*\leftarrow_R\mathcal{K}$ 生成，因此 C_v^* 中不包含 v 的任何信息，即 $\Pr[\mathcal{E}_6]=\frac{1}{2}$。

由 $Game_6$ 与 $Game_0$ 的不可区分性可知：

$$\mathrm{Adv}_{\mathrm{IBE},\mathcal{A}}^{\mathrm{LR\text{-}CCA}}(\kappa,\lambda)\leqslant \mathrm{negl}(\kappa)$$

(定理 4-6 证毕)

4.5.2 抗连续泄露的 IB-AKE 协议

现实环境中，认证密钥协商(Authenticated Key Exchange，AKE)协议被广泛应用于安全通信领域。文献[3]基于平滑投影的哈希函数(Smooth Projective Hash Functions，SPHFs)在挑战依赖泄露容忍的 eCK(Challenge-dependent Leakage-Resilient eCK，CLR-eCK)安全模型中构造了具有有界泄露容忍性的身份基密钥协商(Identity-Based Authenticated Key Exchange，IB-AKE)协议。本节将借鉴上述方法，基于 U-IB-HPS 设计具有连续泄露容忍性的 IB-AKE 协议。

在协议设计之前，首先对 U-IB-HPS 的封装算法进行一个简单的修改，算法所使用的随机数将由算法的输入提供。

令 $\Pi=$(Setup，KeyGen，Encap，Encap*，Decap，Update)是用户私钥空间为 $\mathcal{SK}=\{0,1\}^{l_{sk}}$、封装密钥空间为 $\mathcal{K}=\{0,1\}^{l_k}$ 的 δ-通用的 U-IB-HPS；$H:\{0,1\}^*\rightarrow\{0,1\}^{l_k}$ 是抗碰撞的哈希函数；$\hat{F}$ 和 $\overline{F}$ 是 PRF 集合，$\tilde{F}$ 是 πPRF 集合。

令 l_1、L_1、l_2、L_2、l_3、L_3 和 l_{esk} 分别表示相应字符串的长度；λ_1 表示长期密钥(如用户私钥等)的泄露长度；λ_2 表示临时密钥(如随机数等)的泄露长度。

令 $\mathrm{Ext}_1:\{0,1\}^{l_{sk}}\times\{0,1\}^{l_1}\rightarrow\{0,1\}^{L_1}$ 是平均情况的$(l_{sk}-\lambda_1,\varepsilon_1)$-强随机性提取器；$\mathrm{Ext}_2:\{0,1\}^{l_{esk}}\times\{0,1\}^{l_2}\rightarrow\{0,1\}^{L_2}$ 是平均情况的$(l_{esk}-\lambda_2,\varepsilon_2)$-强随机性提取器；$\mathrm{Ext}_3:\{0,1\}^{l_{sk}}\times\{0,1\}^{l_3}\rightarrow\{0,1\}^{L_3}$ 是平均情况的$(l_{sk}-\lambda_3,\varepsilon_3)$-强随机性提取器，其中 ε_1、ε_2 和 ε_3 是安全参数 κ 上可忽略的值。

具有连续泄露容忍性的 IB-AKE 协议的通用构造主要包含下述几个阶段。

(1) 密钥生成：

密钥生成阶段，密钥协商双方 $\mathcal{A}$ 和 $\mathcal{B}$ 分别生成各自的公私钥。

用户 $\mathcal{A}$ 进行下述操作：

① 计算$(Params_{\mathcal{A}}, msk_{\mathcal{A}})=\mathrm{Setup}(1^{\kappa})$和 $sk_{\mathcal{A}}=\mathrm{KeyGen}(msk_{\mathcal{A}}, id_{\mathcal{A}})$。

② 随机选取 $S_{\mathcal{A}}^1\leftarrow_R\{0,1\}^{l_1}$ 和 $S_{\mathcal{A}}^2\leftarrow_R\{0,1\}^{l_2}$。

③ 设置长期私钥为 $lsk_{\mathcal{A}}=sk_{\mathcal{A}}$，长期公钥为 $lpk_{\mathcal{A}}=(id_{\mathcal{A}}, S_{\mathcal{A}}^1, S_{\mathcal{A}}^2, Params_{\mathcal{A}})$。

类似地，用户 $\mathcal{B}$ 进行下述操作：

① 计算$(Params_{\mathcal{B}}, msk_{\mathcal{B}})=\mathrm{Setup}(1^{\kappa})$和 $sk_{\mathcal{B}}=\mathrm{KeyGen}(msk_{\mathcal{B}}, id_{\mathcal{B}})$。

② 随机选取 $S_{\mathcal{B}}^1\leftarrow_R\{0,1\}^{l_1}$ 和 $S_{\mathcal{B}}^2\leftarrow_R\{0,1\}^{l_2}$。

③ 设置长期私钥为 $lsk_{\mathcal{B}}=sk_{\mathcal{B}}$，长期公钥为 $lpk_{\mathcal{B}}=(id_{\mathcal{B}}, S_{\mathcal{B}}^1, S_{\mathcal{B}}^2, Params_{\mathcal{B}})$。

(2) 密钥协商：

用户 $\mathcal{A}$ 进行下述操作：

① 随机选取 $esk_{\mathcal{A}}\leftarrow_R\{0,1\}^{l_{esk}}$ 和 $t_{\mathcal{A}}\leftarrow_R\{0,1\}^{l_3}$，计算

$$lsk'_{\mathcal{A}}=\mathrm{Ext}_1(lsk_{\mathcal{A}}, S_{\mathcal{A}}^1),\ esk'_{\mathcal{A}}=\mathrm{Ext}_2(esk_{\mathcal{A}}, S_{\mathcal{A}}^2)$$

② 计算

$$(n_A, x)=\hat{F}_{lsk'_A}(esk_A)+\overline{F}_{esk'_A}(S_A^1),\ X=g^X,\ (C_A, K_A^2)=\text{Encap}(id_B, n_A)$$

③ 发送$(id_A, id_B, C_A, X, t_A)$给用户 $\mathcal{B}$，同时删除秘密信息(esk_A, esk'_A, lsk'_A)。

用户 $\mathcal{B}$ 进行下述操作：

① 随机选取 $esk_B \leftarrow_R \{0, 1\}^{l_{esk}}$ 和 $t_B \leftarrow_R \{0, 1\}^{l_3}$，计算

$$lsk'_B=\text{Ext}_1(lsk_B, S_B^1),\ esk'_B=\text{Ext}_2(esk_B, S_B^2)$$

② 计算

$$(n_B, y)=\hat{F}_{lsk'_B}(esk_B)+\overline{F}_{esk'_B}(S_B^1),\ Y=g^y,\ (C_B, K_B^3)=\text{Encap}(id_A, n_B)$$

③ 发送$(id_A, id_B, C_B, Y, t_B)$给用户 $\mathcal{B}$，同时删除秘密信息(esk_B, esk'_B, lsk'_B)。

用户 $\mathcal{A}$ 输出相应的会话密钥 $k_{\mathcal{A}\leftrightarrow\mathcal{B}}=\widetilde{F}_{s_A}(sid)$，其中

$K_A^1=Y^x$，$K_A^3=\text{Decap}(sk_A, C_B)$，$s_A=\text{Ext}_3(H(K_A^1)+K_A^2+K_A^3, t_A\oplus t_B)$，

$$sid=(id_A, id_B, C_A, X, C_B, Y, t_A, t_B)$$

用户 $\mathcal{B}$ 输出相应的会话密钥 $k_{\mathcal{A}\leftrightarrow\mathcal{B}}=\widetilde{F}_{s_B}(sid)$，其中

$K_B^1=X^y$，$K_B^2=\text{Decap}(sk_B, C_A)$，$s_B=\text{Ext}_3(H(K_B^1)+K_B^2+K_B^3, t_A\oplus t_B)$，

$$sid=(id_A, id_B, C_A, X, C_B, Y, t_A, t_B)$$

(3) 用户私钥更新：

该阶段用户 $\mathcal{A}$ 和 $\mathcal{B}$ 分别运行相应的密钥更新算法将各自的长期私钥 lsk_A 和 lsk_B 进行更新，使得之前私钥的泄露信息对更新后的私钥 lsk'_A 和 lsk'_B 是无用的，即 $\mathcal{A}$ 和 $\mathcal{B}$ 分别计算

$$lsk'_A=\text{Update}(lsk_A, id_A)$$

$$lsk'_B=\text{Update}(lsk_B, id_B)$$

由底层 U-IB-HPS 和强随机性提取器的正确性可知用户 $\mathcal{A}$ 和 $\mathcal{B}$ 输出了相同的协商密钥。由文献[3]可知，上述构造是 CLR-eCK 安全的连续泄露容忍的 IB-AKE 协议的通用构造。

4.5.3 抗连续泄露的可撤销 IBE 机制

针对 RIBE 机制的抗连续泄露容忍性需求，本节将设计抗连续泄露的可撤销 IBE 机制的通用构造。

1. 具体构造

令 $\Pi_1=(\text{Setup}_1, \text{KeyGen}_1, \text{Encap}_1, \text{Encap}_1^*, \text{Decap}_1, \text{Update}_1)$是封装密钥空间为 $\mathcal{K}=\{0, 1\}^{l_m}$ 的 l_k-泄露平滑性 U-IB-HPS。

令 $\Pi_2=(\text{Setup}_2, \text{KeyGen}_2, \text{Encap}_2, \text{Encap}_2^*, \text{Decap}_2, \text{Update}_2)$是封装密钥空间为 $\mathcal{K}=\{0, 1\}^{l_m}$ 的 l_v-泄露平滑性 U-IB-HPS。

令 $\mathcal{H}: \mathcal{ID}_1\times\mathcal{T}\rightarrow\mathcal{ID}_2$ 是抗碰撞的单向哈希函数，其中 $\mathcal{T}$ 表示时间列表 TL 中的时刻。

(1) $(Params, msk)\leftarrow\text{Setup}(1^\kappa)$：

输出 $Params=(mpk_1, mpk_2)$和 $msk=(msk_1, msk_2)$，其中

$$(mpk_1, msk_1)\leftarrow\text{Setup}_1(1^\kappa),\ (mpk_2, msk_2)\leftarrow\text{Setup}_2(1^\kappa)$$

此外，初始化算法还定义了初始为空的身份撤销列表 RL，并且初始化了时间列表 TL。

(2) $(sk_{(id, T_i)}, T_i)\leftarrow\text{KeyGen}(msk, id, RL, TL)$：

对于身份 id 的密钥生成，PKG 首先检测身份 id 是否在撤销列表 RL 中，若 $id\in RL$，

则算法 KeyGen 输出⊥；否则，PKG 执行下述操作。

① 计算

$$d_{id}^{1} \leftarrow \text{KeyGen}_1(msk_1, id)$$

② 从时间列表 TL 中读取当前时间戳 T_i，并计算

$$id' = \mathcal{H}(id, T_i), \ d_{id}^{2} \leftarrow \text{KeyGen}_2(msk_2, id')$$

③ 输出身份 id 在 T_i 时刻所对应的私钥 $sk_{(id, T_i)} = (k_{id}, k_{T_i}) = (d_{id}^1, d_{id}^2)$，其中 $k_{id} = d_{id}^1$ 是私钥 $sk_{(id,T_i)}$ 的身份组件，$k_{T_i} = d_{id}^2$ 是私钥 $sk_{(id,T_i)}$ 的时间组件。

(3) $sk'_{id} \leftarrow \text{Update}(sk_{id}, id, T_i)$：

对 T_i 时刻身份 id 的私钥 $sk_{id} = (k_{id}, k_{T_i})$ 进行更新，PKG 首先检测身份 id 是否在撤销列表 RL 中，若 $id \in RL$，则输出⊥；否则，PKG 执行下述操作。

① 计算

$$d'^{1}_{id} \leftarrow \text{Update}(k_{id}, id)$$

② 计算

$$id' = \mathcal{H}(id, T_i), \ d'^{2}_{id} \leftarrow \text{Update}(k_{T_i}, id')$$

③ 输出

$$sk'_{(id, T_i)} = (k'_{id}, k'_{T_i}) = (d'^{1}_{id}, d'^{2}_{id})$$

特别地，用户私钥的更新操作并非是私钥的撤销操作，因为 T_i 时刻的私钥 $sk_{(id, T_i)}$ 更新后的输出依然是 T_i 时刻的有效用户私钥 $sk'_{(id, T_i)}$，即更新操作生成了某一时刻用户的新私钥，使得该时刻之前私钥的泄露信息对新的私钥不起作用。然而，用户私钥的撤销更新则是将当前 T_i 时刻的私钥 $sk_{(id, T_i)}$ 撤销，由下一时刻 T_{i+1} 的有效私钥 $sk_{(id, T_{i+1})}$ 替换。

(4) $(C_{T_i}, T_i) \leftarrow \text{Enc}(M, id, T_i)$：

对于一个消息 $M \in \mathcal{M} = \{0, 1\}^{l_m}$、时间戳 T_i 和身份 $id \in \mathcal{ID}$，加密者进行下述运算。

① 计算 $id' = \mathcal{H}(id, T_i)$。

② 计算

$$(c_1, k_1) \leftarrow \text{Encap}_1(id), \ (c_2, k_2) \leftarrow \text{Encap}_2(id')$$

③ 计算 $c_3 \leftarrow k_1 \oplus k_2 \oplus M$。

④ 输出身份 id 在时刻 T_i 对明文消息 M 的加密密文 $C_{T_i} = (c_1, c_2, c_3)$。

(5) $M \leftarrow \text{Dec}''(C, sk_{id}, T_i)$：

对于相对于身份 id 和时间戳 T_i 的私钥 $sk_{(id, T_i)} = (d_{id}^1, d_{id}^2)$ 和密文 $C_{T_i} = (c_1, c_2, c_3)$，解密者进行下述运算。

① 计算

$$k_1 = \text{Encap}_1(c_1, d_{id}^1), \ k_2 = \text{Encap}_2(c_2, d_{id}^2)$$

② 计算 $M = k_1 \oplus k_2 \oplus c_3$。

③ 输出密文 $C = (c_1, c_2, c_3)$ 所对应的明文消息 M。

运行密钥更新算法 $sk'_{id} \leftarrow \text{Update}(sk_{id}, id, T_i)$ 生成新的用户私钥 sk'_{id} 参与下一轮的计算(即下一轮的解密运算将使用 sk'_{id})，使得之前关于 sk_{id} 的泄露信息对新的私钥 sk'_{id} 是无任何意义的，即敌手获得的泄露信息将重新开始计数。

(6) $RL' \leftarrow \text{Revoke}''(RL, \{id_1, id_2, \cdots, id_n\})$：

若集合 $\{id_1, id_2, \cdots, id_n\}$ 中的身份将被撤销，那么 PKG 通过下述操作对身份撤销列

表进行更新，输出更新后的撤销列表 RL'，即

$$RL'=RL\cup\{id_1, id_2, \cdots, id_n\}$$

(7) $k_{T_{i+1}}\leftarrow$KeyUpdate(RL, id, T_{i+1}, msk)：

当收到身份 $id\in\mathcal{ID}$ 在时间戳 T_{i+1} 的密钥更新询问时，PKG 首先检测身份 id 是否在撤销列表 RL 中，若存在则 PKG 输出⊥，并终止；否则，PKG 执行下列运算。

① 计算 $id'=\mathcal{H}(id, T_{i+1})$ 和 $d_{id}^2\leftarrow\text{KeyGen}_2(msk_2, id')$。

② 输出 $k_{T_{i+1}}=d_{id}^2$。

2. 安全性证明

定理 4-7 假设 Π_1 和 Π_2 分别是 l_k 和 l_v-泄露平滑的 U-IB-HPS，那么，对于任意的轮泄露参数 $\lambda\leqslant l_k+l_v-\omega(\log\kappa)$，上述构造是 CPA 安全的抵抗连续泄露攻击的 RIBE 机制的通用构造。

连续泄露攻击的最大优势是可将连续泄露攻击的问题转化为单轮的有界泄露容忍性，因此定理 4-7 可在证明有界泄露容忍的前提下，基于附加的密钥更新算法获得机制的抗连续泄露性。特别地，抗连续泄露的 RIBE 机制中，通过附加的密钥更新算法将整个 RIBE 机制分成了不同的周期，每个周期结束时通过运行密钥更新算法生成新的用户密钥，使得该周期内产生的泄露信息对新密钥是无意义的。

4.5.4 具有放大连续泄露容忍性的 PKE 机制和 IBE 机制

现有抗泄露密码学机制的构造中所能容忍的泄露上界是一个常数，而实际应用环境的抗泄露需求是各不相同的，当实际泄露量超过机制所能容忍的泄露上界时，相应的构造将失去原有的抗泄露性。本节将设计抗连续泄露 PKE 机制的自适应泄露模式，即根据实际应用环境的抗泄露需求设置 PKE 机制的最大泄露量，这是一种自适应的“按需设置”模式。

令 l_n，l_t，$l_m\leftarrow_R\mathbb{N}$，其中 l_n 是私钥长度参数，l_t 是泄露尺寸参数，l_m 是消息尺寸参数。

令 Π=(Setup′, KeyGen′, Update′, Encap′, Encap′*, Decap′)是身份空间为 $\mathcal{ID}_1$、封装密钥空间为 $\mathcal{K}$ 的 l_k-泄露平滑性 U-IB-HPS；$\mathcal{H}$: $\mathcal{ID}_2\times Z_p^*\leftarrow\mathcal{ID}_1$ 是抗碰撞的单向哈希函数；Fun: $\mathcal{K}^{l_t}\rightarrow\{0, 1\}^{l_m}$ 是一个 $\frac{1}{2^{l_m}}$ 的通用哈希函数。

1. 具有放大连续泄露容忍性的 PKE 机制

下面将介绍一种泄露容忍性增强的 PKE 机制，各算法的具体构造如下所述。

(1) $(pk, sk)\leftarrow$KeyGen(1^κ)：

① 运行($Params$, msk)←Setup′(1^κ)。

② 随机选取 $id\leftarrow_R\mathcal{ID}_2$，对于 $i=1, 2, \cdots, l_n$，计算

$$d_1\leftarrow\text{KeyGen}'(\mathcal{H}(id, i), msk)$$

③ 输出公私钥对(pk, sk)，其中 $pk=(mpk, id)$，$sk=(d_1, d_2, \cdots, d_{l_n})$。

(2) $sk'\leftarrow$Update(sk)：

① 对于 $i=1, 2, \cdots, l_n$，计算

$$d_i'\leftarrow\text{Update}'(d_i)$$

② 输出更新后的私钥 $sk'=(d_1', d_2', \cdots, d_{l_n}')$。

(3) $C \leftarrow \mathrm{Enc}(pk, M)$：

① 选取 $l_t \leftarrow_R \mathbb{N}$，且 $l_t \leqslant l_n$。

② 随机选取 l_t 个随机数 $\boldsymbol{n}=(n_1, n_2, \cdots, n_{l_t})$，并且对于 $i=1, 2, \cdots, l_t$，有 $n_i \leftarrow_R [l_n]$。

③ 对于 $i=1, 2, \cdots, l_t$，计算

$$(c_i, k_i) \leftarrow \mathrm{Encap}(\mathcal{H}(id, n_i))$$

④ 计算 $e=\mathrm{Fun}(k_1, k_2, \cdots, k_{l_t}) \oplus M$。

⑤ 输出加密密文 $C=(\boldsymbol{n}, e, \boldsymbol{c})$ 作为明文 M 的加密密文，其中 $\boldsymbol{c}=(c_1, c_2, \cdots, c_{l_t})$。

(4) $M \leftarrow \mathrm{Dec}(sk, C)$：

① 对于 $i=1, 2, \cdots, l_t$，计算

$$k_i \leftarrow \mathrm{Decap}(c_i, sk_{n_i})$$

② 计算 $M=\mathrm{Fun}(k_1, k_2, \cdots, k_{l_t}) \oplus e$，并输出 M 作为相应密文 $C=(\boldsymbol{n}, e, \boldsymbol{c})$ 的解密结果。

上述构造的正确性可通过底层 U-IB-HPS 和通用哈希函数的正确性获得。由剩余哈希引理(引理 2-4)可知：

$$l_m \leqslant l_t l_k - \lambda - \omega(\log\kappa)$$

因此在上述连续泄露放大的 PKE 机制的通用构造中，泄露参数 $\lambda \leqslant l_t l_k - l_m - \omega(\log\kappa)$ 能够根据实际应用环境的泄露需求通过控制泄露尺寸参数 $l_t (l_t \leqslant l_n)$ 的大小来灵活控制。特别地，上述 PKE 机制通用构造的泄露容忍性来自底层 U-IB-HPS 的抗泄露能力。

2. 具有放大连续泄露容忍性的 IBE 机制

类似地，基于上述方法能够给出抗连续泄露增强的 IBE 机制的通用构造。

(1) $(Params, msk) \leftarrow \mathrm{Setup}(1^\kappa)$：

输出系统公开参数 $Params=(Params', \mathrm{Fun}, l_n)$ 和主私钥 $msk=msk'$，其中

$$(Params', msk') \leftarrow \mathrm{Setup}'(1^\kappa)$$

(2) $sk_{id} \leftarrow \mathrm{KeyGen}(msk, id)$：

① 对于 $i=1, 2, \cdots, l_n$，计算

$$d_i \leftarrow \mathrm{KeyGen}'(\mathcal{H}(id, i), msk)$$

② 输出身份 id 对应的用户私钥 $sk_{id}=(d_1, d_2, \cdots, d_{l_n})$。

(3) $sk'_{id} \leftarrow \mathrm{Update}(sk_{id})$：

① 对于 $i=1, 2, \cdots, l_n$，计算

$$d'_i \leftarrow \mathrm{Update}'(d_i)$$

② 输出更新后的私钥 $sk'_{id}=(d'_1, d'_2, \cdots, d'_{l_n})$。

(4) $C \leftarrow \mathrm{Enc}(id, M)$：

① 选取 $l_t \leftarrow_R \mathbb{N}$，且 $l_t \leqslant l_n$。

② 随机选取 l_t 个随机数 $\boldsymbol{n}=(n_1, n_2, \cdots, n_{l_t})$，并且对于 $i=1, 2, \cdots, l_t$，有 $n_t \leftarrow_R [l_n]$。

③ 对于 $i=1, 2, \cdots, l_t$，计算

$$(c_i, k_i) \leftarrow \mathrm{Encap}(\mathcal{H}(id, n_i))$$

④ 计算 $e=\mathrm{Fun}(k_1, k_2, \cdots, k_{l_t}) \oplus M$。

⑤ 输出加密密文 $C=(\boldsymbol{n}, e, \boldsymbol{c})$ 作为明文 M 的加密密文，其中 $\boldsymbol{c}=(c_1, c_2, \cdots, c_{l_t})$。

(5) $M \leftarrow \mathrm{Dec}(sk_{id}, C)$：

① 对于 $i=1, 2, \cdots, l_t$，计算

$$k_i \leftarrow \text{Decap}(c_i, sk_{n_i})$$

② 计算 $M=\text{Fun}(k_1, k_2, \cdots, k_{l_t}) \oplus e$，并输出 M 作为相应密文 $C=(\boldsymbol{n}, e, \boldsymbol{c})$ 的解密结果。

类似地，上述构造的正确性可通过底层 U-IB-HPS 和通用哈希函数的正确性获得，并且泄露参数 $\lambda \leqslant l_t l_k - l_m - \omega(\log\kappa)$ 能够根据实际应用环境的泄露需求通过控制 $l_t(l_t \leqslant l_n)$ 的大小来灵活控制。

4.6 参考文献

[1] ZHOU Y W, YANG B, MU Y. The generic construction of continuous leakage-resilient identity-based cryptosystems[J]. Theoretical Computer Science, 2019, 772: 1-45.

[2] ZHOU Y W, YANG B, WANG T, et al. Novel updatable identity-based hash proof system and its applications[J]. Theoretical Computer Science, 2020, 804: 1-28.

[3] CHEN R M, MU Y, YANG G M, et al. Strongly leakage-resilient authenticated key exchange[C]. Proceedings of the Cryptographers' Track, San Francisco, CA, USA, 2016: 19-36.

[4] ZHOU Y W, YANG B, Xia Z, et al. Anonymous and updatable identity-based hash proof system[J]. IEEE Systems Journal, 2019, 13(3): 2818-2829.

第5章　双封装密钥身份基哈希证明系统(T-IB-HPS)

通常基于非交互式零知识论证系统、一次性损耗滤波器、一次性签名等密码工具来设计CCA安全的抗泄露IBE机制和抗泄露PKE机制，然而，由于上述工具的计算效率较低，导致传统构造尚未达到理想的计算效率[1]。针对上述不足，Zhou等人[2,3]提出了一个新的密码工具，即双封装密钥身份基哈希证明系统(T-IB-HPS)，并详细介绍了T-IB-HPS的形式化定义及安全属性；同时，基于T-IB-HPS和MAC设计了CCA安全的抗泄露IBE机制和抗泄露PKE机制的新型构造，并对上述构造的CCA安全性进行了形式化证明；为进一步展示上述通用构造的实用性，在T-IB-HPS形式化定义的基础上，设计了两个T-IB-HPS的具体实例，分别基于判定的双线性Diffie-Hellman假设和截短增强的双线性Diffie-Hellman指数假设对相应实例的安全性进行了证明。

本章主要介绍T-IB-HPS的形式化定义及相应的安全属性，同时回顾Zhou等人[2,3]提出的T-IB-HPS的具体实例。此外，还将介绍T-IB-HPS在抗泄露加密机制构造方面的应用。

5.1　算法定义及安全属性

本节介绍T-IB-HPS的形式化定义及安全属性。

5.1.1　T-IB-HPS的形式化定义

一个T-IB-HPS包含5个PPT算法，即Setup、KeyGen、Encap、Encap* 和Decap，算法的具体描述如下所述。

(1) $(mpk, msk) \leftarrow \text{Setup}(1^\kappa)$：

初始化算法Setup以系统安全参数κ为输入，输出相应的系统公开参数mpk和主私钥msk，其中mpk定义了用户身份空间$\mathcal{ID}$、封装密钥空间$\mathcal{K}_1 \times \mathcal{K}_2$、封装密文空间$\mathcal{C}$和用户私钥空间$\mathcal{SK}$。此外，$mpk$也是其他算法(即KeyGen、Encap、Encap* 和Decap)的隐含输入，为了方便起见，下述算法的输入列表并未将其列出。

(2) $d_{id} \leftarrow \text{KeyGen}(msk, id)$：

对于输入的任意身份$id \in \mathcal{ID}$，密钥生成算法KeyGen以主私钥msk作为输入，输出身份id所对应的私钥d_{id}。特别地，每次运行该算法，概率性的密钥生成算法基于不同的随机数为用户生成相应的私钥。

(3) $(C, k_1, k_2) \leftarrow \text{Encap}(id)$：

对于输入的任意身份 $id\in\mathcal{ID}$，有效密文封装算法 Encap 输出相应的封装密文 $C\in\mathcal{C}$ 和封装密钥对 $(k_1, k_2)\in\mathcal{K}_1\times\mathcal{K}_2$，并且 k_1 和 k_2 满足条件 $k_1\neq k_2$ 和 $\mathrm{SD}(k_1, k_2)\leqslant\mathrm{negl}(\kappa)$。

(4) $C^*\leftarrow\mathrm{Encap}^*(id)$：

对于输入的任意身份 $id\in\mathcal{ID}$，无效密文封装算法 Encap^* 输出相应的无效封装密文 $C^*\in\mathcal{C}$。

(5) $(k_1', k_2')\leftarrow\mathrm{Decap}(d_{id}, C)$：

对于确定性的解封装算法 Decap，其输入身份 id 所对应的封装密文 C（或 C^*）和私钥 d_{id}，输出相应的解封装密钥 (k_1', k_2')。

5.1.2 T-IB-HPS 的安全属性

一个 T-IB-HPS 需满足正确性、通用性、平滑性及有效封装密文与无效封装密文的不可区分性。

1. 正确性

对于任意的身份 $id\in\mathcal{ID}$，有

$$\Pr\left[k_1\neq k_1' \text{或} k_2\neq k_2' \,\middle|\, \begin{array}{l}(C, k_1, k_2)\leftarrow\mathrm{Encap}(id)\\(k_1', k_2')\leftarrow\mathrm{Decap}(d_{id}, C)\end{array}\right]\leqslant\mathrm{negl}(\kappa)$$

成立。其中，$(mpk, msk)\leftarrow\mathrm{Setup}(1^\kappa)$，$d_{id}\leftarrow\mathrm{KeyGen}(msk, id)$。

2. 通用性

对于 $(mpk, msk)\leftarrow\mathrm{Setup}(1^\kappa)$ 和任意的身份 $id\in\mathcal{ID}$，当一个 T-IB-HPS 满足下述两个性质时，称该 T-IB-HPS 是 δ-通用的。

(1) 对于 $d_{id}\leftarrow\mathrm{KeyGen}(msk, id)$，有 $H_\infty(d_{id})\geqslant\delta$。

(2) 对于身份 id 对应的任意两个不同的私钥 d_{id}^1 和 d_{id}^2 $(d_{id}^1\neq d_{id}^2)$，有

$$\Pr[\mathrm{Decap}(d_{id}^1, C^*)=\mathrm{Decap}(d_{id}^2, C^*)]\leqslant\mathrm{negl}(\kappa)$$

其中，$C^*\leftarrow\mathrm{Encap}^*(id)$。由于 T-IB-HPS 的密钥生成算法 KeyGen 是概率性算法，因此对同一身份多次执行该算法将产生各不相同的私钥。

3. 平滑性

对于任意身份 $id\in\mathcal{ID}$ 的私钥 d_{id}（其中 $d_{id}\leftarrow\mathrm{KeyGen}(msk, id)$），若有

$$\mathrm{SD}((C^*, k_1, k_2), (C^*, \tilde{k}_1, \tilde{k}_2))\leqslant\mathrm{negl}(\kappa)$$

成立，则称该 T-IB-HPS 是平滑的。其中，$C^*\leftarrow\mathrm{Encap}^*(id)$，$(k_1, k_2)\leftarrow\mathrm{Decap}(d_{id}, C^*)$，$(\tilde{k}_1, \tilde{k}_2)\leftarrow_R\mathcal{K}_1\times\mathcal{K}_2$。

在平滑性的基础上，下面讨论泄露平滑性。令函数 $f:\{0,1\}^*\rightarrow\{0,1\}^\lambda$ 是一个高效可计算的泄露函数，若有关系

$$\mathrm{SD}((C^*, f(d_{id}), k_1, k_2), (C^*, f(d_{id}), \tilde{k}_1, \tilde{k}_2))\leqslant\mathrm{negl}(\kappa)$$

成立，则称相应的 T-IB-HPS 具有抗泄露攻击的平滑性，简称泄露平滑的 T-IB-HPS。

4. 有效封装密文与无效封装密文的不可区分性

对于 T-IB-HPS 而言，有效封装密文与无效封装密文是不可区分的，即使敌手能够获得任意身份（包括挑战身份）的用户私钥。有效封装密文与无效封装密文的不可区分性游戏包括挑战者 $\mathcal{C}$ 和敌手 $\mathcal{A}$ 两个参与者，具体的消息交互过程如下所述。

(1) 初始化：

挑战者 $\mathcal{C}$运行初始化算法$(mpk, msk) \leftarrow \text{Setup}(1^\kappa)$，发送系统公开参数 mpk 给敌手 $\mathcal{A}$，并秘密保存主私钥 msk。

(2) 阶段 1：

敌手 $\mathcal{A}$能够适应性地对身份空间 $\mathcal{ID}$的任意身份 $id \in \mathcal{ID}$进行密钥生成询问(包括挑战身份)，挑战者 $\mathcal{C}$通过运行密钥生成算法 $d_{id} \leftarrow \text{KeyGen}(msk, id)$返回相应的私钥 d_{id}给敌手 $\mathcal{A}$。

(3) 挑战：

对于挑战身份 $id^* \in \mathcal{ID}$，挑战者 $\mathcal{C}$首先计算

$$(C_1, k_1, k_2) \leftarrow \text{Encap}(id^*), C_0 \leftarrow \text{Encap}^*(id^*)$$

然后，发送挑战密文 C_v 给敌手 $\mathcal{A}$，其中 $v \leftarrow_R \{0, 1\}$。

(4) 阶段 2：

与阶段 1 相类似，敌手 $\mathcal{A}$能够适应性地对任意身份 $id \in \mathcal{ID}$进行密钥生成询问(包括挑战身份)，获得挑战者 $\mathcal{C}$返回的相应应答 $d_{id} \leftarrow \text{KeyGen}(msk, id)$。

(5) 输出：

敌手 $\mathcal{A}$输出对 v 的猜测 v'。若 $v'=v$，则称敌手 $\mathcal{A}$在该游戏中获胜，并且挑战者 $\mathcal{C}$输出 $\omega=1$，意味着 $\mathcal{C}$能够区分有效封装密文和无效封装密文；否则，挑战者 $\mathcal{C}$输出 $\omega=0$，意味着 $\mathcal{C}$不能区分有效封装密文和无效封装密文。

在上述有效封装密文与无效封装密文的区分性实验中，敌手 $\mathcal{A}$获胜的优势定义为

$$\text{Adv}_{\text{T-IB-HPS}}^{\text{VI-IND}}(\kappa) = \left| \Pr[\mathcal{A}\, wins] - \frac{1}{2} \right|$$

其中概率来自挑战者和敌手对随机数的选取。对于任意的 PPT 敌手 $\mathcal{A}$，其在上述游戏中获胜的优势是可忽略的，即有 $\text{Adv}_{\text{T-IB-HPS}}^{\text{VI-IND}}(\kappa) \leqslant \text{negl}(\kappa)$成立。

5.1.3　T-IB-HPS 中通用性、平滑性及泄露平滑性之间的关系

下面将讨论通用性、平滑性及泄露平滑性之间的关系。其中，定理 5-1 表明当参数满足相应的限制条件时任意一个通用的 T-IB-HPS 是泄露平滑的，定理 5-2 表明基于平均情况的强随机性提取器可将平滑的 T-IB-HPS 转变成泄露平滑的 T-IB-HPS。

定理 5-1　假设封装密钥空间为 $\mathcal{K}_1 \times \mathcal{K}_2 = \{0, 1\}^{l_1} \times \{0, 1\}^{l_2}$ 的 T-IB-HPS 是 δ-通用的，那么它也是泄露平滑的。其中，泄露参数满足 $\lambda \leqslant \delta - l_1 - l_2 - \omega(\log\kappa)$。

定理 5-1 可由剩余哈希引理(引理 2-4)和广义的剩余哈希引理(引理 2-5)得到。

下面基于平均情况的强随机性提取器给出由平滑的 T-IB-HPS 构造泄露平滑的 T-IB-HPS的通用转换方式。令 $\Pi' = (\text{Setup}', \text{KeyGen}', \text{Encap}', \text{Encap}'^*, \text{Decap}')$是封装密钥空间为 $\mathcal{K}'_1 \times \mathcal{K}'_2 = \{0, 1\}^{l'_1} \times \{0, 1\}^{l'_2}$、身份空间为 $\mathcal{ID}$ 的平滑性 T-IB-HPS；令 $\text{Ext}_1: \{0, 1\}^{l'_1} \times \{0, 1\}^{l_t} \rightarrow \{0, 1\}^{l_1}$是平均情况的$(l'_1 - \lambda, \varepsilon_1)$-强随机性提取器，$\text{Ext}_2: \{0, 1\}^{l'_2} \times \{0, 1\}^{l_t} \rightarrow \{0, 1\}^{l'_2}$是平均情况的$(l'_2 - \lambda, \varepsilon_2)$-强随机性提取器，其中 λ 是泄露参数，ε_1 和 ε_2 在安全参数 κ 上是可忽略的。那么，泄露平滑的 T-IB-HPS 的具体构造 $\Pi = (\text{Setup}, \text{KeyGen}, \text{Encap}, \text{Encap}^*, \text{Decap})$可表述如下。

(1) $(mpk, msk) \leftarrow \text{Setup}(1^\kappa)$：

输出(mpk, msk)，其中$(mpk, msk) \leftarrow \text{Setup}'(1^\kappa)$。

(2) $d_{id} \leftarrow \mathrm{KeyGen}(msk, id)$:

输出 d_{id}，其中 $d_{id} \leftarrow \mathrm{KeyGen}'(msk, id)$。

(3) $(C, k) \leftarrow \mathrm{Encap}(id)$:

① 计算$(C', k'_1, k'_2) \leftarrow \mathrm{Encap}'(id)$。

② 随机选取 $S_1, S_2 \leftarrow_R \{0, 1\}^{l_t}$，并计算 $k_1 = \mathrm{Ext}_1(k'_1, S_1)$，$k'_2 = \mathrm{Ext}_2(k'_2, S_2)$。

③ 输出封装密文 $C = (C', S_1, S_2)$及相应的封装密钥(k_1, k_2)。

(4) $C^* \leftarrow \mathrm{Encap}^*(id)$:

① 随机选取 $S_1, S_2 \leftarrow_R \{0, 1\}^{l_t}$，并计算 $C' \leftarrow \mathrm{Encap}'^*(id)$。

② 输出 $C^* = (C', S_1, S_2)$。

(5) $(k_1, k_2) \leftarrow \mathrm{Decap}(d_{id}, C)$:

① 计算$(k'_1, k'_2) \leftarrow \mathrm{Decap}'(d_{id}, C')$，$k_1 = \mathrm{Ext}_1(k'_1, S_1)$和 $k_2 = \mathrm{Ext}_2(k'_2, S_2)$。

② 输出相应的解封装结果(k_1, k_2)。

定理 5-2 假设 Π' 是封装密钥空间为 $\mathcal{K}'_1 \times \mathcal{K}'_2 = \{0, 1\}^{l'_1} \times \{0, 1\}^{l'_2}$ 的平滑性 T-IB-HPS，$\mathrm{Ext}_1: \{0, 1\}^{l'_1} \times \{0, 1\}^{l_t} \to \{0, 1\}^{l_1}$ 是平均情况的$(l'_1 - \lambda, \varepsilon_1)$-强随机性提取器，$\mathrm{Ext}_2: \{0, 1\}^{l'_2} \times \{0, 1\}^{l_t} \to \{0, 1\}^{l_2}$ 是平均情况的$(l'_2 - \lambda, \varepsilon_2)$-强随机性提取器，那么，当 $\lambda \leqslant \min\{l'_1 - l_1 - \omega(\log\kappa), l'_2 - l_2 - \omega(\log\kappa)\}$时，上述通用转换可生成一个封装密钥空间为 $\mathcal{K}_1 \times \mathcal{K}_2 = \{0, 1\}^{l_1} \times \{0, 1\}^{l_2}$ 的 λ-泄露平滑性 T-IB-HPS。

证明 T-IB-HPS 实例 $\Pi = (\mathrm{Setup}, \mathrm{KeyGen}, \mathrm{Encap}, \mathrm{Encap}^*, \mathrm{Decap})$的正确性、通用性及有效封装密文与无效封装密文的不可区分性均可由底层的 T-IB-HPS Π'获得。下面将详细证明泄露平滑性。

令 $f: \{0, 1\}^* \to \{0, 1\}^\lambda$ 是输出长度为 λ 的任意泄露函数。此外，定义一个函数 $f'(C^*, k_1, k_2)$，它通过输入私钥 d_{id} 运行解封装算法 Decap，从无效封装密文 C^* 中输出相应的解封装结果 k'_1和 k'_2，同时输出私钥的泄露信息 $f(d_{id})$，也就是说

$$f'(C^*, k'_1, k'_2) \equiv \{\text{输出}(k'_1, k'_2) = \mathrm{Decap}(d_{id}, C^*)\text{和 } f(d_{id})\}$$

定义敌手的视图为$(C^*, f(d_{id}), k_1, k_2)$，其中 $k_1 = \mathrm{Ext}_1(k'_1, S_1)$，$k_2 = \mathrm{Ext}_2(k'_2, S_2)$，$(k'_1, k'_2) = \mathrm{Decap}(d_{id}, C^*)$，即解封装算法的输出 k'_1和 k'_2同时分别是强随机性提取器 Ext_1 和 Ext_1 的输入。

对于任意确定的$(mpk, msk) \leftarrow \mathrm{Setup}(1^\kappa)$和身份 id，有

$$\begin{aligned}
(C^*, f(d_{id}), k_1, k_2) &\equiv (C^*, f(d_{id}), k_1 = \mathrm{Ext}_1(k'_1, S_1), k_2 = \mathrm{Ext}_2(k'_2, S_2)) \\
&\equiv (C^*, f'(C, k'_1, k'_2), k_1 = \mathrm{Ext}_1(k'_1, S_1), k_2 = \mathrm{Ext}_2(k'_2, S_2)) \\
&\approx (C^*, f'(C, U_1, U_2), k_1 = \mathrm{Ext}_1(U_1, S_1), k_2 = \mathrm{Ext}_2(U_2, S_2)) \\
&\approx (C^*, f'(C, U_1, U_2), \tilde{k}_1, k_2 = \mathrm{Ext}_2(U_2, S_2)) \\
&\approx (C^*, f'(C, U_1, U_2), \tilde{k}_1, \tilde{k}_2) \\
&\approx (C^*, f'(C, k'_1, k'_2), \tilde{k}_1, \tilde{k}_2) \\
&\equiv (C^*, f(d_{id}), \tilde{k}_1, \tilde{k}_2)
\end{aligned}$$

其中，$d_{id} = \mathrm{KeyGen}(id, msk)$，$C^* = \mathrm{Encap}^*(id)$，$(k'_1, k'_2) \leftarrow \mathrm{Decap}(C^*, d_{id})$，$U_1 \leftarrow \{0, 1\}^{l'_1}$，$U_2 \leftarrow \{0, 1\}^{l'_2}$，$\tilde{k}_1 \leftarrow_R \{0, 1\}^{l_1}$，$\tilde{k}_2 \leftarrow_R \{0, 1\}^{l_2}$。此外，$S_1 \leftarrow_R \{0, 1\}^{l_t}$和 $S_2 \leftarrow_R \{0, 1\}^{l_t}$ 是强随机性提取器 Ext_1 和 Ext_2 的种子。

第一个和第四个约等号成立是基于底层 T-IB-HPS 的平滑性；强随机性提取器 Ext_1 和 Ext_2 的安全性保证了第二个和第三个约等号成立。因此，可得到

$$\mathrm{SD}((C, f(d_{id}), k_1, k_2), (C, f(d_{id}), \tilde{k}_1, \tilde{k}_2)) \leqslant \mathrm{negl}(\kappa)$$

由于底层的 $\mathrm{Ext}_1:\{0, 1\}^{l'_1} \times \{0, 1\}^{l_t} \to \{0, 1\}^{l_1}$ 和 $\mathrm{Ext}_2:\{0, 1\}^{l'_2} \times \{0, 1\}^{l_t} \to \{0, 1\}^{l_2}$ 分别是平均情况的 $(l'_1-\lambda, \varepsilon_1)$ 和 $(l'_2-\lambda, \varepsilon_2)$-强随机性提取器，因此有下述关系成立：

$$\lambda \leqslant l'_1 - l_1 - \omega(\log\kappa), \lambda \leqslant l'_2 - l_2 - \omega(\log\kappa)$$

综上所述，当泄露参数满足 $\lambda \leqslant \min\{l'_1 - l_1 - \omega(\log\kappa), l'_2 - l_2 - \omega(\log\kappa)\}$ 时，通过平均情况的强随机性提取器可将平滑性 T-IB-HPS 转化为泄露平滑性 T-IB-HPS。

(定理 5-2 证毕)

5.2　选择身份安全的 T-IB-HPS 实例

本节将介绍 T-IB-HPS 的具体构造，并基于 DBDH 假设在选择身份安全模型下对其有效封装密文与无效封装密文的不可区分性进行证明。

5.2.1　具体构造

T-IB-HPS 的实例 Π=(Setup, KeyGen, Encap, Encap*, Decap)具体包含下述算法。

(1) $(Params, msk) \leftarrow \mathrm{Setup}(1^\kappa)$：

① 运行群生成算法 $\mathcal{G}(1^\kappa)$，输出相应的元组 $(p, G, g, G_T, e(\cdot))$。其中，G 是阶为大素数 p 的乘法循环群，g 是群 G 的生成元，$e: G \times G \to G_T$ 是高效可计算的双线性映射。

② 随机选取 $\alpha, \beta, \eta \leftarrow_R Z_p^*$，并计算 $e(g, g)^\alpha$、$e(g, g)^\beta$ 和 $e(g, g)^\eta$。

③ 随机选取 $u, h \leftarrow_R G$，公开系统参数 $Params$，并计算主私钥 $msk=(g^\alpha, g^\beta, g^\eta)$，其中 $Params=\{p, G, g, G_T, e(\cdot), u, h, e(g, g)^\alpha, e(g, g)^\beta, e(g, g)^\eta\}$。

特别地，身份空间为 $\mathcal{ID}=Z_p^*$，封装密钥空间为 $\mathcal{K}_1 \times \mathcal{K}_2 = G_T \times G_T$。

(2) $d_{id} \leftarrow \mathrm{KeyGen}(msk, id)$：

① 随机选取 $r, t \leftarrow_R Z_p^*$，并计算

$$d_1 = g^\alpha g^{-\eta t}(u^{id}h)^r, d_2 = g^\beta g^{-\eta t}(u^{id}h)^r, d_3 = g^{-r}, d_4 = t$$

② 输出身份 id 所对应的私钥 $d_{id}=(d_1, d_2, d_3, d_4)$。

(3) $(C, k_1, k_2) \leftarrow \mathrm{Encap}(id)$：

① 随机选取 $z \leftarrow_R Z_p^*$，并计算

$$c_1 = g^z, c_2 = (u^{id}h)^z, c_3 = e(g, g)^{\eta z}$$

② 计算 $k_1 = e(g, g)^{\alpha z}$ 和 $k_2 = e(g, g)^{\beta z}$。

③ 输出有效封装密文 $C=(c_1, c_2, c_3)$ 和封装密钥对 (k_1, k_2)。

(4) $C \leftarrow \mathrm{Encap}^*(id)$：

① 随机选取 $z, z' \leftarrow_R Z_p^* (z \neq z')$，并计算

$$c_1 = g^z, c_2 = (u^{id}h)^z, c_3 = e(g, g)^{\eta z'}$$

② 输出无效封装密文 $C=(c_1, c_2, c_3)$。

(5) $(k'_1, k'_2) \leftarrow \mathrm{Decap}(d_{id}, C)$：

① 计算

$$k'_1=e(c_1, d_1)e(c_2, d_3)c_3^{d_4}, k'_2=e(c_1, d_2)e(c_2, d_3)c_3^{d_4}$$

② 输出相应的解封装密钥对(k'_1, k'_2)。

5.2.2 正确性

由下述等式可获得上述T-IB-HPS实例的正确性，即

$$\begin{aligned}k'_1&=e(c_1, d_1)e(c_2, d_3)c_3^{d_4}\\&=e(g^z, g^\alpha g^{-\eta t}(u^{id}h)^r)e((u^{id}h)^z, g^{-r})e(g, g)^{\eta zt}\\&=e(g, g)^{\alpha z}\\k'_2&=e(c_1, d_2)e(c_2, d_3)c_3^{d_4}\\&=e(g^z, g^\beta g^{-\eta t}(u^{id}h)^r)e((u^{id}h)^z, g^{-r})e(g, g)^{\eta zt}\\&=e(g, g)^{\beta z}\end{aligned}$$

特别地，由$\alpha\neq\beta$可知$k'_1\neq k'_2$，并且由α和β的随机性确保了k'_1和k'_2的随机性。

5.2.3 通用性

对于身份id的私钥$d_{id}=(d_1, d_2, d_3, d_4)=(g^\alpha g^{-\eta t}(u^{id}h)^r, g^\beta g^{-\eta t}(u^{id}h)^r, g^{-r}, t)$及相应的无效封装算法Encap*输出的无效封装密文$C'=(c_1, c_2, c_3)=(g^z, (u^{id}h)^z, e(g, g)^{\eta z'})$，由解封装算法$(k'_1, k'_2)\leftarrow \text{Decap}(d^{id}, C)$可知：

$$\begin{aligned}k'_1&=e(c_1, d_1)e(c_2, d_3)c_3^{d_4}\\&=e(g^z, g^\alpha g^{-\eta t}(u^{id}h)^r)e((u^{id}h)^z, g^{-r})e(g, g)^{\eta z' t}\\&=e(g, g)^{\alpha z}e(g, g)^{\eta t(z'-z)}\\k'_2&=e(c_1, d_2)e(c_2, d_3)c_3^{d_4}\\&=e(g^z, g^\beta g^{-\eta t}(u^{id}h)^r)e((u^{id}h)^z, g^{-r})e(g, g)^{\eta z' t}\\&=e(g, g)^{\beta z}e(g, g)^{\eta t(z'-z)}\end{aligned}$$

由此可见，无效封装密文$C'=(c_1, c_2, c_3)$的解封装结果中包含了相应私钥$d_{id}=(d_1, d_2, d_3, d_4)$的底层随机数$t$。由于同一身份$id$的不同私钥$d_{id}$和$d'_{id}$是由不同的底层随机数$t$和$t'$生成的，因此，对于任意的敌手而言，同一身份$id$的不同私钥$d_{id}$和$d'_{id}$对同一无效封装密文$C'=(c_1, c_2, c_3)$的解封装结果的视图是各不相同的，即有下述关系成立：

$$\Pr[\text{Decap}(d_{id}, C')=\text{Decap}(d'_{id}, C')]\leqslant \text{negl}(\kappa)$$

5.2.4 平滑性

对于身份id的私钥d_{id}及相应的无效封装算法Encap*输出的无效封装密文$C'=(c_1, c_2, c_3)$，由通用性可知$k'_1=e(g, g)^{\alpha z}e(g, g)^{\eta t(z'-z)}$和$k'_2=e(g, g)^{\beta z}e(g, g)^{\eta t(z'-z)}$。对于任意的敌手而言，参数$\alpha$、$\beta$、$\eta$、$t$、$z$和$z'$都是从$Z_p^*$中均匀随机选取的。换句话说，在敌手看来$k'_1$和$k'_2$都是均匀随机的。综上所述，有下述关系成立：

$$\text{SD}((C', k'_1, k'_2), (C', \tilde{k}_1, \tilde{k}_2))\leqslant \text{negl}(\kappa)$$

其中，$\tilde{k}_1\leftarrow_R G_T$，$\tilde{k}_2\leftarrow_R G_T$。换句话说，在T-IB-HPS中，对于任意的无效封装密文，解封装算法输出封装密钥空间上的两个随机值。

5.2.5 有效封装密文与无效封装密文的不可区分性

定理 5-3 对于上述 T-IB-HPS 的实例，在选择身份安全模型下，若存在一个 PPT 敌手 A 在多项式时间内能以不可忽略的优势 $\mathrm{Adv}^{\mathrm{VI\text{-}IND}}_{\mathrm{T\text{-}IB\text{-}HPS},\mathcal{A}}(\kappa)$ 区分有效封装密文与无效封装密文，那么就能够构造一个敌手 $\mathcal{B}$ 在多项式时间内能以优势 $\mathrm{Adv}^{\mathrm{DBDH}}_{\mathcal{B}}(\kappa) \geqslant \mathrm{Adv}^{\mathrm{VI\text{-}IND}}_{\mathrm{T\text{-}IB\text{-}HPS},\mathcal{A}}(\kappa)$ 攻破 DBDH 假设。

证明 敌手 $\mathcal{B}$ 与敌手 $\mathcal{A}$ 开始有效封装密文与无效封装密文区分性游戏之前，敌手 $\mathcal{B}$ 从 DBDH 假设的挑战者处获得一个 DBDH 挑战元组$(g, g^a, g^b, g^c, T_\omega)$及相应的公开元组$(p, G, g, G_T, e(\cdot))$，其中 $a, b, c, c' \leftarrow Z_p^*$，$\omega \leftarrow_R (0,1)$，$T_1 = e(g, g)^{abc}$，$T_0 = e(g, g)^{abc'}$。根据选择身份安全模型的要求，在游戏开始之前，敌手 $\mathcal{A}$ 将选定的挑战身份 id^* 发送给敌手 $\mathcal{B}$。敌手 $\mathcal{A}$ 与敌手 $\mathcal{B}$ 之间的消息交互过程具体如下所述。

(1) 初始化：

初始化阶段敌手 $\mathcal{B}$ 执行下述操作。

① 令 $u = g^a$，随机选取 $\tilde{h} \leftarrow_R Z_p^*$，计算 $h = (g^a)^{-id^*} g^{\tilde{h}}$。

② 随机选取 $\tilde{\alpha}, \tilde{\beta}, t^* \leftarrow_R Z_p^*$，计算

$$e(g, g)^\eta = e(g^a, g^b),\ e(g, g)^\alpha = e(g^a, g^b)^{t^*} e(g^a, g^b)^{\tilde{\alpha}},$$
$$e(g, g)^\beta = e(g^a, g^b)^{t^*} e(g^a, g^b)^{\tilde{\beta}}$$

特别地，通过上述运算敌手 $\mathcal{B}$ 隐含地设置了 $\eta = ab$、$\alpha = \eta t^* + \tilde{\alpha}$ 和 $\beta = \eta t^* + \tilde{\beta}$。

③ 发送公开参数 $Params = \{q, G, g, G_T, e(\cdot), u, h, e(g, g)^\alpha, e(g, g)^\beta, e(g, g)^\eta\}$ 给敌手$\mathcal{A}$。

特别地，$\tilde{\alpha}$、$\tilde{\beta}$ 和 t^* 由敌手 $\mathcal{B}$ 从 Z_p^* 中均匀随机选取，a 和 b 是由 DBDH 挑战者从 Z_p^* 中均匀随机选取的。因此，对于敌手 $\mathcal{A}$ 而言，$Params$ 中的所有公开参数都是均匀随机的，即模拟游戏与真实环境是不可区分的。

(2) 阶段 1：

敌手 $\mathcal{A}$ 能够适应性地对身份空间 $\mathcal{ID}$ 的任意身份 $id \in \mathcal{ID}$ 进行密钥生成询问(包括挑战身份 id^*)，敌手 $\mathcal{B}$ 分下述两种情况处理敌手 $\mathcal{A}$ 关于身份 id 的密钥生成询问。

① $id \neq id^*$。敌手 $\mathcal{B}$ 随机选取 $\tilde{r}, \tilde{t} \leftarrow_R Z_p^*$，输出身份 id 相对应的私钥，即

$$\begin{aligned} d_{id} &= (d_1, d_2, d_3, d_4) \\ &= \left(g^{\tilde{\alpha}} (g^b)^{\frac{-\tilde{h}\tilde{t}}{id - id^*}} (u^{id} h)^{\tilde{r}},\ g^{\tilde{\beta}} (g^b)^{\frac{-\tilde{h}\tilde{t}}{id - id^*}} (u^{id} h)^{\tilde{r}},\ g^{-\tilde{r}} (g^b)^{\frac{\tilde{t}}{id - id^*}},\ t^* - \tilde{t}\right) \end{aligned}$$

对于任意随机的 $\tilde{r}$，$\tilde{t} \leftarrow_R Z_p^*$，存在 $r, t \in Z_p^*$，满足 $r = \tilde{r} - \dfrac{b\tilde{t}}{id - id^*}$ 和 $t = t^* - \tilde{t}$，则有

$$\begin{aligned} g^{\tilde{\alpha}} (g^b)^{\frac{-\tilde{h}\tilde{t}}{id - id^*}} (u^{id} h)^{\tilde{r}} &= g^{abt^* + \tilde{\alpha}} (g^{-abt^* + ab\tilde{t}}) g^{-ab\tilde{t}} (g^b)^{\frac{-\tilde{h}\tilde{t}}{id - id^*}} (u^{id} h)^{\tilde{r}} \\ &= g^\alpha (g^{-abt^* + ab\tilde{t}}) g^{-ab\tilde{t}} (g^{\tilde{h}})^{\frac{-b\tilde{t}}{id - id^*}} (u^{id} h)^{\tilde{r}} \\ &= g^\alpha (g^{ab})^{-(t^* - \tilde{t})} (g^{a(id - id^*)} g^{\tilde{h}})^{\frac{-b\tilde{t}}{id - id^*}} (u^{id} h)^{\tilde{r}} \\ &= g^\alpha (g^{ab})^{-(t^* - \tilde{t})} (u^{id} h)^{\frac{-b\tilde{t}}{id - id^*}} (u^{id} h)^{\tilde{r}} \\ &= g^\alpha (g^{ab})^{-(t^* - \tilde{t})} (u^{id} h)^{\tilde{r} - \frac{b\tilde{t}}{id - id^*}} \end{aligned}$$

$$=g^{\alpha}g^{-\eta t}(u^{id}h)^{r}$$

$$g^{\tilde{\beta}}(g^{b})^{\frac{-\tilde{h}\tilde{t}}{id-id^{*}}}(u^{id}h)^{\tilde{r}}=g^{abt^{*}+\tilde{\beta}}(g^{-abt^{*}+ab\tilde{t}})g^{-ab\tilde{t}}(g^{b})^{\frac{-\tilde{h}\tilde{t}}{id-id^{*}}}(u^{id}h)^{\tilde{r}}$$

$$=g^{\beta}(g^{-abt^{*}+ab\tilde{t}})g^{-ab\tilde{t}}(g^{\tilde{h}})^{\frac{-b\tilde{t}}{id-id^{*}}}(u^{id}h)^{\tilde{r}}$$

$$=g^{\beta}g^{-\eta t}(u^{id}h)^{r}$$

$$g^{-\tilde{r}}(g^{b})^{\frac{\tilde{t}}{id-id^{*}}}=g^{-\left(\tilde{r}-\frac{b\tilde{t}}{id-id^{*}}\right)}=g^{-r}$$

因此，敌手 $\mathcal{B}$ 输出了身份 id 对应的有效私钥 d_{id}。

② $id=id^{*}$。敌手 $\mathcal{B}$ 随机选取 $r^{*}\leftarrow_{R}Z_{p}^{*}$，输出身份 id 相对应的私钥

$$d_{id}=(d_1,d_2,d_3,d_4)=(g^{\tilde{\alpha}}(u^{id}h)^{r^{*}},g^{\tilde{\beta}}(u^{id}h)^{r^{*}},g^{-r^{*}},t^{*})$$

由于 $g^{\tilde{\alpha}}(u^{id}h)^{r^{*}}=g^{\alpha-\eta t^{*}}(u^{id}h)^{r^{*}}=g^{\alpha}g^{-\eta t^{*}}(u^{id}h)^{r^{*}}$ 和 $g^{\tilde{\beta}}(u^{id}h)^{r^{*}}=g^{\beta-\eta t^{*}}(u^{id}h)^{r^{*}}=g^{\beta}g^{-\eta t^{*}}(u^{id}h)^{r^{*}}$，因此敌手 $\mathcal{B}$ 输出了挑战身份 id^{*} 对应的有效私钥 $d_{id^{*}}$。

(3) 挑战：

敌手 $\mathcal{B}$ 首先计算 $c_1=g^{c}$，$c_2=(g^{c})^{\tilde{h}}$ 和 $c_3=T_{\omega}$，然后输出挑战密文 $C^{*}=(c_1,c_2,c_3)$ 给敌手 $\mathcal{A}$，其中 $(u^{id^{*}}h)^{c}=((g^{a})^{id^{*}}(g^{a})^{-id^{*}}g^{\tilde{h}})^{c}=(g^{c})^{\tilde{h}}$。

下面分两种情况来讨论挑战密文 $C^{*}=(c_1,c_2,c_3)$。

① 当 $T_{\omega}=e(g,g)^{abc}$ 时，有 $c_3=e(g,g)^{abc}=e(g,g)^{\eta c}$，那么，挑战密文 $C^{*}=(c_1,c_2,c_3)$ 是关于挑战身份 id^{*} 的有效封装密文。

② 当 $T_{\omega}=e(g,g)^{abc'}$ 时，有 $c_3=e(g,g)^{abc'}=e(g,g)^{\eta c'}$，那么，挑战密文 $C^{*}=(c_1,c_2,c_3)$ 是关于挑战身份 id^{*} 的无效封装密文。

(4) 阶段 2：

与阶段 1 相类似，敌手 $\mathcal{A}$ 能够适应性地对任意身份 $id\in\mathcal{ID}$ 进行密钥生成询问(包括挑战身份 id^{*})，敌手 $\mathcal{B}$ 按与阶段 1 相同的方式返回相应的应答 d_{id}。

(5) 输出：

敌手 $\mathcal{A}$ 输出对 v 的猜测 v'。若 $v'=v$，则敌手 $\mathcal{B}$ 输出 $\omega=1$，意味着 $\mathcal{B}$ 能够解决 DBDH 假设；否则，敌手 $\mathcal{B}$ 输出 $\omega=0$，意味着 $\mathcal{B}$ 不能解决 DBDH 假设。

综上所述，若敌手 $\mathcal{A}$ 能以不可忽略的优势 $\mathrm{Adv}_{\text{T-IB-HPS},\mathcal{A}}^{\text{VI-IND}}(\kappa)$ 区分有效封装密文与无效封装密文，并且敌手 $\mathcal{B}$ 将敌手 $\mathcal{A}$ 以子程序的形式运行，那么敌手 $\mathcal{B}$ 能以显而易见的优势 $\mathrm{Adv}_{\mathcal{B}}^{\text{DBDH}}(\kappa)\geq\mathrm{Adv}_{\text{T-IB-HPS},\mathcal{A}}^{\text{VI-IND}}(\kappa)$ 攻破 DBDH 假设。

(定理 5-3 证毕)

5.3 适应性安全的 T-IB-HPS 实例

鉴于选择身份的安全性较弱，为进一步达到更强的安全性，基于 Gentry 提出的 IBE 机制[4]，本节设计了具有适应性安全的 T-IB-HPS，并在标准模型下基于 q-ABDHE 假设对其安全性进行了证明。

5.3.1 具体构造

T-IB-HPS 的实例 Π=(Setup, KeyGen, Encap, Encap*, Decap)具体包含下述算法。

(1) $(Params, msk) \leftarrow \mathrm{Setup}(1^\kappa)$：

① 运行群生成算法 $\mathcal{G}(1^\kappa)$，输出相应的元组$(p, G, g, G_T, e(\cdot))$，其中 G 是阶为大素数 p 的乘法循环群，g 是群 G 的生成元，$e: G\times G \to G_T$ 是高效可计算的双线性映射。

② 随机选取 $\alpha \leftarrow_R Z_p^*$，并计算 $g_1 = g^\alpha$。

③ 随机选取 $g_2, g_3 \leftarrow_R G$，公开系统参数 $Params$，并计算主私钥 $msk=\alpha$，其中 $Params=\{p, G, g, G_T, e(\cdot), g_1, g_2, g_3\}$。

特别地，身份空间为 $\mathcal{ID}=Z_p \backslash \{\alpha\}$，封装密钥空间为 $\mathcal{K}_1\times\mathcal{K}_2=G_T\times G_T$。

(2) $d_{id} \leftarrow \mathrm{KeyGen}(msk, id)$：

① 随机选取 $r, t \leftarrow_R Z_p^*$，并计算

$$d_1=(g_2 g^{-r})^{\frac{1}{\alpha-id}},\ d_2=(g_3 g^{-t})^{\frac{1}{\alpha-id}},\ d_3=r,\ d_4=t$$

② 输出身份 id 所对应的私钥 $d_{id}=(d_1, d_2, d_3, d_4)$。

(3) $(C, k_1, k_2) \leftarrow \mathrm{Encap}(id)$：

① 随机选取 $z \leftarrow_R Z_q^*$，并计算

$$c_1=g_1^z (g^{-z})^{id},\ c_2=e(g, g)^z$$

② 计算

$$k_1=e(g, g_2)^z,\ k_2=e(g, g_3)^z$$

③ 输出有效封装密文 $C=(c_1, c_2)$和封装密钥对(k_1, k_2)。

(4) $C \leftarrow \mathrm{Encap}^*(id)$：

① 随机选取 $z, z' \leftarrow_R Z_p^* (z\neq z')$，并计算

$$c_1=g_1^z (g^{-z})^{id},\ c_2=e(g, g)^{z'}$$

② 输出无效封装密文 $C=(c_1, c_2)$。

(5) $(k_1', k_2') \leftarrow \mathrm{Decap}(d_{id}, C)$：

① 计算

$$k_1'=e(c_1, d_1) c_2^{d_3},\ k_2'=e(c_1, d_2) c_2^{d_4}$$

② 输出相应的解封装密钥对(k_1', k_2')。

5.3.2 正确性

由下述等式可获得上述 T-IB-HPS 实例的正确性，即

$$\begin{aligned}
k_1' &= e(c_1, d_1) c_2^{d_3} \\
&= e(g_1^z (g^{-z})^{id}, (g_2 g^{-r})^{\frac{1}{\alpha-id}}) e(g, g)^{zr} \\
&= e(g^z, g_2 g^{-r}) e(g, g)^{zr} \\
&= e(g, g_2)^z \\
k_2' &= e(c_1, d_2) c_2^{d_4} \\
&= e(g_1^z (g^{-z})^{id}, (g_3 g^{-t})^{\frac{1}{\alpha-id}}) e(g, g)^{zt} \\
&= e(g^z, g_3 g^{-t}) e(g, g)^{zt} \\
&= e(g, g_3)^z
\end{aligned}$$

特别地，由 $g_2\neq g_3$ 可知 $k_1'\neq k_2'$。

5.3.3 通用性

对于身份 id 的私钥 $d_{id}=(d_1, d_2, d_3, d_4)=\left((g_2g^{-r})^{\frac{1}{\alpha-id}}, (g_3g^{-t})^{\frac{1}{\alpha-id}}, r, t\right)$及相应的无效封装算法 Encap* 输出的无效封装密文 $C'=(c_1, c_2)=\left(g_1^z(g^{-z})^{id}, e(g, g)^{z'}\right)$，由解封装算法$(k_1', k_2')\leftarrow \text{Decap}(d_{id}, C')$可知：

$$\begin{aligned} k_1' &= e(c_1, d_1)c_2^{d_3} \\ &= e\left(g_1^z(g^{-z})^{id}, (g_2g^{-r})^{\frac{1}{\alpha-id}}\right)e(g, g)^{z'r} \\ &= e(g^z, g_2g^{-r})e(g, g)^{z'r} \\ &= e(g, g_2)^z e(g, g)^{r(z'-z)} \\ k_2' &= e(c_1, d_2)c_2^{d_4} \\ &= e\left(g_1^z(g^{-z})^{id}, (g_3g^{-t})^{\frac{1}{\alpha-id}}\right)e(g, g)^{z't} \\ &= e(g^z, g_3g^{-t})e(g, g)^{z't} \\ &= e(g, g_3)^z e(g, g)^{t(z'-z)} \end{aligned}$$

由此可见，无效封装密文 $C'=(c_1, c_2)$的解封装结果中包含了相应用户私钥 $d_{id}=(d_1, d_2, d_3, d_4)$的底层随机数 r 和 t。由于同一身份 id 的不同私钥 d_{id}和 d'_{id}是由不同的底层随机数 r 和 t 生成的，因此，对于任意的敌手而言，同一身份 id 的不同私钥 d_{id}和 d'_{id}对同一无效封装密文 $C'=(c_1, c_2)$的解封装结果的视图是各不相同的，即有下述关系成立：

$$\Pr[\text{Decap}(d_{id}, C')=\text{Decap}(d'_{id}, C')]\leqslant \text{negl}(\kappa)$$

5.3.4 平滑性

对于身份 id 的用户私钥 d_{id}及相应的无效封装算法 Encap* 输出的无效封装密文 $C'=(c_1, c_2)$，由通用性可知 $k_1'=e(g, g_2)^z e(g, g)^{r(z'-z)}$和 $k_2'=e(g, g_3)^z e(g, g)^{t(z'-z)}$。对于任意的敌手而言，参数 r、t、z 和 z'都是从 Z_p^* 中均匀随机选取的。换句话说，在敌手看来 k_1'和 k_2'都是均匀随机的。综上所述，有下述关系成立：

$$\text{SD}((C', k_1', k_2'), (C', \tilde{k}_1, \tilde{k}_2))\leqslant \text{negl}(\kappa)$$

其中，$\tilde{k}_1\leftarrow_R G_T$，$\tilde{k}_2\leftarrow_R G_T$。

5.3.5 有效封装密文与无效封装密文的不可区分性

定理 5-4 对于上述 T-IB-HPS 的实例，若存在一个 PPT 敌手 $\mathcal{A}$ 在多项式时间内能以不可忽略的优势 $\text{Adv}_{\text{T-IB-HPS}, \mathcal{A}}^{\text{VI-IND}}(\kappa)$区分有效封装密文与无效封装密文，那么就能够构造一个敌手 $\mathcal{B}$ 在多项式时间内以显而易见的优势 $\text{Adv}_{\mathcal{B}}^{q\text{-ABDHE}}(\kappa)$攻破 q-ABDHE 假设，其中 $\text{Adv}_{\mathcal{B}}^{q\text{-ABDHE}}(\kappa)\geqslant \text{Adv}_{\text{T-IB-HPS}, \mathcal{A}}^{\text{VI-IND}}(\kappa)$。

证明 敌手 $\mathcal{B}$ 与敌手 $\mathcal{A}$ 开始有效封装密文与无效封装密文区分性游戏之前，敌手 $\mathcal{B}$ 从挑战者处获得 q-ABDHE 假设的一个挑战元组 $\mathcal{T}_\omega=(g, g^a, g^{a^2}, \cdots, g^{a^q}, g', g'^{a^{q+2}}, Z)$及相应的公开元组$(p, G, g, G_T, e(\cdot))$，其中 $Z=e(g^{a^{q+1}}, g')$或者 $Z=e(g^{a^{q+1}}, g')e(g, g)^{\beta}$。

敌手 $\mathcal{A}$ 与敌手 $\mathcal{B}$ 之间的消息交互过程具体如下所述。

(1) 初始化：

初始化阶段敌手 $\mathcal{B}$ 执行下述操作。

① 构造两个 q 阶的随机多项式 $f_1(x)\in Z_p[x]$ 和 $f_2(x)\in Z_p[x]$，计算 $g_2=g^{f_1(a)}$ 和 $g_3=g^{f_2(a)}$。换句话说，用已知元组$(g, g^a, g^{a^2}, \cdots, g^{a^q})$分别计算 g_2 和 g_3。

② 令 $g_1=g^a$，然后发送公开参数 $Params=\{p, G, g, G_T, e(\cdot), g_1, g_2, g_3\}$给敌手 $\mathcal{A}$。

特别地，g、a、$f_1(x)$和 $f_2(x)$都是均匀随机选取的，因此，对于敌手 $\mathcal{A}$ 而言，$Params$ 中的所有公开参数都是均匀随机的，即模拟游戏与真实环境中的游戏是不可区分的。

(2) 阶段 1：

敌手 $\mathcal{A}$ 能够适应性地对身份空间 $\mathcal{ID}$ 中的任意身份 $id\in\mathcal{ID}$ 进行密钥生成询问(包括挑战身份 id^*)，敌手 $\mathcal{B}$ 分下述两种情况处理敌手 $\mathcal{A}$ 关于身份 id 的密钥生成询问。

① $id=a$。敌手 $\mathcal{B}$ 可使用 id 立刻解决 q-ABDHE 假设。特别地，敌手很容易通过判断等式 $g^{id}=g^a$ 是否成立完成对 $id=a$ 的判断。

② $id\neq a$。敌手 $\mathcal{B}$ 首先生成两个 $q-1$ 阶的多项式

$$F_1(x)=\frac{f_1(x)-f_1(id)}{x-id},\ F_2(x)=\frac{f_2(x)-f_2(id)}{x-id}$$

然后返回 $d_{id}=(d_1, d_2, d_3, d_4)=(g^{F_1(a)}, g^{F_2(a)}, f_1(id), f_2(id))$作为身份 id 所对应的用户私钥。由于 $g^{F_1(a)}=(g^{f_1(a)-f_1(id)})^{\frac{1}{a-id}}=(g_2g^{-f_1(id)})^{\frac{1}{a-id}}$ 和 $g^{F_2(a)}=(g^{f_2(a)-f_2(id)})^{\frac{1}{a-id}}=(g_3g^{-f_2(id)})^{\frac{1}{a-id}}$，因此敌手 $\mathcal{B}$ 输出了身份 id 对应的有效私钥 d_{id}。

(3) 挑战：

敌手 $\mathcal{B}$ 收到来自敌手 $\mathcal{A}$ 的挑战身份 id^* 之后，首先令 $f(x)=x^{q+2}$ 和 $F(x)=\dfrac{f(x)-f(id^*)}{x-id^*}$(其中 $f(x)$和 $F(x)$分别是 $q+2$ 阶和 $q+1$ 阶的多项式)；然后计算

$$c_1=(g')^{f(a)-f(id^*)},\ c_2=Ze\left(g', \prod_{i=0}^{q}g^{\eta_i a^i}\right)$$

其中，η_i 表示多项式 $F(x)$中 x^i 项的系数且 $\eta_{q+1}=1$；最后输出挑战密文 $C^*=(c_1, c_2)$给敌手 $\mathcal{A}$。

令 $s=(\log_g g')f(a)$，下面分两种情况来讨论挑战密文 $C^*=(c_1, c_2)$。

① $Z=e(g^{a^{q+1}}, g')$。在这种情况下，有 $c_1=(g')^{f(a)-f(id^*)}=g^{\log_g g'(f(a)-f(id^*))}=g^{s(a-id^*)}$ 和 $c_2=Ze\left(g', \prod_{i=0}^{q}g^{\eta_i a^i}\right)=e(g^{a^{q+1}}, g')e\left(g', \prod_{i=0}^{q}g^{\eta_i a^i}\right)=e(g, g)^s$。由于 $\log_g g'$是均匀随机的，故 $s=(\log_g g')F(a)$对于敌手 $\mathcal{A}$ 而言是均匀随机的。因此，当 $Z=e(g^{a^{q+1}}, g')$时，挑战密文 $C^*=(c_1, c_2)$是关于挑战身份 id^* 的有效封装密文。

② $Z=e(g^{a^{q+1}}, g')e(g, g)^\beta$。在这种情况下，有 $c_2=e(g, g)^{s+\beta}$，因此，当 $Z\leftarrow_R G_T$ 时，挑战密文 $C^*=(c_1, c_2)$是关于挑战身份 id^* 的无效封装密文。

(4) 阶段 2：

与阶段 1 相类似，敌手 $\mathcal{A}$ 能够适应性地对任意身份 $id\in\mathcal{ID}$ 进行密钥生成询问(包括挑战身份 id^*)，敌手 $\mathcal{B}$ 按与阶段 1 相同的方式返回相应的应答 d_{id}。

(5) 输出：

敌手 $\mathcal{A}$ 输出对 υ 的猜测 υ'。若 $\upsilon'=\upsilon$，则敌手 $\mathcal{B}$ 输出 $\omega=1$，意味着 $\mathcal{B}$ 能够解决 q-ABDHE

假设；否则，敌手 $\mathcal{B}$ 输出 $\omega=0$，意味着 $\mathcal{B}$ 不能解决 q-ABDHE 假设。

综上所述，如果敌手 $\mathcal{A}$ 能以不可忽略的优势 $\mathrm{Adv}_{\text{T-IB-HPS}, \mathcal{A}}^{\text{VI-IND}}(\kappa)$ 区分有效封装密文与无效封装密文，并且敌手 $\mathcal{B}$ 将敌手 $\mathcal{A}$ 以子程序的形式运行，那么敌手 $\mathcal{B}$ 能以显而易见的优势 $\mathrm{Adv}_{\mathcal{B}}^{q\text{-ABDHE}}(\kappa) \geqslant \mathrm{Adv}_{\text{T-IB-HPS}, \mathcal{A}}^{\text{VI-IND}}(\kappa)$ 攻破 q-ABDHE 假设。

（定理 5-4 证毕）

特别地，由于无法模拟挑战身份的私钥，导致 Waters 所采用的构造 IBE 机制的方法[5]无法在身份基类哈希证明系统的构造中使用，因此基于非静态假设构造的 T-IB-HPS 实例是当前技术所能达到的在素数阶群中设计 T-IB-HPS 实例的最佳结果。类似地，可基于对偶系统加密技术在合数阶双线性群中设计适应性安全的 T-IB-HPS。

5.4 匿名的 T-IB-HPS 实例

类似地，基于 IB-HPS 的匿名性形式化定义（详见 3.4 节），很容易得到 T-IB-HPS 匿名性的形式化定义，此处不再赘述。下面直接给出匿名的 T-IB-HPS 的具体构造。

5.4.1 具体构造

T-IB-HPS 的实例 $\Pi=$(Setup，KeyGen，Encap，Encap*，Decap)具体包含下述算法。

(1) $(Params, msk) \leftarrow \mathrm{Setup}(1^\kappa)$：

① 运行群生成算法 $\mathcal{G}(1^\kappa)$，输出相应的元组$(p, G, g, G_T, e(\cdot))$，其中 G 是阶为大素数 p 的乘法循环群，g 是群 G 的生成元，$e: G\times G \rightarrow G_T$ 是高效可计算的双线性映射。

② 随机选取 $\alpha, \beta, \eta \leftarrow_R Z_p^*$，并计算 $e(g, g)^\alpha$、$e(g, g)^\beta$ 和 $e(g, g)^\eta$。

③ 随机选取 $u, h \leftarrow_R G$，公开系统参数 $Params$，并计算主私钥 $msk=(g^\alpha, g^\beta, g^\eta)$，其中 $Params=\{p, G, g, G_T, e(\cdot), u, h, e(g, g)^\alpha, e(g, g)^\beta, e(g, g)^\eta\}$。

特别地，身份空间为 $\mathcal{ID}=Z_p^*$，封装密钥空间为 $\mathcal{K}_1\times\mathcal{K}_2=G_T\times G_T$。

(2) $d_{id} \leftarrow \mathrm{KeyGen}(msk, id)$：

① 随机选取 $r, t \leftarrow_R Z_p^*$，并计算

$$d_1=(g^\alpha)^{id} g^{-\eta t}(u^{id}h)^r,\ d_2=(g^\beta)^{id} g^{-\eta t}(u^{id}h)^r,\ d_3=g^{-r},\ d_4=t$$

② 输出身份 id 所对应的私钥 $d_{id}=(d_1, d_2, d_3, d_4)$。

(3) $(C, k_1, k_2) \leftarrow \mathrm{Encap}(id)$：

① 随机选取 $z \leftarrow_R Z_p^*$，并计算

$$c_1=g^z,\ c_2=(u^{id}h)^z,\ c_3=e(g, g)^{\eta z}$$

② 计算 $k_1=e(g, g)^{\alpha\cdot z\cdot id}$ 和 $k_2=e(g, g)^{\beta\cdot z\cdot id}$。

③ 输出有效封装密文 $C=(c_1, c_2, c_3)$ 和封装密钥对(k_1, k_2)。

(4) $C \leftarrow \mathrm{Encap}^*(id)$：

① 随机选取 $z, z' \leftarrow_R Z_p^*$ $(z\neq z')$，并计算

$$c_1=g^z,\ c_2=(u^{id}h)^z,\ c_3=e(g, g)^{\eta z'}$$

② 输出无效封装密文 $C=(c_1, c_2, c_3)$。

(5) $(k_1', k_2') \leftarrow \text{Decap}(d_{id}, C)$：

① 计算

$$k_1' = e(c_1, d_1)e(c_2, d_3)c_3^{d_4}, \quad k_2' = e(c_1, d_2)e(c_2, d_3)c_3^{d_4}$$

② 输出相应的解封装密钥对(k_1', k_2')。

5.4.2　正确性

由下述等式可获得上述 T-IB-HPS 实例的正确性，即

$$\begin{aligned} k_1' &= e(c_1, d_1)e(c_2, d_3)c_3^{d_4} \\ &= e(g^z, (g^\alpha)^{id} g^{-\eta t}(u^{id}h)^r)e((u^{id}h)^z, g^{-r})e(g, g)^{\eta z t} \\ &= e(g, g)^{\alpha \cdot z \cdot id} \\ k_2' &= e(c_1, d_2)e(c_2, d_3)c_3^{d_4} \\ &= e(g^z, (g^\beta)^{id} g^{-\eta t}(u^{id}h)^r)e((u^{id}h)^z, g^{-r})e(g, g)^{\eta z t} \\ &= e(g, g)^{\beta \cdot z \cdot id} \end{aligned}$$

特别地，由 $\alpha \neq \beta$ 可知 $k_1 \neq k_2$，并且由 α 和 β 的随机性确保了 k_1 和 k_2 对任意敌手而言是完全随机的。

5.4.3　匿名性

对于任意的两个身份 id 和 id'，其相对应的用户私钥分别为

$$d_{id} = (d_1, d_2, d_3, d_4) = ((g^\alpha)^{id} g^{-\eta t}(u^{id}h)^r, (g^\beta)^{id} g^{-\eta t}(u^{id}h)^r, g^{-r}, t)$$

$$d_{id'} = (d_1', d_2', d_3', d_4') = ((g^\alpha)^{id'} g^{-\eta t'}(u^{id'}h)^{r'}, (g^\beta)^{id'} g^{-\eta t'}(u^{id'}h)^{r'}, g^{-r'}, t')$$

身份 id 和 id' 对应的无效封装密文分别为

$$C = (c_1, c_2, c_3) = (g^{z_1}, (u^{id}h)^{z_1}, e(g, g)^{\eta z_1'})$$

$$C' = (c_1', c_2', c_3') = (g^{z_2}, (u^{id'}h)^{z_2}, e(g, g)^{\eta z_2'})$$

则，相应的解封装结果分别为

$$\hat{k}_1 = e(c_1, d_1)e(c_2, d_3)c_3^{d_4} = e(g, g)^{\alpha \cdot z_1 \cdot id} e(g, g)^{\eta t(z_1' - z_1)}$$

$$\hat{k}_2 = e(c_1, d_2)e(c_2, d_3)c_3^{d_4} = e(g, g)^{\beta \cdot z_1 \cdot id} e(g, g)^{\eta t(z_1' - z_1)}$$

$$\hat{k}_1' = e(c_1', d_1')e(c_2', d_3')c_3'^{d_4'} = e(g, g)^{\alpha \cdot z_2 \cdot id'} e(g, g)^{\eta t'(z_2' - z_2)}$$

$$\hat{k}_2' = e(c_1', d_2')e(c_2', d_3')c_3'^{d_4'} = e(g, g)^{\beta \cdot z_2 \cdot id'} e(g, g)^{\eta t'(z_2' - z_2)}$$

由于参数 α、β、z_1、z_1'、z_2、z_2'、t 和 t' 是从 Z_p^* 中相互独立且均匀随机选取的，因此有

$$\text{SD}((C, \hat{k}_1, \hat{k}_2), (C', \hat{k}'_1, \hat{k}'_2)) \leqslant \text{negl}(\kappa)$$

特别地，通用性、平滑性和有效封装密文与无效封装密文的不可区分性等安全属性的描述过程与第 4 章相类似，此处不再赘述。

5.5　T-IB-HPS 在抗泄露密码机制中的应用

本节介绍基于 T-IB-HPS 和 MAC 设计 CCA 安全的抗泄露 IBE 机制和抗泄露 PKE 机制的新型构造，并基于 T-IB-HPS 和 MAC 的安全属性，对通用构造的 CCA 安全性进行形

式化证明。相较于传统 CCA 安全的抗泄露 IBE 机制和 PKE 机制的通用构造而言，新型的通用构造未使用计算效率低的密码学基础工具，这表明该方法具有较高的计算效率。

如图 5-1(a)所示，在 CCA 安全的抗泄露 IBE 机制的通用构造中，底层 T-IB-HPS 的封装算法 Encap(id)在输出封装密文 c_1 的同时输出了两个互不相同的封装密钥 k_1 和 k_2。其中，k_1 完成对明文消息 M 的加密并生成相应的密文 c_2；k_2 作为 MAC 的对称密钥对输入消息 $\mathcal{H}(c_1, c_2)$产生相应的密文标签 Tag，实现密文的防扩展性(其中 $\mathcal{H}$ 是抗碰撞的密码学哈希函数，以实现不同消息空间的转换；k_2 是消息验证码标签生成算法的输入密钥)。除接收者之外的任何敌手，要想获知封装密钥 k_1 和 k_2，其必须掌握接收者的私钥 sk_{id} 才能从相应的密文中解封装获得，由私钥 sk_{id} 的安全性保证了 IBE 机制的安全性。

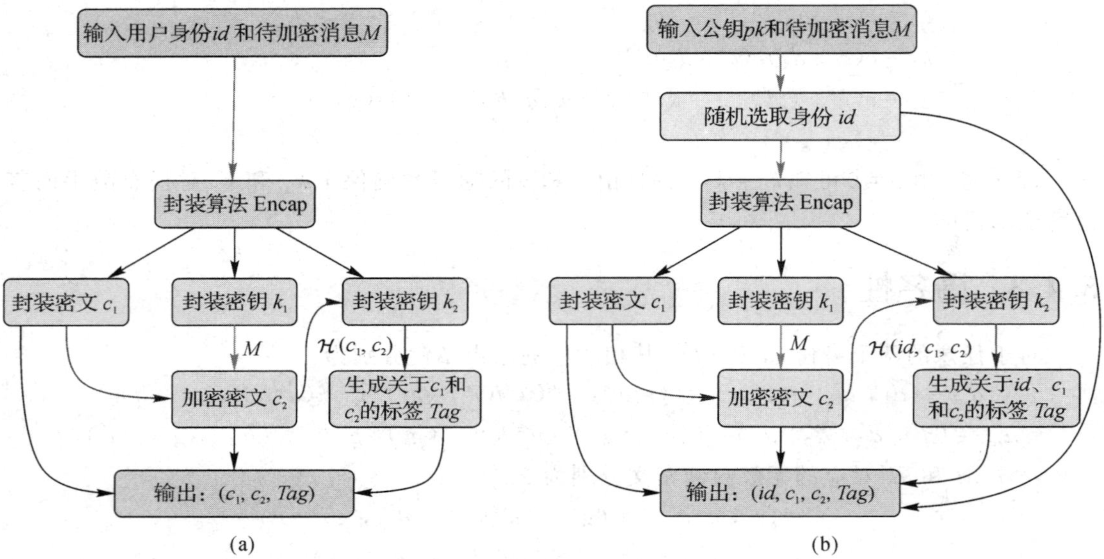

图 5-1 加密算法的设计思路

如图 5-1(b)所示，在 CCA 安全的抗泄露 PKE 机制的通用构造中，加密算法随机选取一个身份 id 作为输入，通过调用底层安全的 T-IB-HPS 的封装算法 Encap，产生一个封装密文 c_1 及两个封装密钥 k_1 和 k_2。其中，k_1 作为具有抗泄露攻击能力的封装密钥对明文消息 M 进行加密并产生相应的密文 c_2；k_2 作为消息验证码标签生成算法 Tag 的对称密钥，协助该算法输出关于消息 $\mathcal{H}(id, c_1, c_2)$的认证标签 Tag，其中 MAC 的强不可伪造性确保了封装密文 $C=(id, c_1, c_2, Tag)$的不可延展性。

5.5.1 CCA 安全的抗泄露 IBE 机制的新型构造

为了设计更加高效的 CCA 安全的抗泄露 IBE 机制的通用构造，本节将基于 T-IB-HPS 和 MAC 设计一个 CCA 安全的抗泄露 IBE 机制的新型通用构造。该通用构造中并未使用计算效率较低的 NIZK、OT-LF 和一次性签名，而是使用高计算效率的带密钥的消息验证码。此外，由于泄露平滑的 T-IB-HPS 具备提供抗泄露攻击的能力，因此我们采用泄露平滑的 T-IB-HPS 设计通用构造。

1. 具体构造

令 $\Pi=(\text{Setup}', \text{KeyGen}', \text{Encap}', \text{Encap}'^{*}, \text{Decap}')$是封装密钥空间为 $\mathcal{K}_1\times\mathcal{K}_2$、身份空间为 $\mathcal{ID}$ 和封装密文空间为 $\mathcal{C}_1$ 的泄露平滑性 T-IB-HPS；令 MAC=(Tag, Ver)是密钥空间 $\mathcal{K}_2$ 和消息空间 $\mathcal{M}$ 上的消息验证码(特别地，$\mathcal{K}_1$ 是字符串集合，支持异或操作)；令 $\mathcal{H}:\mathcal{C}_1\times\mathcal{K}_1\to\mathcal{M}$ 是安全的抗碰撞哈希函数。

CCA 安全的抗泄露 IBE 机制的通用构造由下述算法组成。

(1) $(Params, msk)\leftarrow\text{Setup}(1^{\kappa})$：

输出 $Params=(mpk, \text{MAC})$ 和 msk，其中$(mpk, msk)\leftarrow\text{Setup}'(1^{\kappa})$。

(2) $sk_{id}\leftarrow\text{KeyGen}(msk, id)$：

输出 $sk_{id}=d_{id}$，其中 $d_{id}\leftarrow\text{KeyGen}'(msk, id)$。

(3) $C\leftarrow\text{Enc}(id, M)$：

① 计算

$$(c_1, k_1, k_2)\leftarrow\text{Encap}'(id),\ c_2\leftarrow k_1\oplus M,\ Tag\leftarrow\text{Tag}(k_2, \mathcal{H}(c_1, c_2))$$

② 输出 $C=(c_1, c_2, Tag)$。

(4) $M\leftarrow\text{Dec}(sk_{id}, C)$：

① 计算$(k_1', k_2')\leftarrow\text{Decap}'(sk_{id}, c_1)$。

② 若有 $\text{Ver}(k_2', Tag, \mathcal{H}(c_1, c_2))=1$ 成立，则输出 $M=k_1'\oplus c_2$；否则，输出终止符$\perp$。

2. 安全性证明

上述 IBE 机制通用构造的正确性可由底层泄露平滑的 T-IB-HPS 和消息验证码的正确性获得。此外，通用构造的抗泄露性来自底层泄露平滑的 T-IB-HPS。

定理 5-5 若 $\Pi=(\text{Setup}', \text{KeyGen}', \text{Encap}', \text{Encap}'^{*}, \text{Decap}')$是 λ 泄露平滑的 T-IB-HPS，MAC=(Tag, Ver)是强不可伪造的消息验证码，那么对于相应的泄露参数 λ，上述机制是 CCA 安全的抗泄露 IBE 机制的通用构造。

证明 下面将通过游戏论证的方式对 IBE 机制的 CCA 安全性进行证明，每个游戏由模拟器 $\mathcal{S}$ 和敌手 $\mathcal{A}$ 执行。令事件 $\mathcal{E}_i$ 表示敌手 $\mathcal{A}$ 在游戏 Game_i 中获胜，即有

$$\Pr[\mathcal{E}_i]=\Pr[\mathcal{A}\ wins\ \text{in Game}_i]$$

特别地，证明过程中与挑战密文相关的变量均标记为"*"，即挑战身份和挑战密文分别是 id^{*} 和 $C^{*}=(c_1^{*}, c_2^{*}, Tag^{*})$。令事件 $\mathcal{F}_1$ 表示敌手 $\mathcal{A}$ 在解密询问中提交的解密密文 $C=(c_1, c_2, Tag)$ 满足条件 $C\neq C^{*}$ 和 $\mathcal{H}(c_1, c_2)=\mathcal{H}(c_1^{*}, c_2^{*})$；令事件 $\mathcal{F}_2$ 表示敌手 $\mathcal{A}$ 在获得挑战密文 $C_v^{*}=(c_1^{*}, c_2^{*}, Tag)$之后提交了关于二元组$(id^{*}, (c_1^{*}, c_2^{*}, Tag'))$的解密询问，其中 Tag' 是关于消息 $\mathcal{H}(c_1^{*}, c_2^{*})$的合法标签，并且 $Tag'\neq Tag^{*}$。

Game_0：该游戏是 IBE 机制原始的 LR-CCA 安全性游戏，其中挑战密文 $C_v^{*}=(c_1^{*}, c_2^{*}, Tag^{*})$的生成过程如下所述。

(1) 随机选取 $v\leftarrow_R\{0, 1\}$，并计算

$$(c_1^{*}, k_1^{*}, k_2^{*})\leftarrow\text{Encap}(id^{*}),\ c_2^{*}\leftarrow k_1^{*}\oplus M_v,\ Tag^{*}\leftarrow\text{Tag}(k_2^{*}, \mathcal{H}(c_1^{*}, c_2^{*}))$$

(2) 输出挑战密文 $C_v^{*}=(c_1^{*}, c_2^{*}, Tag^{*})$。

由于该游戏是抗泄露 IBE 机制的原始 CCA 安全性游戏，故有

$$\text{Adv}_{\text{IBE}, \mathcal{A}}^{\text{LR-CCA}}(\kappa, \lambda)=\left|\Pr[\mathcal{E}_0]-\frac{1}{2}\right|$$

$Game_1$：该游戏与 $Game_0$ 相类似，但该游戏在解密询问阶段增加了新的拒绝规则，即当事件 $\mathcal{F}_1$ 发生时，模拟器 $\mathcal{S}$ 拒绝敌手 $\mathcal{A}$ 提出的解密询问。

在 $Game_0$ 中，即使事件 $\mathcal{F}_1$ 发生，模拟器 $\mathcal{S}$ 依然响应敌手 $\mathcal{A}$ 提出的解密询问；而在 $Game_1$ 中，当事件 $\mathcal{F}_1$ 发生时，模拟器 $\mathcal{S}$ 将拒绝敌手 $\mathcal{A}$ 提出的解密询问。因此，当事件 $\mathcal{F}_1$ 不发生时，游戏 $Game_1$ 和游戏 $Game_0$ 是不可区分的，则有 $\Pr[\mathcal{E}_1 \mid \bar{\mathcal{F}}_1]=\Pr[\mathcal{E}_0 \mid \bar{\mathcal{F}}_1]$。根据区别引理可知，有

$$|\Pr[\mathcal{E}_1]-\Pr[\mathcal{E}_0]|\leqslant \Pr[\mathcal{F}_1]$$

由于函数 $\mathcal{H}$ 是安全的抗碰撞哈希函数，故事件 $\mathcal{F}_1$ 发生的概率是可忽略的。因此

$$|\Pr[\mathcal{E}_1]-\Pr[\mathcal{E}_0]|\leqslant \mathrm{negl}(\kappa)$$

$Game_2$：该游戏与 $Game_1$ 相类似，但该游戏在解密询问阶段增加了新的拒绝规则，即当事件 $\mathcal{F}_2$ 发生时，模拟器 $\mathcal{S}$ 拒绝敌手 $\mathcal{A}$ 提出的解密询问。相类似地，当事件 $\mathcal{F}_2$ 不发生时，游戏 $Game_2$ 和游戏 $Game_1$ 是不可区分的，则有 $\Pr[\mathcal{E}_2 \mid \bar{\mathcal{F}}_2]=\Pr[\mathcal{E}_1 \mid \bar{\mathcal{F}}_2]$。根据区别引理可知，有

$$|\Pr[\mathcal{E}_2]-\Pr[\mathcal{E}_1]|\leqslant \Pr[\mathcal{F}_2]$$

断言： $\Pr[\mathcal{F}_2]\leqslant \mathrm{negl}(\kappa)$。下面对此断言进行证明。

假设事件 $\mathcal{F}_2$ 以压倒性的概率发生，也就是说，敌手 $\mathcal{A}$ 在获得挑战密文 $C_v^*=(c_1^*, c_2^*, Tag^*)$ 之后提交了关于二元组 $(id^*, (c_1^*, c_2^*, Tag'))$ 的解密询问，其中 Tag' 是关于消息 $\mathcal{H}(c_1^*, c_2^*)$ 的合法标签，并且 $Tag' \neq Tag^*$。

敌手 $\mathcal{B}$ 与敌手 $\mathcal{A}$ 之间执行抗泄露 IBE 机制的 CCA 安全性游戏，并且作为攻击者对底层消息验证码 MAC=(Tag, Ver) 的强不可伪造性进行攻击，敌手 $\mathcal{B}$ 能够适应性地询问标签谕言机 Tag(k, ·) 和验证谕言机 Verify(k, ·, ·)。

挑战阶段，敌手 $\mathcal{B}$ 收到来自敌手 $\mathcal{A}$ 的挑战消息 M_0、M_1 及挑战身份 id^*，敌手 $\mathcal{B}$ 通过下述运算生成相应的挑战密文 $C_v^*=(c_1^*, c_2^*, Tag^*)$。

(1) 随机选取 $v \leftarrow_R \{0, 1\}$，并计算

$$(c_1^*, k_1^*, k_2^*) \leftarrow \mathrm{Encap}(id^*), \quad c_2^* \leftarrow k_1^* \oplus M_v$$

(2) 发送消息 $\mathcal{H}(c_1^*, c_2^*)$ 给标签谕言机 Tag(k, ·)，获得相应的应答 Tag^*。特别地，消息验证码的挑战者对标签谕言机 Tag(k, ·) 和验证谕言机 Verify(k, ·, ·) 进行了初始化。

(3) 输出挑战密文 $C_v^*=(c_1^*, c_2^*, Tag^*)$ 给敌手 $\mathcal{A}$。

敌手 $\mathcal{A}$ 获得挑战密文之后，提交了关于二元组 $(id^*, (c_1^*, c_2^*, Tag'))$ 的解密询问给敌手 $\mathcal{B}$。然后，敌手 $\mathcal{B}$ 输出 (c_1^*, c_2^*, Tag') 作为伪造的消息标签发送给挑战者。由于 Tag' 是关于消息 $\mathcal{H}(c_1^*, c_2^*)$ 的合法标签，并且 $Tag' \neq Tag^*$，故敌手 $\mathcal{B}$ 输出一个合法的消息标签对 $(\mathcal{H}(c_1^*, c_2^*), Tag')$，攻破了底层消息验证码 MAC=(Tag, Ver) 的强不可伪造性，然而上述结论与底层消息验证码 MAC=(Tag, Ver) 的安全性事实相矛盾，因此假设不成立，则有

$$\Pr[\mathcal{F}_2]\leqslant \mathrm{negl}(\kappa)$$

由断言可知 $\Pr[\mathcal{F}_2]\leqslant \mathrm{negl}(\kappa)$，那么有

$$|\Pr[\mathcal{E}_2]-\Pr[\mathcal{E}_1]|\leqslant \mathrm{negl}(\kappa)$$

$Game_3$：该游戏除了挑战密文的生成阶段，其余的与 $Game_2$ 相类似，即该游戏使用挑

战身份 id^* 所对应的私钥 sk_{id^*} 计算挑战密文 $C_v^*=(c_1^*, c_2^*, Tag^*)$，具体过程如下所述。

(1) 计算 $sk_{id^*} \leftarrow \mathrm{KeyGen}(msk, id^*)$。

(2) 随机选取 $v \leftarrow_R \{0, 1\}$，并计算

$$(c_1^*, k_1^*, k_2^*) \leftarrow \mathrm{Encap}(id^*),\ (\tilde{k}_1^*, \tilde{k}_2^*) \leftarrow \mathrm{Decap}(sk_{id^*}, c_1^*),\ c_2^* \leftarrow \tilde{k}_1^* \oplus M_v,$$

$$Tag^* \leftarrow \mathrm{Tag}(\tilde{k}_2^*, \mathcal{H}(c_1^*, c_2^*))$$

(3) 输出挑战密文 $C_v^*=(c_1^*, c_2^*, Tag^*)$。

由底层泄露平滑的 T-IB-HPS 机制解封装的正确性可知，游戏 Game_3 和游戏 Game_2 是不可区分的，因此有

$$\Pr[\mathcal{E}_3]=\Pr[\mathcal{E}_2]$$

Game_4：该游戏除了挑战密文的生成阶段，其余的与 Game_3 相类似，即该游戏使用无效封装算法 Encap^* 计算挑战密文 $C_v^*=(c_1^*, c_2^*, Tag^*)$，具体过程如下所述。

(1) 计算 $sk_{id^*} \leftarrow \mathrm{KeyGen}(msk, id^*)$。

(2) 随机选取 $v \leftarrow_R \{0, 1\}$，并计算

$$c_1^* \leftarrow \mathrm{Encap}^*(id^*),\ (\tilde{k}_1^*, \tilde{k}_2^*) \leftarrow \mathrm{Decap}(sk_{id^*}, c_1^*),\ c_2^* \leftarrow \tilde{k}_1^* \oplus M_v,$$

$$Tag^* \leftarrow \mathrm{Tag}(\tilde{k}_2^*, \mathcal{H}(c_1^*, c_2^*))$$

(3) 输出挑战密文 $C_v^*=(c_1^*, c_2^*, Tag^*)$。

由底层泄露平滑的 T-IB-HPS 机制的有效封装密文与无效封装密文的不可区分性可知，游戏 Game_4 和游戏 Game_3 是不可区分的，因此有

$$\Pr[\mathcal{E}_4]=\Pr[\mathcal{E}_3]$$

Game_5：该游戏除了挑战密文的生成阶段，其余的与 Game_4 相类似，即该游戏使用从封装密钥空间 $\mathcal{K}_1 \times \mathcal{K}_2$ 中随机选取的封装密钥来计算挑战密文 $C_v^*=(c_1^*, c_2^*, Tag^*)$，具体过程如下所述。

(1) 计算 $sk_{id^*} \leftarrow \mathrm{KeyGen}(msk, id^*)$。

(2) 随机选取 $v \leftarrow_R \{0, 1\}$，并计算

$$c_1^* \leftarrow \mathrm{Encap}^*(id^*),\ (\tilde{k}_1^*, \tilde{k}_2^*) \leftarrow_R \mathcal{K}_1 \times \mathcal{K}_2,\ (c_2^*) \leftarrow \tilde{k}_1^* \oplus M_v,$$

$$Tag^* \leftarrow \mathrm{Tag}(\tilde{k}_2^*, \mathcal{H}(c_1^*, c_2^*))$$

(3) 输出挑战密文 $C_v^*=(c_1^*, c_2^*, Tag^*)$。

由底层 T-IB-HPS 机制的泄露平滑性可知，游戏 Game_5 和游戏 Game_4 是不可区分的，因此有

$$\Pr[\mathcal{E}_5]=\Pr[\mathcal{E}_4]$$

在游戏 Game_5 中，挑战密文 $C_v^*=(c_1^*, c_2^*, Tag^*)$ 已安全地由随机数生成，因此 C_v^* 中已不包含随机数 v 的任何信息，故有 $\Pr[\mathcal{E}_5]=\frac{1}{2}$。换句话说，敌手 $\mathcal{A}$ 在游戏 Game_5 中获胜的优势是可忽略的，即 $\left|\Pr[\mathcal{E}_5]-\frac{1}{2}\right| \leqslant \mathrm{negl}(\kappa)$。

综上所述，游戏 Game_5 与 Game_0 是不可区分的，且敌手 $\mathcal{A}$ 在游戏 Game_0 中获胜的优势是可忽略的，即

$$\left|\Pr[\mathcal{E}_0]-\frac{1}{2}\right|\leqslant \mathrm{negl}(\kappa)$$

也就是说，有 $\mathrm{Adv}_{\mathrm{IBE},\mathcal{A}}^{\mathrm{LR\text{-}CCA}}(\kappa,\lambda)\leqslant \mathrm{negl}(\kappa)$成立。

（定理 5-5 证毕）

5.5.2 CCA 安全的抗泄露 PKE 机制的新型构造

本节将在抗泄露 IBE 机制通用构造的基础上，基于 T-IB-HPS 和 MAC 提出 CCA 安全的抗泄露 PKE 机制的新型通用构造。

1. 具体构造

令 $\Pi=$(Setup，KeyGen，Encap，Encap*，Decap)是封装密钥空间为 $\mathcal{K}_1\times\mathcal{K}_2$、身份空间为 $\mathcal{ID}$ 和封装密文空间为 $\mathcal{C}_1$ 的 λ-泄露平滑性 T-IB-HPS；令 MAC=(Tag，Ver)是密钥空间 $\mathcal{K}_2$ 和消息空间 $\mathcal{M}$ 上的消息验证码；令 $\mathcal{H}:\mathcal{ID}\times\mathcal{C}_1\times\mathcal{K}_1\rightarrow\mathcal{M}$ 是安全的抗碰撞哈希函数。

CCA 安全的抗泄露 PKE 机制的通用构造由下述算法组成。

(1) $(pk,sk)\leftarrow\mathrm{KeyGem}''(1\kappa)$：

输出 $pk=(mpk,\mathrm{MAC})$和 $sk=msk$，其中$(mpk,msk)\leftarrow\mathrm{Setup}(1^\kappa)$。

(2) $C\leftarrow\mathrm{Enc}''(pk,M)$：

① 随机选取一个身份 $id\in\mathcal{ID}$，并计算

$$(c_1,k_1,k_2)\leftarrow\mathrm{Encap}(id),\ c_2\leftarrow k_1\oplus M,$$
$$Tag\leftarrow\mathrm{Tag}(k_2,\mathcal{H}(id,c_1,c_2))$$

② 输出 $C=(id,c_1,c_2,Tag)$。

(3) $M\leftarrow\mathrm{Dec}''(sk,C)$：

① 计算

$$d_{id}\leftarrow\mathrm{KeyGen}(sk,id),\ (k_1',k_2')\leftarrow\mathrm{Decap}(d_{id},c_1)$$

② 若有 $\mathrm{Ver}(k_2',Tag,\mathcal{H}(id,c_1,c_2))=1$ 成立，则输出 $M=k_1'\oplus c_2$；否则，输出终止符$\perp$。

2. 安全性证明

上述 PKE 机制通用构造的正确性可由底层泄露平滑的 T-IB-HPS 和消息验证码 MAC 的正确性获得。此外，通用构造的抗泄露性来自底层泄露平滑的 T-IB-HPS。

定理 5-6 若 $\Pi=$(Setup，KeyGen，Encap，Encap*，Decap)是 λ-泄露平滑的 T-IB-HPS，MAC=(Tag，Ver)是强不可伪造的消息验证码，那么对于相应的泄露参数 λ，上述机制是 CCA 安全的抗泄露 PKE 机制的通用构造。

定理 5-6 的证明过程与定理 5-5 相类似，为避免重复，此处不再赘述。

5.6 参考文献

[1] CRAMER R，SHOUP V. Universal hash proofs and a paradigm for adaptive chosen ciphertext secure public-key encryption [C]. International Conference on the Theory

and Applications of Cryptographic Techniques, Amsterdam, The Netherlands, 2002: 45-64.

[2] ZHOU Y W, YANG B, XIA Z, et al. Novel generic construction of leakage-resilient PKE scheme with CCA security [J]. Designs, Codes and Cryptography, 2021, 89 (7): 1575-1614.

[3] 周彦伟,杨波,夏喆,等. CCA 安全的抗泄露 IBE 机制的新型构造[J]. 中国科学:信息科学, 2021, 51(6): 1013-1029.

[4] GENTRY C. Practical identity-based encryption without random oracles [C]. 25th Annual International Conference on the Theory and Applications of Cryptographic Techniques, St. Petersburg, Russia, 2006: 445-464.

[5] WATERS B. Efficient identity-based encryption without random oracles [C]. 24th Annual International Conference on the Theory and Applications of Cryptographic Techniques, Aarhus, Denmark, 2005: 114-127.

第6章 基于最小假设的抗泄露身份基密码机制

现有的多数身份基类哈希证明系统的具体构造中存在一些限制，要么不具有自适应的安全性，要么依赖于非静态的安全性假设。分析现有 IBE 机制的构造方法可知，从静态假设出发，设计具有自适应安全性的 IB-HPS 是不可能的，因为困难问题的嵌入将导致挑战者无法生成所有用户的私钥，而在 IB-HPS 中挑战者必须具备为所有用户生成对应私钥的能力。

本章从密码机制通用构造的角度入手，以任意(可更新的)IBE 机制为底层工具，分别设计具有适应安全性的 IB-HPS、U-IB-HPS 和 T-IB-HPS，并对相应构造中有效封装密文与无效封装密文的不可区分性进行证明。

6.1 基于任意 IBE 机制构造适应性安全的 IB-HPS

本节提出基于任意 CPA 安全的 IBE 机制构造适应性安全的 IB-HPS 的通用方法。

6.1.1 具体构造

令 $l_m=l_m(\kappa)$是多项式参数；Π=(IBE. Setup，IBE. KeyGen，IBE. Enc，IBE. Dec)是一个消息空间为 $\mathcal{M}=Z_p^*$ 和身份空间为 $\mathcal{ID}_2$ 的 CPA 安全的 IBE 机制；H：$\mathcal{ID}_1\times Z_p^*\rightarrow\mathcal{ID}_2$ 是一个单向哈希函数，其中 $\mathcal{ID}_1$ 是待构造 IB-HPS 的身份空间。

IB-HPS 的构造 Π=(Setup，KeyGen，Encap，Encap*，Decap)具体包含下述算法。

(1) $(mpk, msk)\leftarrow$Setup(1^κ)：

运行$(Params, S_{msk})\leftarrow$IBE. Setup$(1^\kappa)$，并输出$(mpk, msk)$，其中 $mpk=Params$，$S_{msk}=msk$。

(2) $d_{id}\leftarrow$KeyGen(msk, id)：

对于 $i=1, 2, \cdots, l_m$，计算

$$id_i=H(id, i),\ sk_{id}\leftarrow \text{IBE. KeyGen}(msk, id_i)$$

随机选取 $t\leftarrow_R[l_m]$，输出身份 id 所对应的私钥 $d_{id}=(t, d_t)$。

(3) $(C, k)\leftarrow$Encap(id)：

随机选取 $k\leftarrow_R\mathcal{M}$ 作为相应的封装密钥，对于 $i=1, 2, \cdots, l_m$，计算

$$id_i=H(id, i),\ c_i\leftarrow \text{IBE. Enc}(k, id_i)$$

输出有效封装密文 $C=(c_1, c_2, \cdots, c_{l_m})$和封装密钥 k。

(4) $C \leftarrow \text{Encap}^*(id)$：

随机选取 $k \leftarrow_R \mathcal{M}$，对于 $i=1, 2, \cdots, l_m$，计算

$$id_i = H(id, i), c_i \leftarrow \text{IBE.Enc}(k+i, id_i)$$

其中，$k+i$ 表示 Z_p^* 上的加法运算。

输出无效封装密文 $C=(c_1, c_2, \cdots, c_{l_m})$。

(5) $k \leftarrow \text{Decap}(d_{id}, C)$：

输出 $k \leftarrow \text{IBE.Dec}(d_t, c_t)$作为相应的解封装结果。

6.1.2　安全性分析

1. 正确性

上述 IB-HPS 通用构造的正确性可以从底层 IBE 机制的正确性得到。

2. 通用性

对于身份 id 的私钥 $d_{id}=(t, d_t)$及相应的无效封装算法 Encap^* 输出的无效封装密文 $C'=(c_1, c_2, \cdots, c_{l_m})$，其中对于 $i=1, 2, \cdots, l_m$，$id_i=H(id, i)$，$c_i \leftarrow \text{IBE.Enc}(k+i, id_i)$。由解封装算法 $k \leftarrow \text{Decap}(d_{id}, C)$可知：

$$k' = \text{IBE.Dec}(d_t, \text{IBE.Enc}(k+t, id_t)) = k+t$$

由此可见，无效封装密文 $C'=(c_1, c_2, \cdots, c_{l_m})$的解封装结果中包含了相应私钥 $d_{id}=(t, d_t)$的底层随机数 t。由于同一身份 id 的不同私钥 d_{id} 和 d'_{id} 是由不同的底层随机数 t 和 t' 生成的，因此，对于任意的敌手而言，同一身份 id 的不同私钥 d_{id} 和 d'_{id} 对同一无效封装密文 $C'=(c_1, c_2, \cdots, c_{l_m})$的解封装结果的视图是各不相同的，即有下述关系成立：

$$\Pr[\text{Decap}(d_{id}, C') = \text{Decap}(d'_{id}, C')] \leqslant \text{negl}(\kappa)$$

3. 平滑性

对于身份 id 的私钥 $d_{id}=(t, d_t)$及相应的无效封装算法 Encap^* 输出的无效封装密文 $C'=(c_1, c_2, \cdots, c_{l_m})$，由通用性可知 $k'=\text{IBE.Dec}(d_t, \text{IBE.Enc}(k+t, id_t))=k+t$。对于任意的敌手而言，参数 $k+t$ 是从 Z_p^* 中均匀随机选取的。换句话说，在敌手看来 $k+t$ 是均匀随机的。综上所述，有下述关系成立：

$$\text{SD}((C', k'), (C', \tilde{k})) \leqslant \text{negl}(\kappa)$$

其中，$\tilde{k} \leftarrow_R \mathcal{M}$。

4. 有效封装密文与无效封装密文的不可区分性

定理 6-1　若 $\Pi=(\text{IBE.Setup}, \text{IBE.KeyGen}, \text{IBE.Enc}, \text{IBE.Dec})$是一个 CPA 安全的 IBE 机制，那么在上述 IB-HPS 的通用构造中有效封装密文与无效封装密文是不可区分的。

证明　在上述 IB-HPS 的通用构造中，对于有效封装密文与无效封装密文的不可区分性，我们需要证明下述关系成立：

$$(id, sk_{id}, C=\{c_i=\text{IBE.Enc}(k, id_i)\}) \approx_c (id, sk_{id}, C=\{c_i=\text{IBE.Enc}(k+i, id_i)\})$$

其中，$i=1, 2, \cdots, l_m$，$id_i=H(id, i)$，$k \leftarrow_R Z_p^*$。

对于一个确定的值 t 和随机值 $k \leftarrow_R Z_p^*$，$k+t$ 和 k 的分布是不可区分的，因此可以将上述关系式表示为

$$(id, sk_{id}, C = \{c_i = \text{IBE. Enc}(k+t, id_i)\})$$
$$\approx_c (id, sk_{id}, C' = \{c_i' = \text{IBE. Enc}(k+i, id_i)\})$$

由于 c_t 和 c_t' 是同时对随机数的加密，因此 c_t 和 c_t' 是等价的。那么上述分布的区别在于密文 $\{c_i\}_{i \neq t}$ 和 $\{c_i'\}_{i \neq t}$，其中密文 $\{c_i\}_{i \neq t}$ 是对 $k+t$ 的加密，密文 $\{c_i'\}_{i \neq t}$ 是对 $k+i$ 的加密。由底层 IBE 机制的 CPA 安全性可知，即使敌手已知 (id, sk_{id})，$\{c_i\}_{i \neq t}$ 和 $\{c_i'\}_{i \neq t}$ 也是不可区分的。不失一般性，可以通过混合论证的方式对上述结论进行证明，该论证共涉及 l_m-1 个混合游戏，特别地，游戏中相应密文的变化情况如表 6-1 所示。

表 6-1　混合论证中各游戏密文的变化情况

<table>
<tr><td rowspan="2">游戏</td><td colspan="6">相应身份对应密文的生成方式</td></tr>
<tr><td>id_1</td><td>id_2</td><td>…</td><td>id_i</td><td>…</td><td>id_{l_m-1}</td></tr>
<tr><td>Game_0</td><td colspan="6">$c_j = \text{Encap}(id_j)_{j=1, 2, \cdots, l_m-1}$</td></tr>
<tr><td>Game_1</td><td>$c_1 = \text{Encap}^*(id_1)$</td><td colspan="5">$c_j = \text{Encap}(id_j)_{j=2, 3, \cdots, l_m-1}$</td></tr>
<tr><td>Game_2</td><td>$c_1 = \text{Encap}^*(id_1)$</td><td>$c_2 = \text{Encap}^*(id_2)$</td><td colspan="4">$c_j = \text{Encap}(id_j)_{j=3, 4, \cdots, l_m-1}$</td></tr>
<tr><td>⋮</td><td colspan="6">⋮</td></tr>
<tr><td>Game_i</td><td colspan="4">$c_j = \text{Encap}^*(id_j)_{j=1, 2, \cdots, i}$</td><td colspan="2">$c_j = \text{Encap}(id_j)_{j=i+1, i+2, \cdots, l_m-1}$</td></tr>
<tr><td>⋮</td><td colspan="6">⋮</td></tr>
<tr><td>Game_{l_m-2}</td><td colspan="4">$c_j = \text{Encap}^*(id_j)_{j=1, 2, \cdots, l_m-2}$</td><td colspan="2">$c_{l_m-1} = \text{Encap}(id_{l_m-1})$</td></tr>
<tr><td>Game_{l_m-1}</td><td colspan="6">$c_j = \text{Encap}^*(id_j)_{j=1, 2, \cdots, l_m-1}$</td></tr>
</table>

Game_0：该游戏中所有的密文均由算法 Encap(·)生成，则相应的密文分布为

$$C = \{c_j = \text{IBE. Enc}(k, id_j)_{j=1, 2, \cdots, l_m-1}\}$$

$\text{Game}_i (i=1, 2, \cdots, l_m-2)$：该游戏中，前 i 个密文由算法 $\text{Encap}^*(\cdot)$ 生成，剩余的密文由算法 Encap(·)生成，则相应的密文分布为

$$C = \left\{\begin{array}{l} c_1 = \text{IBE. Enc}(k, id_1), \cdots, c_i = \text{IBE. Enc}(k, id_i), \\ c_{i+1}' = \text{IBE. Enc}(k+i+1, id_{i+1}), \cdots, c_{l_m-1}' = \text{IBE. Enc}(k+l_m-1, id_{l_m-1}) \end{array}\right\}$$

Game_{l_m-1}：该游戏中所有的密文均由算法 $\text{Encap}^*(\cdot)$ 生成，则相应的密文分布为

$$C = \{c_i' = \text{IBE. Enc}(k+i, id_i)_{i=1, 2, \cdots, l_m-1}\}$$

对于 $i=0, 1, \cdots, l_m-2$，由底层 IBE 机制的 CPA 安全性可知，第 i 个游戏和第 $i+1$ 个游戏是不可区分的。

综上所述，如果 $\Pi=$(IBE. Setup，IBE. KeyGen，IBE. Enc，IBE. Dec)是 CPA 安全的 IBE 机制，则上述 IB-HPS 的通用构造 $\Pi=$(Setup，KeyGen，Encap，Encap^*，Decap)中有效封装密文与无效封装密文是不可区分的。

（定理 6-1 证毕）

6.1.3　性能更优的 IP-HPS

上述 IB-HPS 的通用构造中，封装密钥空间为 $\mathcal{K}=Z_p^*$，这意味着封装密钥的熵是对数

级的。下面将创建一个新的 IB-HPS 的通用构造，通过平行重复实现输出的扩张。

令 Π=(Setup，KeyGen，Encap，Encap*，Decap)是一个封装密钥空间为 $\mathcal{K}$ 和身份空间为 $\mathcal{ID}_2$ 的 IB-HPS；$H: \mathcal{ID}_1 \times Z_p^* \to \mathcal{ID}_2$ 是一个单向哈希函数，其中 $\mathcal{ID}_1$ 是待构造 IB-HPS 的身份空间。

对于整数 n，IB-HPS 的构造 Π_n=(Setup$_n$，KeyGen$_n$，Encap$_n$，Encap$_n^*$，Decap$_n$)包含下述算法。

(1) $(mpk, msk) \leftarrow \text{Setup}_n(1^\kappa)$：

运行$(mpk, msk) \leftarrow \text{Setup}(1^\kappa)$，并输出$(mpk, msk)$。

(2) $d_{id} \leftarrow \text{KeyGen}_n(msk, id)$：

对于 $i=1, 2, \cdots, n$，计算

$$id_i = H(id, i),\ d_i \leftarrow \text{KeyGen}(msk, id_i)$$

输出身份 id 所对应的私钥 $d_{id}=(d_1, d_2, \cdots, d_n)$。

(3) $(C, k) \leftarrow \text{Encap}_n(id)$：

对于 $i=1, 2, \cdots, n$，计算

$$id_i = H(id, i),\ (c_i, k_i) \leftarrow \text{Encap}_n(id_i)$$

输出有效封装密文 $C=(c_1, c_2, \cdots, c_n)$和封装密钥 $k=(k_1, k_2, \cdots, k_n)$。

(4) $C \leftarrow \text{Encap}_n^*(id)$：

对于 $i=1, 2, \cdots, n$，计算

$$id_i = H(id, i),\ c_i \leftarrow \text{Encap}^*(id_i)$$

输出无效封装密文 $C=(c_1, c_2, \cdots, c_n)$。

(5) $k \leftarrow \text{Decap}_n(d_{id}, C)$：

对于 $i=1, 2, \cdots, n$，计算

$$k_i \leftarrow \text{Decap}(d_i, c_i)$$

输出 $k=(k_1, k_2, \cdots, k_n)$作为相应的解封装结果。

上述 IB-HPS 的构造 Π_n=(Setup$_n$，KeyGen$_n$，Encap$_n$，Encap$_n^*$，Decap$_n$)具有更大的封装密钥空间 $\mathcal{K}^n=(Z_p^*)^n$。

定理 6-2　若 Π=(Setup，KeyGen，Encap，Encap*，Decap)是封装密钥空间为 $\mathcal{K}$ 和身份空间为 $\mathcal{ID}_2$ 的 IB-HPS，那么 Π_n=(Setup$_n$，KeyGen$_n$，Encap$_n$，Encap$_n^*$，Decap$_n$)是一个封装密钥空间为 $\mathcal{K}^n$ 和身份空间为 $\mathcal{ID}_1$ 的 IB-HPS。

IB-HPS 通用构造 Π_n=(Setup$_n$，KeyGen$_n$，Encap$_n$，Encap$_n^*$，Decap$_n$)的正确性、平滑性、通用性和有效封装密文与无效封装密文的不可区分性可由底层 IB-HPS 的相关性质获得。

6.2　基于任意可更新的 IBE 机制构造适应性安全的 U-IB-HPS

本节提出基于任意 CPA 安全的可更新的 IBE 机制构造适应性安全的 U-IB-HPS 的通用方法。

6.2.1 可更新的 IBE 机制

一个可更新的 IBE 机制由 Setup、KeyGen、Update、Enc 和 Dec 等算法组成。

(1) 初始化:

对于随机化的初始化算法 Setup，其输入是安全参数 κ，输出是相应的系统参数 $Params$ (为公开的全程参数)和主私钥 msk。该算法可表示为($Params$, msk)←Setup(1^κ)。

系统参数 $Params$ 中定义了相应 IBE 机制的身份空间 $\mathcal{ID}$、秘密钥空间 $\mathcal{SK}$、消息空间 $\mathcal{M}$ 等。此外，$Params$ 是其他算法的公共输入，为了方便起见在下述算法描述时将其省略。

(2) 密钥产生:

对于随机化的密钥生成算法 KeyGen，其输入是用户身份 $id\in\mathcal{ID}$ 以及主私钥 msk，输出是身份 id 所对应的秘密钥 sk_{id}。该算法可表示为 sk_{id}←KeyGen(id, msk)。

(3) 密钥更新:

对于随机化的密钥更新算法 Update，其输入是用户身份 $id\in\mathcal{ID}$ 以及原始的用户秘密钥 sk_{id}，输出是身份 id 所对应的更新秘密钥 sk'_{id}。该算法可表示为 sk'_{id}←Update(id, sk_{id})。

对于任意敌手，用户更新前后的秘密钥 sk'_{id} 和 sk_{id} 是不可区分的。换句话说，sk'_{id} 和 sk_{id} 与用户秘密空间上的任意随机值是不可区分的。

(4) 加密:

对于随机化的加密算法 Enc，其输入是明文消息 $M\in\mathcal{M}$ 以及接收者身份 $id\in\mathcal{ID}$，输出是相应的加密密文 C。该算法可表示为 C←Enc(id, M)。

(5) 解密:

对于确定性的解密算法 Dec，其输入是秘密钥 sk_{id} 及密文 C，输出是相应的解密结果 $M/\perp$。该算法可表示为 $M/\perp$←Dec(sk_{id}, C)。

IBE 机制的正确性要求对于任意的消息 $M\in\mathcal{M}$ 和用户身份 $id\in\mathcal{ID}$，有下述关系成立:

$$M=\mathrm{Dec}(sk_{id},\mathrm{Enc}(id,M)),\ M=\mathrm{Dec}(sk'_{id},\mathrm{Enc}(id,M))$$

其中，($Params$, msk)←Setup(1^κ)，sk_{id}←KeyGen(id, msk)，sk'_{id}←Update(id, sk_{id})。

6.2.2 具体构造

令 Π=(IBE. Setup, IBE. KeyGen, IBE. Update, IBE. Enc, IBE. Dec)是一个消息空间为 $\mathcal{M}=Z_p^*$ 和身份空间为 $\mathcal{ID}_2$ 的 CPA 安全的可更新的 IBE 机制；$H:\mathcal{ID}_1\times Z_p^*\rightarrow\mathcal{ID}_2$ 是一个单向哈希函数，其中 $\mathcal{ID}_1$ 是待构造 IB-HPS 的身份空间。类似地，$l_m=l_m(\kappa)$是多项式参数。

U-IB-HPS 的构造 Π=(Setup, KeyGen, Update, Encap, Encap*, Decap)具体包含下述算法。

(1) (mpk, msk)←Setup(1^κ):

运行($Params$, S_{msk})←IBE. Setup(1^κ)，并输出(mpk, msk)，其中 $mpk=Params$，$S_{msk}=msk$。

(2) d_{id}←KeyGen(msk, id):

对于 $i=1, 2, \cdots, l_m$，计算

$$id_i=H(id,i),\ sk_{id}\leftarrow\mathrm{IBE.KeyGen}(msk,id_i)$$

随机选取 $t \leftarrow_R [l_m]$，输出身份 id 所对应的私钥 $d_{id}=(t, d_t)$。

(3) $d'_{id} \leftarrow \text{Update}(d_{id})$：

对于私钥 $d_{id}=(t, d_t)$，计算

$$d'_t \leftarrow \text{IBE. Update}(d_t)$$

输出 $d'_{id}=(t, d'_t)$。

(4) $(C, k) \leftarrow \text{Encap}(id)$：

随机选取 $k \leftarrow_R \mathcal{M}$ 作为相应的封装密钥，对于 $i=1, 2, \cdots, l_m$，计算

$$id_i = H(id, i), c_i \leftarrow \text{IBE. Enc}(k, id_i)$$

输出有效封装密文 $C=(c_1, c_2, \cdots, c_{l_m})$ 和封装密钥 k。

(5) $C \leftarrow \text{Encap}^*(id)$：

随机选取 $k \leftarrow_R \mathcal{M}$，对于 $i=1, 2, \cdots, l_m$，计算

$$id_i = H(id, i), c_i \leftarrow \text{IBE. Enc}(k+i, id_i)$$

其中，$k+i$ 表示 Z_p^* 上的加法运算。

输出无效封装密文 $C'=(c'_1, c'_2, \cdots, c'_{l_m})$。

(6) $k \leftarrow \text{Decap}(d_{id}, C)$：

输出 $k \leftarrow \text{IBE. Dec}(d_t, c_t)$ 作为相应的解封装结果。

6.2.3 安全性分析

1. 正确性

上述 U-IB-HPS 通用构造的正确性可以从底层可更新的 IBE 机制的正确性得到。

2. 通用性

对于身份 id 的私钥 $d_{id}=(t, d_t)$ 及相应的无效封装算法 Encap* 输出的无效封装密文 $C'=(c'_1, c'_2, \cdots, c'_{l_m})$，其中，对于 $i=1, 2, \cdots, l_m$，$id_i=H(id, i)$，$c'_i \leftarrow \text{IBE. Enc}(k+i, id_i)$，由解封装算法 $k \leftarrow \text{Decap}(d_{id}, C)$ 可知：

$$k' = \text{IBE. Dec}(d_t, \text{IBE. Enc}(k+t, id_i)) = k+t$$

由此可见，无效封装密文 $C'=(c'_1, c'_2, \cdots, c'_{l_m})$ 的解封装结果中包含了相应私钥 $d_{id}=(t, d_t)$ 的底层随机数 t。由于同一身份 id 的不同私钥 d_{id} 和 d'_{id} 是由不同的底层随机数 t 和 t' 生成的，因此，对于任意的敌手而言，同一身份 id 的不同私钥 d_{id} 和 d'_{id} 对同一无效封装密文 $C'=(c'_1, c'_2, \cdots, c'_{l_m})$ 的解封装结果的视图是各不相同的，即有下述关系成立：

$$\Pr[\text{Decap}(d_{id}, C') = \text{Decap}(d'_{id}, C')] \leqslant \text{negl}(\kappa)$$

3. 平滑性

对于身份 id 的私钥 $d_{id}=(t, d_t)$ 及相应的无效封装算法 Encap* 输出的无效封装密文 $C'=(c'_1, c'_2, \cdots, c'_{l_m})$，由通用性可知 $k'=\text{IBE. Dec}(d_t, \text{IBE. Enc}(k+t, id_i))=k+t$。对于任意的敌手而言，参数 $k+t$ 是从 Z_p^* 中均匀随机选取的。换句话说，在敌手看来 $k+t$ 是均匀随机的。综上所述，有下述关系成立：

$$\text{SD}((C', k'), (C', \tilde{k})) \leqslant \text{negl}(\kappa)$$

其中，$\tilde{k} \leftarrow_R \mathcal{K}$。

4. 有效封装密文与无效封装密文的不可区分性

定理 6-3 若 Π=(IBE. Setup，IBE. KeyGen，IBE. Update，IBE. Enc，IBE. Dec)是一个 CPA 安全的可更新的 IBE 机制，那么在上述 U-IB-HPS 的通用构造中有效封装密文与无效封装密文是不可区分的。

证明 在上述 U-IB-HPS 的通用构造中，对于有效封装密文与无效封装密文的不可区分性，我们需要证明下述关系成立：

$$(id, sk_{id}, C = \{c_i = \text{IBE. Enc}(k, id_i)\}) \approx_c (id, sk_{id}, C' = \{c'_i = \text{IBE. Enc}(k+i, id_i)\})$$

其中，$i=1, 2, \cdots, l_m$，$id_i=H(id, i)$，$k \leftarrow_R Z_p^*$。

对于一个确定的值 t 和随机值 $k \leftarrow_R Z_p^*$，$k+t$ 和 k 的分布是不可区分的，因此可以将上述关系式表示为

$$(id, sk_{id}, C = \{c_i = \text{IBE. Enc}(k+t, id_i)\}) \approx_c (id, sk_{id}, C' = \{c'_i = \text{IBE. Enc}(k+i, id_i)\})$$

由于 c_t 和 c'_t 是同时对 $k+t$ 的加密，因此 c_t 和 c'_t 是等价的。那么上述分布的区别在于密文 $\{c_i\}_{i\neq t}$ 和 $\{c'_i\}_{i\neq t}$，其中密文 $\{c_i\}_{i\neq t}$ 是对 $k+t$ 的加密，密文 $\{c'_i\}_{i\neq t}$ 是对 $k+i$ 的加密。由底层可更新的 IBE 机制的 CPA 安全性可知，即使敌手已知(id，sk_{id})，$\{c_i\}_{i\neq t}$ 和 $\{c'_i\}_{i\neq t}$ 也是不可区分的。不失一般性，可以通过游戏混合论证的方式对上述结论进行证明，该论证涉及 l_m-1 个游戏。在第 i 个混合游戏中，前 i 个密文由算法 Encap*(·)生成，剩余的密文由算法 Encap(·)生成，那么在第一个游戏中所有的密文均由算法 Encap(·)生成，则相应的密文分布是 $C=\{c_i=\text{IBE. Enc}(k+t, id_i)\}$；在最后一个游戏(也就是第 l_m-1 个游戏)中，所有的密文均由算法 Encap*(·)生成，则相应的密文分布是 $C'=\{c'_i=\text{IBE. Enc}(k+i, id_i)\}$。由底层可更新的 IBE 机制的 CPA 安全性可知，第 i 个游戏和第 $i+1$ 个游戏是不可区分的。

综上所述，如果 Π=(IBE. Setup，IBE. KeyGen，IBE. Update，IBE. Enc，IBE. Dec)是 CPA 安全的可更新的 IBE 机制，则上述 U-IB-HPS 的通用构造 Π=(Setup，KeyGen，Encap，Update，Encap*，Decap)中有效封装密文与无效封装密文是不可区分的。

(定理 6-3 证毕)

5. 重复随机性

由底层可更新的 IBE 机制可知，密钥更新算法基于新的随机值生成了相应的更新密钥，对于敌手而言，随机值是均匀随机选取的，因此有

$$\text{SD}(d_{id}, d'_{id}) \leqslant \text{negl}(\kappa)$$

综上所述，对于任意敌手，原始私钥 d_{id} 和更新私钥 d'_{id} 是不可区分的。

6. 更新不变性

由底层可更新 IBE 机制密钥更新算法的正确性可知，对于任意身份 id 所对应的原始私钥 $d_{id}=(t, d_t)$ 和更新私钥 $d'_{id}=(t, d'_t)$，有下述关系成立：

$$k' = \text{IBE. Dec}(d_t, \text{IBE. Enc}(k+t, id_i)) = k+t$$

$$k'' = \text{IBE. Dec}(d'_t, \text{IBE. Enc}(k+t, id_i)) = k+t$$

综上所述，对于任意敌手而言，任意身份 id 所对应的原始私钥 d_{id} 和更新私钥 d'_{id} 对相应无效封装密文 $C'=(c'_1, c'_2, \cdots, c'_{l_m})$ 的解封装视图是不变的，即有

$$\text{Decap}(d_{id}, C') = \text{Decap}(d'_{id}, C')$$

6.3 基于任意 IBE 机制构造适应性安全的 T-IB-HPS

本节提出基于任意 CPA 安全的 IBE 机制构造适应性安全的 T-IB-HPS 的通用方法。

6.3.1 具体构造

令 $l_m = l_m(\kappa)$ 是多项式参数；Π=(IBE. Setup，IBE. KeyGen，IBE. Enc，IBE. Dec)是一个消息空间为 $\mathcal{M}=Z_p^*$ 和身份空间为 $\mathcal{ID}_2$ 的 CPA 安全的 IBE 机制；$H: \mathcal{ID}_1 \times Z_p^* \to \mathcal{ID}_2$ 是一个单向哈希函数，其中 $\mathcal{ID}_1$ 是待构造 T-IB-HPS 的身份空间。此外，待构造 T-IB-HPS 的封装密钥空间为 $\mathcal{K}\times\mathcal{K}=Z_p^*\times Z_p^*$。

T-IB-HPS 的构造 Π=(Setup，KeyGen，Encap，Encap*，Decap)具体包含下述算法。

(1) $(mpk, msk) \leftarrow \text{Setup}(1^\kappa)$：

运行 $(Params, S_{msk}) \leftarrow$ IBE. Setup(1^κ)，并输出 (mpk, msk)，其中 $mpk = Params$，$S_{msk} = msk$。

(2) $d_{id} \leftarrow \text{KeyGen}(msk, id)$：

对于 $i=1, 2, \cdots, l_m$，计算

$$id_i = H(id, i),\ sk_{id} \leftarrow \text{IBE. KeyGen}(msk, id_i)$$

随机选取 $t \leftarrow_R [l_m]$，输出身份 id 所对应的私钥 $d_{id}=(t, d_t)$。

(3) $(C, k) \leftarrow \text{Encap}(id)$：

随机选取 $(k_1, k_2) \leftarrow_R \mathcal{K}\times\mathcal{K}$ 作为相应的封装密钥，对于 $i=1, 2, \cdots, l_m$，计算

$$id_i = H(id, i),\ c_1^i \leftarrow \text{IBE. Enc}(k_1, id_i),\ c_2^i \leftarrow \text{IBE. Enc}(k_2, id_i)$$

输出有效封装密文 $C=(c_1, c_2)$ 和封装密钥 (k_1, k_2)，其中 $c_1=(c_1^1, c_1^2, \cdots, c_1^{l_m})$，$c_2=(c_2^1, c_2^2, \cdots, c_2^{l_m})$。

(4) $C \leftarrow \text{Encap}^*(id)$：

随机选取 $(k_1, k_2) \leftarrow_R \mathcal{K}\times\mathcal{K}$，对于 $i=1, 2, \cdots, l_m$，计算

$$id_i = H(id, i),\ \tilde{c}_1^i \leftarrow \text{IBE. Enc}(k_1+i, id_i),\ \tilde{c}_2^i \leftarrow \text{IBE. Enc}(k_2+i, id_i)$$

输出无效封装密文 $C'=(c_1', c_2')$，其中 $c_1' = \{\tilde{c}_1^1, \tilde{c}_1^2, \cdots, \tilde{c}_1^{l_m}\}$，$c_2' = \{\tilde{c}_2^1, \tilde{c}_2^2, \cdots, \tilde{c}_2^{l_m}\}$。

(5) $(k_1, k_2) \leftarrow \text{Decap}(d_{id}, C)$：

计算 $k_1 \leftarrow$ IBE. Dec(d_t, c_1^t) 和 $k_2 \leftarrow$ IBE. Dec(d_t, c_2^t)。输出 (k_1, k_2) 作为相应的解封装结果。

6.3.2 安全性分析

1. 正确性

上述 T-IB-HPS 通用构造的正确性可以从底层 IBE 机制的正确性直接得到。

2. 通用性

已知身份 id 的私钥 $d_{id}=(t, d_t)$ 及相应的无效封装算法 Encap* 输出的无效封装密文

$C'=(c_1', c_2')$，其中 $c_1'=(\tilde{c}_1^1,\tilde{c}_1^2,\cdots,\tilde{c}_1^{l_m})$ 和 $c_2'=(\tilde{c}_2^1,\tilde{c}_2^2,\cdots,\tilde{c}_2^{l_m})$。对于 $i=1, 2, \cdots, l_m$，$id_i=H(id, i)$，$\tilde{c}_1^i \leftarrow \text{IBE. Enc}(k_1+i, id_i)$，$\tilde{c}_2^i \leftarrow \text{IBE. Enc}(k_2+i, id_i)$，由解封装算法 $(k_1', k_2') \leftarrow \text{Decap}(d_{id}, C')$ 可知：

$$k_1' = \text{IBE. Dec}(d_t, \text{IBE. Enc}(k_1+t, id_i)) = k_1+t$$

$$k_2' = \text{IBE. Dec}(d_t, \text{IBE. Enc}(k_2+t, id_i)) = k_2+t$$

由此可见，无效封装密文 $C'=(c_1', c_2')$ 的解封装结果 (k_1', k_2') 中包含了相应私钥 $d_{id}=(t, d_t)$ 的底层随机数 t。由于同一身份 id 的不同私钥 d_{id} 和 d_{id}' 是由不同的底层随机数 t 和 t' 生成的，因此，对于任意的敌手而言，同一身份 id 的不同私钥 d_{id} 和 d_{id}' 对同一无效封装密文 $C'=(c_1', c_2')$ 的解封装结果的视图是各不相同的，即有下述关系成立：

$$\Pr[\text{Decap}(d_{id}, C') = \text{Decap}(d_{id}', C')] \leqslant \text{negl}(\kappa)$$

3. 平滑性

对于身份 id 的私钥 $d_{id}=(t, d_t)$ 及相应的无效封装算法 Encap^* 输出的无效封装密文 $C'=(c_1', c_2')$，由通用性可知 $k_1'=k_1+t$ 和 $k_2'=k_2+t$。对于任意的敌手而言，参数 k_1+t 和 k_2+t 都是从 Z_p^* 中均匀随机选取的。换句话说，在敌手看来 k_1+t 和 k_2+t 都是均匀随机的。综上所述，有下述关系成立：

$$\text{SD}((C', (k_1', k_2')), (C', (\tilde{k}_1, \tilde{k}_2))) \leqslant \text{negl}(\kappa)$$

其中，$(\tilde{k}_1, \tilde{k}_2) \leftarrow_R \mathcal{K} \times \mathcal{K}$。

4. 有效封装密文与无效封装密文的不可区分性

定理 6-4 若 $\Pi=$(IBE. Setup，IBE. KeyGen，IBE. Enc，IBE. Dec)是一个 CPA 安全的 IBE 机制，那么在上述 T-IB-HPS 的通用构造中有效封装密文与无效封装密文是不可区分的。

证明 在上述 T-IB-HPS 的通用构造中，对于有效封装密文与无效封装密文的不可区分性，我们需要证明下述关系成立：

$$\begin{pmatrix} id, sk_{id}, \\ C=\begin{pmatrix} c_1=\{c_1^i=\text{IBE. Enc}(k_1, id_i)\} \\ c_2=\{c_2^i=\text{IBE. Enc}(k_2, id_i)\} \end{pmatrix} \end{pmatrix} \approx_c \begin{pmatrix} id, sk_{id}, \\ C'=\begin{pmatrix} c_1'=\{\tilde{c}_1^i=\text{IBE. Enc}(k_1+i, id_i)\} \\ c_2'=\{\tilde{c}_2^i=\text{IBE. Enc}(k_2+i, id_i)\} \end{pmatrix} \end{pmatrix}$$

其中，$i=1, 2, \cdots, l_m$；$id_i=H(id, i)$；$k_1, k_2 \leftarrow_R Z_p^*$。

对于一个确定的值 t 和随机值 $k_1, k_2 \leftarrow_R Z_p^*$，分布 (k_1+t, k_2+t) 和 (k_1, k_2) 是不可区分的，因此可以将上述关系式表示为

$$\begin{pmatrix} id, sk_{id}, \\ C=\begin{pmatrix} c_1=\{c_1^i=\text{IBE. Enc}(k_1+t, id_i)\} \\ c_2=\{c_2^i=\text{IBE. Enc}(k_2+t, id_i)\} \end{pmatrix} \end{pmatrix} \approx_c \begin{pmatrix} id, sk_{id}, \\ C'=\begin{pmatrix} c_1'=\{\tilde{c}_1^i=\text{IBE. Enc}(k_1+i, id_i)\} \\ c_2'=\{\tilde{c}_2^i=\text{IBE. Enc}(k_2+i, id_i)\} \end{pmatrix} \end{pmatrix}$$

由于 c_1^t 和 $\tilde{c}_1^t$ 是同时对 k_1+t 的加密，c_2^t 和 $\tilde{c}_2^t$ 是同时对 k_2+t 的加密，因此分布 $\{c_1^t, c_2^t\}$ 和 $(\tilde{c}_1^t, \tilde{c}_2^t)$ 是等价的。那么上述分布的区别在于密文 $\{c_1^i, c_2^i\}_{i\neq t}$ 和 $\{\tilde{c}_1^i, \tilde{c}_2^i\}_{i\neq t}$，其中密文 $\{c_1^i, c_2^i\}_{i\neq t}$ 是对 k_1+t 和 k_2+t 的加密，密文 $\{\tilde{c}_1^i, \tilde{c}_2^i\}_{i\neq t}$ 是对 k_1+i 和 k_2+i 的加密。由底层 IBE 机制的 CPA 安全性可知，即使敌手已知 (id, sk_{id})，密文分布 $\{c_1^i, c_2^i\}_{i\neq t}$ 和 $\{\tilde{c}_1^i, \tilde{c}_2^i\}_{i\neq t}$ 也是不可区分的。

综上所述，如果 $\Pi=$(IBE. Setup，IBE. KeyGen，IBE. Enc，IBE. Dec)是 CPA 安全的

IBE 机制，则上述 T-IB-HPS 的通用构造 Π=(Setup，KeyGen，Encap，Encap*，Decap)中有效封装密文与无效封装密文是不可区分的。

（定理 6-4 证毕）

6.4　身份基类哈希证明系统的其他应用

除了构造抗泄露的 IBE 机制外，身份基类哈希证明系统还可以用来构造其他的一些密码原语。当前的抗泄露 PKE 机制主要以具体构造的形式呈现[1,2]，本节以 PKE 方案为例提出基于 IB-HPS 构造抗泄露 PKE 机制的通用构造方法[3]。

1. 具体构造

令 Π=(Setup，KeyGen，Encap，Encap*，Decap)是一个封装密钥空间为 $\mathcal{K}$ 和身份空间为 $\mathcal{ID}$ 的 l_k-平滑的 IB-HPS；Ext：$\mathcal{K}\times\{0,1\}^{l_t}\rightarrow\{0,1\}^{l_m}$ 是一个(l_k-l_m, ε)-强随机性提取器。

CPA 安全的抗泄露 PKE 机制的通用构造 Π=(PKE. KeyGen，PKE. Enc，PKE. Dec)具体包含下述算法。

(1) $(mpk, msk)\leftarrow$PKE. KeyGen(1^κ)：

运行$(mpk, S_{msk})\leftarrow$Setup(1^κ)，随机选取一个身份 $id\in\mathcal{ID}$，并计算 $sk_{id}\leftarrow$KeyGen(msk, id)。最后，输出(pk, sk)，其中 $pk=(mpk, id)$，$sk=sk_{id}$。

(2) $C\leftarrow$PKE. Enc(pk, m)：

随机选取 $S\leftarrow_R\{0,1\}^{l_t}$，计算

$$(c_1, k)\leftarrow \mathrm{Encap}(id),\ c_2\leftarrow \mathrm{Ext}(k, S)\oplus m$$

最后，输出 $C=(c_1, c_2, S)$。

(3) $m\leftarrow$PKE. Dec(sk, C)：

计算

$$k\leftarrow \mathrm{Decap}(sk, c_1),\ m\leftarrow \mathrm{Ext}(k, S)\oplus c_2$$

输出相应的明文 m。

2. 安全性证明

上述 PKE 机制通用构造的正确性可由底层 IB-HPS 和随机性提取器的正确性直接获得。

定理 6-5　若 Π=(Setup，KeyGen，Encap，Encap*，Decap)是 l_k-平滑性 IB-HPS；Ext：$\mathcal{K}\times\{0,1\}^{l_t}\rightarrow\{0,1\}^{l_m}$ 是平均情况的(l_k-l_m, ε)-强随机性提取器，那么对于相应的泄露参数 $\lambda\leqslant l_k-l_m-\omega(\log\kappa)$，上述构造是 CPA 安全的抗泄露 PKE 机制。

证明　下面将通过游戏论证的方式对 PKE 机制的 CPA 安全性进行证明，每个游戏由模拟器 $\mathcal{S}$ 和敌手 $\mathcal{A}$ 执行。令事件 $\mathcal{E}_i$ 表示敌手 $\mathcal{A}$ 在游戏 Game$_i$ 中获胜，即有

$$\Pr[\mathcal{E}_i]=\Pr[\mathcal{A}\ wins\ \mathrm{in\ Game}_i]$$

特别地，证明过程中与挑战密文相关的变量均标记为“$*$”，即挑战身份和挑战密文分别是 id^* 和 $C_v^*=(c_1^*, c_2^*, S^*)$。

Game_0：该游戏是 PKE 机制的原始抗泄露 CPA 安全性游戏，其中挑战密文 $C_v^* = (c_1^*, c_2^*, S^*)$的生成过程如下所述。

(1) 随机选取 $v \leftarrow_R \{0, 1\}$和 $S^* \leftarrow_R \{0, 1\}^{l_t}$，并计算

$$(c_1^*, k^*) \leftarrow \text{Encap}(id^*),\ c_2^* \leftarrow \text{Ext}(k^*, S^*) \oplus M_v$$

(2) 输出挑战密文 $C_v^* = (c_1^*, c_2^*, S^*)$。

由于该游戏是 PKE 机制的原始抗泄露 CPA 安全性游戏，故有

$$\text{Adv}_{\text{IBE},\mathcal{A}}^{\text{LR-CPA}}(\kappa, \lambda) = \left| \Pr[\mathcal{E}_0] - \frac{1}{2} \right|$$

Game_1：该游戏与 Game_0 相类似，但该游戏使用挑战身份的私钥完成挑战密文的生成，即 $C_v^* = (c_1^*, c_2^*, S^*)$的生成过程如下所述。

(1) 计算

$$(pk, sk) \leftarrow \text{KeyGen}(1^\kappa),\ (c_1^*, k^*) \leftarrow \text{Encap}(id)$$

(2) 随机选取 $v \leftarrow_R \{0, 1\}$和 $S^* \leftarrow_R \{0, 1\}^{l_t}$，并计算

$$\tilde{k}^* \leftarrow \text{Decap}\{sk, c_1^*\},\ c_2^* \leftarrow \text{Ext}(\tilde{k}^*, S^*) \oplus M_v$$

(3) 输出挑战密文 $C_v^* = (c_1^*, c_2^*, S^*)$。

由底层 IB-HPS 解封装的正确性可知 Game_1 与 Game_0 是不可区分的，因此有

$$|\Pr[\mathcal{E}_1] - \Pr[\mathcal{E}_0]| \leqslant \text{negl}(\kappa)$$

Game_2：该游戏与 Game_1 相类似，但该游戏使用无效的密钥封装算法完成挑战密文的生成，即 $C_v^* = (c_1^*, c_2^*, S^*)$的生成过程如下所述。

(1) 计算

$$(pk, sk) \leftarrow \text{KeyGen}(1^\kappa),\ c_1^* \leftarrow \text{Encap}^*(id)$$

(2) 随机选取 $v \leftarrow_R \{0, 1\}$和 $S^* \leftarrow_R \{0, 1\}^{l_t}$，并计算

$$\tilde{k}^* \leftarrow \text{Decap}\{sk, c_1^*\},\ c_2^* \leftarrow \text{Ext}\{\tilde{k}^*, S^*\} \oplus M_v$$

(3) 输出挑战密文 $C_v^* = (c_1^*, c_2^*, S^*)$。

由底层 IB-HPS 有效封装密文与无效封装密文的不可区分性可知 Game_2 与 Game_1 是不可区分的，因此有

$$|\Pr[\mathcal{E}_2] - \Pr[\mathcal{E}_1]| \leqslant \text{negl}(\kappa)$$

Game_3：该游戏与 Game_2 相类似，但该游戏使用封装密钥空间中的随机值完成挑战密文的生成，即 $C_v^* = (c_1^*, c_2^*, S^*)$的生成过程如下所述。

(1) 随机选取 $v \leftarrow_R \{0, 1\}$，$\tilde{k}^* \leftarrow_R \mathcal{K}$ 和 $S^* \leftarrow_R \{0, 1\}^{l_t}$，并计算

$$c_1^* \leftarrow \text{Encap}^*(id),\ c_2^* \leftarrow \text{Ext}(\tilde{k}^*, S^*) \oplus M_v$$

(2) 输出挑战密文 $C_v^* = (c_1^*, c_2^*, S^*)$。

由底层 IB-HPS 的光滑性可知 Game_3 与 Game_2 是不可区分的，因此有

$$|\Pr[\mathcal{E}_3] - \Pr[\mathcal{E}_2]| \leqslant \text{negl}(\kappa)$$

由于在 Game_3 中挑战密文 $C_v^* = (c_1^*, c_2^*, S^*)$由随机的封装密钥 $\tilde{k}^* \leftarrow_R \mathcal{K}$ 生成，因此 C_v^* 中不包含 v 的任何信息，即 $\Pr[\mathcal{E}_3] = \frac{1}{2}$。

由 Game_3 与 Game_0 的不可区分性可知：

$$\mathrm{Adv}_{\mathrm{IBE},\mathcal{A}}^{\mathrm{LR-CPA}}(\kappa, \lambda) \leqslant \mathrm{negl}(\kappa)$$

（定理 6-5 证毕）

特别地，底层 IB-HPS 的无效密文封装算法 Encap* 在抗泄露 IBE 机制的构造中并未使用，而是在 CPA 安全性证明过程中使用。由本章任意 CPA 安全的 IBE 机制构造 IB-HPS 的结论可知，可以基于任意的 IBE 机制构造抗泄露 PKE 机制。

令 $l_m = l_m(\kappa)$ 是多项式参数；Π=(IBE. Setup，IBE. KeyGen，IBE. Enc，IBE. Dec)是一个消息空间为 $\mathcal{M}=Z_p^*$ 和身份空间为 $\mathcal{ID}_2$ 的 CPA 安全的 IBE 机制；$H:\mathcal{ID}_1 \times Z_p^* \to \mathcal{ID}_2$ 是一个单向哈希函数；$\mathrm{Ext}:\mathcal{M}\times\{0, 1\}^{l_t} \to \{0, 1\}^{l_m}$ 是一个$(\log p - l_m, \varepsilon)$-强随机性提取器。

CPA 安全的抗泄露 PKE 机制的通用构造 Π=(PKE. KeyGen，PKE. Enc，PKE. Dec)具体包含下述算法。

(1) $(mpk, msk) \leftarrow$ PKE. KeyGen(1^κ)：

运行$(Params, S_{msk}) \leftarrow$ IBE. Setup(1^κ)，随机选取一个身份 $id \in \mathcal{ID}$，对于 $i=1, 2, \cdots, l_m$，计算

$$id_i = H(id, i), \ d_i \leftarrow \mathrm{IBE.\ KeyGen}(S_{msk}, id_i)$$

随机选取 $t \leftarrow_R [l_m]$，输出(pk, sk)，其中 $pk=(Params, id)$，$sk=(t, d_t)$。

(2) $C \leftarrow$ PKE. Enc(pk, m)：

随机选取 $k \leftarrow_R \mathcal{M}$ 作为相应的封装密钥，对于 $i=1, 2, \cdots, l_m$，计算

$$id_i = H(id, i), \ c_i \leftarrow \mathrm{IBE.\ Enc}(k, id_i)$$

随机选取 $S \leftarrow_R \{0, 1\}^{l_t}$，计算

$$C_2 \leftarrow \mathrm{Ext}(k, S) \oplus m$$

最后，输出 $C=(C_1, C_2, S)$，其中 $C_1=(c_1, c_2, \cdots, c_{l_m})$。

(3) $m \leftarrow$ PKE. Dec(sk, C)：

计算

$$k \leftarrow \mathrm{IBE.\ Dec}(d_t, c_t), \ m \leftarrow \mathrm{Ext}(k, S) \oplus C_2$$

输出相应的明文 m。

6.5　基于最小假设的抗泄露 IBE 机制

本节将介绍基于任意 IBE 机制分别构造 CPA 安全和 CCA 安全的抗泄露 IBE 机制的通用方法。此外，还将介绍基于任意可更新 IBE 机制构造抗连续泄露 IBE 机制的通用方法。

6.5.1　基于任意 IBE 机制构造 CPA 安全的抗泄露 IBE 机制

令 $l_m = l_m(\kappa)$ 是多项式参数；Π=(IBE. Setup，IBE. KeyGen，IBE. Enc，IBE. Dec)是一个消息空间为 $\mathcal{M}=Z_p^*$ 和身份空间为 $\mathcal{ID}_2$ 的 CPA 安全的 IBE 机制；$H:\mathcal{ID}_1 \times Z_p^* \to \mathcal{ID}_2$ 是一个单向哈希函数；$\mathrm{Ext}:Z_p^* \times \{0, 1\}^{l_t} \to \{0, 1\}^{l_m}$ 是平均情况的$(\log p - \lambda, \varepsilon)$-强随机性提取器。

抗泄露的 IBE 机制 Π_1=(Setup，KeyGen，Dnc，Dec)由下述 4 个算法组成，对应的身

份空间为 $\mathcal{ID}_1$，消息空间为 $\mathcal{M}=\{0,1\}^{l_m}$，具体构造介绍如下。

(1) $(Params, S_{msk})\leftarrow \text{Setup}(1^\kappa)$：

运行 $(Params', S'_{msk})\leftarrow \text{IBE. Setup}(1^\kappa)$，并输出 $(Params, S_{msk})$，其中 $S'_{msk}=S_{msk}$，$Params=Params'$。

(2) $sk_{id}\leftarrow \text{KeyGen}(msk, id)$：

对于 $i=1, 2, \cdots, l_m$，计算

$$id_i = H(id, i),\ sk_{id} \leftarrow \text{IBE. KeyGen}(msk, id_i)$$

随机选取 $t\leftarrow_R [l_m]$，输出身份 id 所对应的私钥 $sk_{id}=(t, d_t)$。

(3) $C\leftarrow \text{Enc}(id)$：

随机选取 $k\leftarrow_R \mathcal{K}=Z_p^*$ 作为相应的封装密钥，对于 $i=1, 2, \cdots, l_m$，计算

$$id_i = H(id, i),\ c_i \leftarrow \text{IBE. Enc}(k, id_i)$$

随机选取 $S\leftarrow\{0, 1\}^{l_t}$，并计算

$$c^* \leftarrow \text{Ext}(k, S) \oplus M$$

输出密文 $C=(c^*, c_1, c_2, \cdots, c_{l_m}, S)$。

(4) $M\leftarrow \text{Dec}(sk_{id}, C)$：

计算

$$k \leftarrow \text{IBE. Dec}(d_t, c_t),\ M \leftarrow \text{Ext}(k, S) \oplus c^*$$

输出 M 作为相应密文 C 的解密结果。

6.5.2 基于任意 IBE 机制构造 CCA 安全的抗泄露 IBE 机制

令 $l_m=l_m(\kappa)$ 是多项式参数；$\Pi=(\text{IBE. Setup}, \text{IBE. KeyGen}, \text{IBE. Enc}, \text{IBE. Dec})$ 是一个消息空间为 $\mathcal{M}=Z_p^*$ 和身份空间为 $\mathcal{ID}_2$ 的 CPA 安全的 IBE 机制；$H: \mathcal{ID}_1\times Z_p^*\rightarrow\mathcal{ID}_2$ 是一个单向哈希函数；MAC=(Tag, Ver) 是密钥空间 $\mathcal{K}=Z_p^*$ 和消息空间 $\mathcal{M}$ 上的消息验证码；$\text{Ext}: Z_p^*\times\{0, 1\}^{l_t}\rightarrow\{0, 1\}^{l_m}$ 是平均情况的 $(\log p-\lambda, \varepsilon)$-强随机性提取器。

CCA 安全的抗泄露 IBE 机制 $\Pi_2=(\text{Setup}, \text{KeyGen}, \text{Enc}, \text{Dec})$ 由下述 4 个算法组成，对应的身份空间为 $\mathcal{ID}_1$，消息空间为 $\mathcal{M}=\{0, 1\}^{l_m}$，具体构造介绍如下。

(1) $(Params, S_{msk})\leftarrow \text{Setup}(1^\kappa)$：

运行 $(Params', S'_{msk})\leftarrow \text{IBE. Setup}(1^\kappa)$，并输出 $(Params, S_{msk})$，其中 $S'_{msk}=S_{msk}$，$Params=Params'$。

(2) $sk_{id}\leftarrow \text{KeyGen}(msk, id)$：

对于 $i=1, 2, \cdots, l_m$，计算

$$id_i = H(id, i),\ sk_{id} \leftarrow \text{IBE. KeyGen}(msk, id_i)$$

随机选取 $t\leftarrow_R [l_m]$，输出身份 id 所对应的私钥 $d_{id}=(t, d_t)$。

(3) $C\leftarrow \text{Enc}(id)$：

随机选取 $(k_1, k_2)\leftarrow_R Z_p^*\times Z_p^*$ 作为相应的封装密钥，对于 $i=1, 2, \cdots, l_m$，计算

$$id_i = H(id, i),\ c_1^i \leftarrow \text{IBE. Enc}(k_1, id_i),\ c_2^i \leftarrow \text{IBE. Enc}(k_2, id_i)$$

随机选取 $S\leftarrow\{0, 1\}^{l_t}$，并计算

$$c^* \leftarrow \text{Ext}(k_1, S) \oplus M,\ Tag \leftarrow \text{Tag}(k_2, (c_1, c_2, c^*, S))$$

输出密文 $C=(c^*, c_1, c_2, Tag, S)$，其中 $c_1=(c_1^1, c_1^2, \cdots, c_1^{l_m})$，$c_2=(c_2^1, c_2^2, \cdots, c_2^{l_m})$。

(4) $M \leftarrow \mathrm{Dec}(sk_{id}, C)$：

计算 $k_1' \leftarrow \mathrm{IBE.Dec}(d_t, c_1^t)$和 $k_2' \leftarrow \mathrm{IBE.Dec}(d_t, c_2^t)$。若有 $\mathrm{Ver}(k_2', Tag, (c_1, c_2, c^*, S))=1$ 成立，则输出 $M=k'_1 \oplus c_2$；否则，输出终止符⊥。

6.5.3 基于任意可更新 IBE 机制构造抗连续泄露 IBE 机制

令 $\Pi=(\mathrm{IBE.Setup}, \mathrm{IBE.KeyGen}, \mathrm{IBE.Update}, \mathrm{IBE.Enc}, \mathrm{IBE.Dec})$是一个消息空间为$\mathcal{M}=Z_p^*$ 和身份空间为 $\mathcal{ID}_2$ 的 CPA 安全的可更新 IBE 机制；$H: \mathcal{ID}_1 \times Z_p^* \to \mathcal{ID}_2$ 是一个单向哈希函数；$\mathrm{Ext}: Z_p^* \times \{0, 1\}^{l_t} \to \{0, 1\}^{l_m}$ 是平均情况的$(\log p-\lambda, \varepsilon)$-强随机性提取器。类似地，$l_m=l_m(\kappa)$是多项式参数。

抗连续泄露的 IBE 机制 $\Pi_3=(\mathrm{Setup}, \mathrm{KeyGen}, \mathrm{Enc}, \mathrm{Dec})$由下述 4 个算法组成，对应的身份空间为 $\mathcal{ID}_1$，消息空间为 $\mathcal{M}=\{0, 1\}^{l_m}$，具体构造介绍如下。

(1) $(Params, S_{msk}) \leftarrow \mathrm{Setup}(1^\kappa)$：

运行$(Params', S'_{msk}) \leftarrow \mathrm{IBE.Setup}(1^\kappa)$，并输出$(Params, S_{msk})$，其中 $S'_{msk}=S_{msk}$，$Params=Params'$。

(2) $sk_{id} \leftarrow \mathrm{KeyGen}(msk, id)$：

对于 $i=1, 2, \cdots, l_m$，计算

$$id_i = H(id, i),\ sk_{id} \leftarrow \mathrm{IBE.KeyGen}(msk, id_i)$$

随机选取 $t \leftarrow_R [l_m]$，输出身份 id 所对应的私钥 $sk_{id}=(t, d_t)$。

(3) $sk'_{id} \leftarrow \mathrm{Update}(sk_{id})$：

对于私钥 $sk_{id}=(t, d_t)$，计算

$$d'_t \leftarrow \mathrm{IBE.Update}(d_t)$$

输出 $sk'_{id}=(t, d'_t)$。

(4) $C \leftarrow \mathrm{Enc}(id)$：

随机选取 $k \leftarrow_R \mathcal{K}=Z_p^*$ 作为相应的封装密钥，对于 $i=1, 2, \cdots, l_m$，计算

$$id_i = H(id, i),\ c_i \leftarrow \mathrm{IBE.Enc}(k, id_i)$$

随机选取 $S \leftarrow \{0, 1\}^{l_t}$，并计算

$$c^* \leftarrow \mathrm{Ext}(k, S) \oplus M$$

输出密文 $C=(c^*, c_1, c_2, \cdots, c_{l_m}, S)$。

(5) $M \leftarrow \mathrm{Dec}(sk_{id}, C)$：

计算

$$k \leftarrow \mathrm{IBE.Dec}(d_t, c_t),\ M \leftarrow \mathrm{Ext}(k, S) \oplus c^*$$

输出 M 作为相应密文 C 的解密结果。

6.6 基于任意 IBE 机制构造封装密文较短的 IB-HPS

本章的 6.1 节介绍了基于任意 IBE 机制构造适应性安全的 IB-HPS 的通用方法，作为

对 6.1 节的补充，本节将基于任意 IBE 机制构造封装密文较短的 IB-HPS。

6.6.1 具体构造

令 Π=(IBE. Setup，IBE. KeyGen，IBE. Enc，IBE. Dec)是一个消息空间为 $\mathcal{M}$ 和身份空间为 $\mathcal{ID}$ 的 CPA 安全的 IBE 机制。

IB-HPS 的构造 Π=(Setup，KeyGen，Encap，Encap*，Decap)具体包含下述算法。

(1) $(mpk, msk)\leftarrow$Setup(1^κ)：

运行$(Params, S_{msk})\leftarrow$IBE. Setup$(1^\kappa)$，并输出$(mpk, msk)$，其中 $mpk=Params$，$S_{msk}=msk$。

(2) $d_{id}\leftarrow$KeyGen(msk, id)：

随机选取 $r\leftarrow_R\{0, 1\}$，计算

$$sk_{id} \leftarrow \text{IBE. KeyGen}(msk, id \parallel r)$$

输出身份 id 所对应的私钥 $d_{id}=(r, sk_{id})$。也就是说，$d_{id}=(r, sk_{id})$是由身份 $id\parallel 0$ 或 $id\parallel 1$所对应的 IBE 机制下的私钥，随机比特 r 表示具体选择了哪个身份。

(3) $(C, k)\leftarrow$Encap(id)：

随机选取 $k\leftarrow_R\mathcal{M}$ 作为相应的封装密钥，计算

$$ct_0 \leftarrow \text{IBE. Enc}(k, id \parallel 0),\ ct_1 \leftarrow \text{IBE. Enc}(k, id \parallel 1)$$

输出有效封装密文 $C=(ct_0, ct_1)$和封装密钥 k。也就是说，ct_0 和 ct_1 分别是在身份 $id\parallel 0$ 和 $id\parallel 1$ 的作用下加密相同的封装密钥 k。

(4) $(C)\leftarrow$Encap$^*(id)$：

随机选取 $k_0, k_1\leftarrow_R\mathcal{M}$，计算

$$ct_0 \leftarrow \text{IBE. Enc}(k_0, id \parallel 0),\ ct_1 \leftarrow \text{IBE. Enc}(k_1, id \parallel 1)$$

输出无效封装密文 $C^*=(ct_0, ct_1)$。也就是说，ct_0 和 ct_1 是在身份 $id\parallel 0$ 和 $id\parallel 1$ 的作用下分别加密封装密钥 k_0 和 k_1。

(5) $k\leftarrow$Decap(d_{id}, C)：

其中的 $d_{id}=(r, sk_{id})$。输出 $k\leftarrow$IBE. Dec(sk_{id}, c_r)作为相应的解封装结果。

6.6.2 安全性分析

1. 正确性

上述 IB-HPS 通用构造的正确性可以从底层 IBE 机制的正确性得到。

2. 通用性

对于身份 id 的私钥 $d_{id}=(r, sk_{id})$及相应的无效封装算法 Encap* 输出的无效封装密文 $C^*=(ct_0, ct_1)$，由解封装算法 $k\leftarrow$Decap(d_{id}, C^*)可知

$$k' = \text{IBE. Dec}(sk_{id}, \text{IBE. Enc}(k_0, id \parallel 0)) = k_0$$

或

$$k' = \text{IBE. Dec}(sk_{id}, \text{IBE. Enc}(k_1, id \parallel 1)) = k_1$$

因此，对于任意的敌手而言，同一身份 id 的不同私钥 d_{id} 和 d'_{id} 对同一无效封装密文 $C^*=(ct_0, ct_1)$的解封装结果相等的概率为

$$\Pr[\text{Decap}(d_{id}, C') = \text{Decap}(d'_{id}, C')] = \frac{1}{2}$$

因此上述构造具有$\frac{1}{2}$-通用性。

3. 平滑性

对于身份 id 的私钥 $d_{id}=(r, sk_{id})$及相应的无效封装算法 Encap^* 输出的无效封装密文 $C^*=(ct_0, ct_1)$，由通用性可知 $k'=k_0$ 或 $k'=k_1$。对于任意的敌手而言，参数 k_0 和 k_1 是从底层 IBE 机制的消息空间 $\mathcal{M}$ 中均匀随机选取的。换句话说，在敌手看来 k_0 和 k_1 是均匀随机的。综上所述，有下述关系成立：

$$\text{SD}((C', k'), (C', \tilde{k})) \leqslant \text{negl}(\kappa)$$

其中，$\tilde{k} \leftarrow_R \mathcal{M}$。

4. 有效封装密文与无效封装密文的不可区分性

定理 6-6　若 $\Pi=$(IBE. Setup，IBE. KeyGen，IBE. Enc，IBE. Dec)是一个 CPA 安全的 IBE 机制，那么在上述 IB-HPS 的通用构造中有效封装密文与无效封装密文是不可区分的。

很容易看出，有效封装密文与无效封装密文的不可区分性可以归约到底层 IBE 机制的 CPA 安全性，这是因为一个敌手永远不能同时获取身份 $id \| 0$ 和 $id \| 1$ 的密钥。由 Encap(·)生成的有效封装密文可以被正确解封装，这是因为 ct_0 或 ct_1 都封装了相同的密钥 k，可以用相对应的私钥 $d_{id}=(r, sk_{id})$中的 sk_{id} 解密。然而对于无效封装密文 ct_0 或 ct_1，由于它们分别封装了独立的密钥 k_0 和 k_1，故此时的解封装结果取决于私钥 $d_{id}=(r, sk_{id})$中的随机数 r。这意味着上述 IB-HPS 的构造对每个身份 id 有 2 个不同的私钥，每个私钥解封装一个无效封装密文时将得到不同的值。

因此，若 $\Pi=$(IBE. Setup，IBE. KeyGen，IBE. Enc，IBE. Dec)是 CPA 安全的 IBE 机制，则上述 IB-HPS 的通用构造 $\Pi=$(Setup，KeyGen，Encap，Encap^*，Decap)中有效封装密文与无效封装密文是不可区分的。

6.6.3　底层 IBE 机制的性能提升

令 $\Pi=$(IBE. Setup，IBE. KeyGen，IBE. Enc，IBE. Dec)是一个消息空间为 $\mathcal{M}$ 和身份空间为 $\mathcal{ID}$ 的 CPA 安全的 IBE 机制。为增加 IB-HPS 中封装密钥的随机性，对于任意的整数 n，下面将构造一个新的 IB-HPS $\Pi_n=(\text{Setup}_n, \text{KeyGen}_n, \text{Encap}_n, \text{Encap}_n^*, \text{Decap}_n)$，具体包含下述算法。

(1) $(mpk, msk) \leftarrow \text{Setup}_n(1^\kappa)$：

运行$(mpk, msk) \leftarrow \text{Setup}(1^\kappa)$，并输出$(mpk, msk)$。

(2) $d_{id} \leftarrow \text{KeyGen}_n(msk, id)$：

对于 $i=1, 2, \cdots, n$，随机选取 $r_i \leftarrow_R \{0, 1\}$，并计算

$$sk_{id,i} \leftarrow \text{KeyGen}(msk, id \| \text{bin}(i) \| r_i)$$

其中，$\text{bin}(i)$表示 i 的二进制形式。

输出身份 id 所对应的私钥 $d_{id}=(\{sk_{id,i}\}_{i=1,2,\cdots,n}, \{r_i\}_{i=1,2,\cdots,n})$。

(3) $(C, k) \leftarrow \text{Encap}_n(id)$：

对于 $i=1, 2, \cdots, n$，随机选取 $k_i \leftarrow_R \mathcal{M}$ 作为相应的封装密钥，并计算

$$ct_{i,0} \leftarrow \text{IBE.Enc}(k_i, id \| \text{bin}(i) \| 0)$$

$$ct_{i,1} \leftarrow \text{IBE.Enc}(k_i, id \| \text{bin}(i) \| 1)$$

输出有效封装密文 $C=(\{ct_{i,0}, ct_{i,1}\}_{i=1,2,\cdots,n})$ 和封装密钥 $k=\bigoplus_{i=1}^{n} k_i$。

(4) $C \leftarrow \text{Encap}^*(id)$：

对于 $i=1, 2, \cdots, n$，随机选取 $k_{i,0} \leftarrow_R \mathcal{M}$ 和 $k_{i,1} \leftarrow_R \mathcal{M}$，并计算

$$ct_{i,0} \leftarrow \text{IBE.Enc}(k_{i,0}, id \| \text{bin}(i) \| 0)$$

$$ct_{i,1} \leftarrow \text{IBE.Enc}(k_{i,1}, id \| \text{bin}(i) \| 1)$$

输出无效封装密文 $C=(\{ct_{i,0}, ct_{i,1}\}_{i=1,2,\cdots,n})$。

(5) $k \leftarrow \text{Decap}(d_{id}, C)$：

其中的 $d_{id}=(\{sk_{id,i}\}_{i=1,2,\cdots,n}, \{r_i\}_{i=1,2,\cdots,n})$。对于 $i=1, 2, \cdots, n$，计算

$$k_i \leftarrow \text{IBE.Dec}(sk_{id,i}, c_{r_i})$$

输出 $k=\bigoplus_{i=1}^{n} k_i$ 作为相应的解封装结果。

由定理 6-6 可知，若 $\Pi=$(IBE.Setup, IBE.KeyGen, IBE.Enc, IBE.Dec)是 CPA 安全的 IBE 机制，则 $\Pi_n=(\text{Setup}_n, \text{KeyGen}_n, \text{Encap}_n, \text{Encap}_n^*, \text{Decap}_n)$ 是一个 IB-HPS 的新型通用构造。

6.7 参考文献

[1] ZHOU Y W, YANG B. Continuous leakage-resilient public-key encryption scheme with CCA security[J]. The Computer Journal, 2017, 60(8): 1161-1172.

[2] QIAO Z R, YANG Q L, ZHOU Y W, et al. Novel public-key encryption with continuous leakage amplification [J]. The Computer Journal, 2021, 64(8): 1163-1177.

[3] ZHOU Y W, YANG B, XIA Z, et al. Novel generic construction of leakage-resilient PKE scheme with CCA security[J]. Designs, Codes and Cryptography, 2021, 89(7): 1575-1614.

第7章 身份基加密机制的挑战后泄露容忍性

各种泄露攻击的出现导致传统的密码机制在有泄露的环境下已不再保持其所声称的安全性，因此抗泄露性已成为密码机制必备的安全属性之一。但是，现有的多数抗泄露加密机制(如公钥加密、身份基加密等)的研究中均假设敌手的泄露是来自收到挑战密文之前，并禁止敌手在挑战后进行泄露操作，上述约束看似有必要，但事实上制约了结果的有效性，这是因为现实敌手往往是接触到密文数据后才会通过各种手段获取相应密钥的泄露信息。因此，挑战后的泄露容忍性更加接近真实环境的实际应用需求。目前对挑战后泄露容忍性的研究较少，且现有工作主要集中在公钥加密机制领域，缺乏对 IBE 机制挑战后泄露容忍性的研究。

本章将对 IBE 机制的挑战后泄露容忍性展开研究，介绍 IBE 机制熵泄露容忍性的属性要求和安全性定义；在状态分离模型中联合熵泄露容忍的 IBE 机制和二源提取器设计具有抵抗挑战后泄露攻击能力的 IBE 机制，并对上述构造的 CPA 安全性进行证明；为使 IBE 机制的安全性达到更优，在上述构造的基础上，将 MAC 作为另外一个基础工具，设计具有 CCA 安全性的抗挑战后泄露 IBE 机制，其中 MAC 实现了加密密文的防扩张性。

7.1 挑战后泄露

近年来，为缩小科学理论研究与实际应用需求之间的差距，众多研究者加入了抗泄露密码机制的研究队伍，多个抵抗泄露攻击的密码机制[1-5]相继被提出，泄露容忍性要求即使敌手获得秘密状态的泄露信息，密码机制依然保持其原有的安全性。在抗泄露密码机制的安全模型中敌手能够选取任意的泄露函数，并获得秘密状态在泄露函数作用下的函数值，该函数值就是敌手获得的泄露信息。

在加密机制中，敌手依然是通过泄露函数来获得相应秘密状态的泄露信息。由于敌手在获得挑战密文之后能够将消息编码到泄露函数中，并通过泄露询问协助其在安全性游戏中获胜，因此现有加密机制[1-5]的抗泄露研究中要求泄露信息是在敌手看到挑战密文之前获得的，即挑战密文生成之后不允许泄露的产生。也就是说，敌手只能在看到挑战密文之前进行关于密钥的泄露询问。如果相应的加密机制在面临上述泄露的情况下仍然保持语义安全，则认为该机制具有泄露容忍性。例如 PKE 机制的 CPA 安全性模型和 CCA 安全性模型中，敌手在挑战阶段将向挑战者发送两个等长的明文消息 M_0 和 M_1，并获得挑战者返回的挑战密文 C_β(C_β 是关于消息 $M_\beta(\beta \leftarrow_R \{0, 1\})$ 的加密密文)，一旦允许敌手在挑战之后进行泄露询问，那么敌手将挑战密文 C_β 编码到泄露函数中，通过进行泄露询问协助其输出对随机值 β 的正确猜测 β'，在这种情况下很难达到标准安全模型下的语义安全性。因此，现有多数加密机制的研究中均禁止敌手在获得挑战密文后再进行泄露询问。然而，在现实环境中，攻击者往往是先接触到加密的密文数据后才会通过各种手段获取相应密钥的泄露信息，现有抵抗挑战前泄露攻击的加密机制[1-5]无法保证上述攻击下加密数据的保密性。因此，为使抗泄露的密码机制在现实环境中更加实用，需研究加密机制挑战后的泄露容忍性，允许敌手在获得挑战密文之后继续进行泄露询问，从而使抗泄露密码学的理论研究更加接近现实环境的实际应用需求。

Halevi 和 Lin 在文献[6]中对 PKE 机制挑战后的泄露容忍性进行了研究，并证明了 Naor 和 Segev 在文献[7]中提出的抗泄露 PKE 机制的通用构造具有熵泄露容忍性；同时，在状态分离模型下提出了具有挑战后泄露容忍性的 PKE 机制，然而上述构造仅具有 CPA 安全性。为了获得 PKE 机制挑战后泄露容忍的 CCA 安全性，Zhang 等人在文献[8]中基于双加密(Double Encryption)技术提出了状态分离模型下的混合加密框架，并对上述构造的 CCA 安全性进行了证明；此外，文献[8]还对 IBE 机制的挑战后泄露容忍性进行了探索，但相应的方案仅具有 CPA 安全性，并且需维护底层 IBE 机制的两套初始化系统，导致相应构造的存储效率较低。由于现有 CCA 安全的 PKE 机制通常是基于 NIZK 系统实现挑战后的泄露容忍性，导致相应构造的计算效率较低，针对上述不足，Zhao 等人[9]首先在状态分离模型下基于抗泄露 PKE 机制给出了抗泄露损耗陷门函数的具体构造，然后进一步在不使用 NIZK 的前提下设计了抵抗挑战后泄露攻击的 PKE 机制，该方案以较高的计算效率达到了 CCA 安全性。文献[10]将挑战后的泄露容忍性和抵抗篡改攻击的需求结合起来，设计了同时抵抗上述两种攻击的 CCA 安全的 PKE 机制，并解决了文献[11]所提出的公开问题。文献[12]提出了一个通用转换方法，能够基于任意泄露容忍的 CPA 安全的 PKE 机制构造出具有挑战后泄露容忍的 CCA 安全性的 PKE 机制，并且新构造与底层抗泄露 PKE 机制具有相同的泄露率。在状态分离模型中，基于任意 CCA 安全的 PKE 机制，文献[13]提出了构造具有多挑战的 CCA 安全性且抵抗挑战后泄露容忍的 PKE 机制的通用方法。Li 等人[14]提出了抵抗挑战后辅助泄露的 IBE 机制，基于合数阶双线性群下的相关困难性假设对构造方案的安全性进行了证明，分析发现该方案仅实现了 CPA 安全性，且合数阶双线性群的使用导致相应构造的计算和存储效率较低。文献[15-18]对抵抗挑战后泄露攻击的密钥协商协议进行了研究，并在相关安全性模型下对相应构造的安全性进行了证明。

由上述现状分析可知，自从对挑战后泄露容忍性的研究被文献[6]提出以来，截至目前，相关的研究工作[6-18]较少，仅有的研究主要集中在 PKE 机制[6-13]和密钥协商协议[15-18]等领域，特别是缺乏对 IBE 机制的挑战后泄露容忍性的研究，因此本章将对 IBE 机制抵抗挑战后泄露攻击的能力进行介绍。

挑战后泄露容忍的实质是要求挑战密文具有足够的熵，使得在挑战后泄露询问中，敌手获得的关于秘密信息的泄露并不影响挑战密文中消息的随机性。文献[19]提出了 IBE 机制熵泄露容忍性的概念，并给出了具体的性质要求和安全属性的定义。在熵泄露容忍的 IBE 机制中，即使敌手根据挑战密文设计相应的泄露函数，但是它无法从泄露信息中获知比其长度更多的明文信息。也就是说，安全性游戏中的敌手即便拥有挑战后泄露攻击的能力，只要挑战密文具有足够的最小熵，那么就能确保挑战后泄露询问被敌手执行结束后消息依然具有一定的最小熵。特别地，在上述概念中将传统讨论密钥熵的问题扩展到了讨论消息的剩余熵。在此基础上，文献[19]基于熵泄露容忍的IBE机制，结合二源提取器和消息验证码等技术，在状态分离模型中开展了关于IBE机制挑战后泄露容忍的CPA安全性和CCA安全性的相关研究。

在状态分离模型中，文献[19]将用户的秘密钥划分为相互独立的两个状态，并且允许敌手对两个状态分别进行多项式次挑战前和挑战后的泄露询问，其中部分秘密钥的相互独立性能够确保泄露信息同样是相互独立的。相较于文献[3]中建立两套底层的IBE机制而言，我们仅运行一套底层的熵泄露容忍IBE机制，通过两个安全的哈希函数 H_1 和 H_2 基于用户身份 id 映射出两个独立的新身份 id_1 和 id_2，并基于底层IBE机制的密钥生成算法输出上述身份 id_1 和 id_2 对应的秘密钥 d_1 和 d_2，由身份 id_1 和 id_2 的相互独立性可知，秘密钥 d_1 和 d_2 同样是相互独立的，满足状态分离模型下IBE机制的性质要求。此外，基于均匀选取的随机数 x_1 和 x_2，使用二源提取器的输出 $\text{2-Ext}(x_1, x_2)$ 对明文消息 M 进行隐藏，即 $\text{2-Ext}(x_1, x_2) \oplus M$，底层熵泄露容忍的IBE机制能够确保即使敌手获知 x_1 和 x_2 的对应密文和相应秘密钥的泄露信息，x_1 和 x_2 依然具有足够的最小熵。也就是说，即使敌手获得相应的挑战后泄露，$\text{2-Ext}(x_1, x_2)$ 依然能够很好地隐藏消息 M。

如图7-1所示，在CCA安全的抗挑战后泄露IBE机制的通用构造中，通过哈希函数 H_1 和 H_2 对 id 进行映射生成 id_1 和 id_2，并使用熵泄露容忍的IBE机制对均匀选取的随机数 x_1 和 x_2 进行加密，分别生成 $c_1 = \text{Enc}(id_1, x_1)$ 和 $c_2 = \text{Enc}(id_2, x_2)$；然后基于两个不同的二源提取器 2-Ext_1 和 2-Ext_2 输出两个相互独立的对称密钥 $k_1 = \text{2-Ext}_1(x_1, x_2)$ 和 $k_2 = \text{2-Ext}_2(x_1, x_2)$，其中一个对称密钥 k_1 完成对明文消息 M 的加密生成相应的密文 $c_3 = k_1 \oplus M$，另外一个对称密钥 k_2 作为MAC的密钥，通过将 k_2 输入标签生成算法生成消息 (c_1, c_2, c_3) 的相应标签 $Tag = \text{Tag}(k_2, (c_1, c_2, c_3))$，实现密文的防扩展性。除接收者之外的任何敌手，要想获知对称密钥 k_1 和 k_2，其必须掌握接收者的秘密钥 sk_{id} 才能从相应的密文中解密获得，由秘密钥 sk_{id} 的安全性保证了本章构造的安全性。特别地，本章方案中，用户的秘密钥 sk_{id} 实际是对随机数 x_1 和 x_2 提供了保护，且熵泄露容忍性确保了在私钥存在泄露的情况下相应的密文 c_1 和 c_2 具有足够的随机性，进而保证解密 c_1 和 c_2 所得到的结果依然具有足够的平均最小熵，确保能够基于二源提取器 2-Ext_1 恢复出加密明文 M 的一次性密钥 k_1。

针对当前对IBE机制挑战后泄露容忍性研究缺乏的现状，文献[19]对IBE机制挑战后泄露容忍的CPA安全性和CCA安全性分别进行了研究，详细叙述如下。

（1）提出了熵泄露容忍IBE机制的性质要求及安全性定义，并证明了文献[20]基于IB-HPS和强随机性提取器提出的CPA安全的IBE机制是熵泄露容忍的，能够抵抗挑战后的泄露攻击。

（2）在状态分离模型中，给出了基于熵泄露容忍的IBE机制和二源提取器设计挑战后泄露容忍的IBE机制的通用构造，并基于底层IBE机制和消息验证码的安全性证明了上述通用构造的抗挑战后泄露CPA安全性。即使敌手获得了挑战后的泄露信息，底层熵泄露容忍的IBE机制仍然能够确保用于消息隐藏的对称密钥具有足够的最小熵。

（3）对于IBE机制而言，CCA安全性是更佳的安全属性，因此本章基于熵泄露容忍的IBE机制、二源提取器和消息验证码提出了CCA安全的高效抗挑战后泄露的IBE机制的通用构造。与现有相关构造相比，Zhou 等人[19]的构造以较高的效率实现了 CCA 安全性。

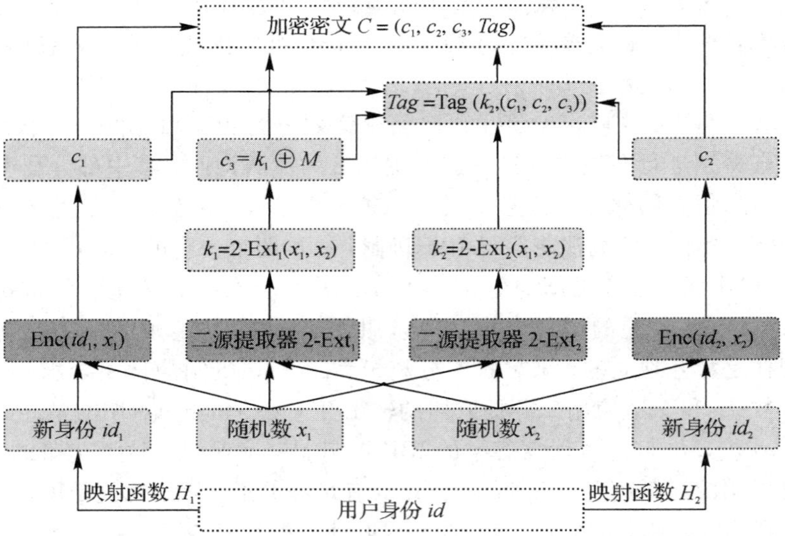

图 7-1 CCA 安全的 IBE 机制挑战后泄露容忍性的实现思路

特别地，文献[19]提出了基于任意 IB-HPS 构造抗挑战后泄露容忍的 IBE 机制的通用方法。结合他们的方法和文献[21]中的结论，很容易得到一个挑战后泄露容忍的 CPA 安全的 PKE 机制的新构造方法。文献[1]中提出的新密码学机制——双封装密钥的身份基哈希证明系统是对 IB-HPS 的功能扩张，结合本章方法和文献[1]中的结论，将得到一个挑战后泄露容忍的 CCA 安全的 PKE 机制，因为文献[9]所使用的损耗陷门函数属于非对称的密码机制，而文献[19]所使用的消息验证码是对称密码机制，所以相应的构造比文献[9]的机制更高效。

已有研究从 CPA 和 CCA 安全性两方面对 IBE 机制挑战前的泄露容忍性进行了深入研究，分别提出了相应的具体构造。由于挑战后泄露容忍性允许敌手在接触挑战密文之后继续执行泄露询问，性能更接近现实环境的实际应用需求，因此近年来少数工作[8, 14]对 IBE 机制选择明文安全的挑战后泄露容忍性进行了研究。对于加密机制而言，CCA 安全性是性能更优且更适合应用需求的性质，然而目前尚未有对 IBE 机制选择密文安全的挑战后泄露容忍性的研究工作。针对该问题，文献[19]对 IBE 机制 CCA 安全的挑战后泄露容忍性进行了研究，并基于 HPS 提出了相应的构造方法，该方法从通用构造的角度出发，具有较高的普适性。文献[19]提出的 IBE 机制挑战后泄露容忍性的通用构造方法，不仅实现了对全生命周期式泄露攻击(挑战前泄露攻击和挑战后泄露攻击)的抵抗，而且具有性能更优的 CCA 安全性。此外，该构造继承了非对称密码机制的高计算效率的优势。

7.2 抗挑战后泄露的熵安全性

对于任意的敌手，当其获得加密密文和相应的泄露信息(即使泄露是在看到密文之后获得的)后，如果原始明文消息依然具有足够高的最小熵，那么相应的加密机制具备熵泄露容忍性。本节将给出 IBE 机制熵泄露安全性的属性要求及安全性的定义。

7.2.1 IBE 机制的熵泄露容忍性

为了给出 IBE 机制熵泄露容忍性的具体定义，定义下述两个游戏：真实游戏 Game_{rl} 和模拟游戏 Game_{sm}。

令 k 是消息 m 的最小熵，为方便起见，假设 M 是 k 比特长的均匀随机字符串，即 $M\in\{0,1\}^k$；l_{Pre} 和 l_{Post} 表示游戏中各部分的泄露量，其中 l_{Pre} 表示收到挑战密文前关于秘密钥的泄露长度，l_{Post} 表示收到挑战密文后关于秘密钥的泄露长度。所有的参数均由安全参数 κ 通过相应的函数生成。

真实游戏 Game_{rl}：给定相应的参数(k, l_{Pre}, l_{Post})，真实游戏的参与者包括挑战者 $\mathcal{C}$ 和敌手 $\mathcal{A}$，具体过程如下所述。

(1) 初始化：

挑战者 $\mathcal{C}$ 输入安全参数 κ，运行初始化算法$(Params, msk)\leftarrow\mathrm{Setup}(1^\kappa)$，产生公开的系统参数 $Params$ 和保密的主私钥 msk，并将 $Params$ 发送给敌手 $\mathcal{A}$。

(2) 挑战前的询问：

在该阶段，敌手 $\mathcal{A}$ 可适应性地进行多项式有界次的秘密钥生成询问和挑战前的泄露询问。

① 秘密钥生成询问。敌手 $\mathcal{A}$ 发出对身份 $id\in\mathcal{ID}$ 的秘密钥生成询问。挑战者 $\mathcal{C}$ 运行密钥生成算法 $sk_{id}\leftarrow\mathrm{KeyGen}(id, msk)$，产生与身份 id 相对应的秘密钥 sk_{id}，并把它发送给敌手 $\mathcal{A}$。

② 挑战前的泄露询问。敌手 $\mathcal{A}$ 以高效可计算的泄露函数 $f_i^{Pre}:\{0,1\}^*\rightarrow\{0,1\}^{\lambda_i}$ 作为输入，向挑战者 $\mathcal{C}$ 发出关于身份 id 的挑战前泄露询问。挑战者 $\mathcal{C}$ 首先运行算法 $sk_{id}\leftarrow\mathrm{KeyGen}(id, msk)$ 生成身份 id 所对应的秘密钥 sk_{id}，然后返回相应的泄露信息 $f_i^{Pre}(sk_{id})$ 给敌手 $\mathcal{A}$。虽然敌手可进行多项式有界次的泄露询问，但是在整个询问过程中关于同一秘密钥的挑战前泄露总量不超过 l_{Pre}，即有 $f_{Pre}(sk_{id})=\sum_{i=1}^{t}|f_i^{Pre}(sk_{id})|\leqslant l_{Pre}$ 成立，其中 t 表示挑战前泄露询问的总次数。

(3) 挑战：

敌手 $\mathcal{A}$ 输出挑战身份 $id^*\in\mathcal{ID}$(其中 $\mathcal{ID}$ 为相应 IBE 机制的身份空间)，并且 id^* 不能在阶段 1 的任何秘密钥生成询问中出现。挑战者 $\mathcal{C}$ 首先随机选取明文 $M^{rl}\in\{0,1\}^k$，然后计算密文 $C^*=\mathrm{Enc}(id^*, M^{rl})$，最后将 C^* 发送给敌手 $\mathcal{A}$。

(4) 挑战后的询问：

在该阶段，敌手 $\mathcal{A}$ 可适应性地进行多项式有界次的秘密钥生成询问和挑战后的泄露询问。

① 秘密钥生成询问。敌手 $\mathcal{A}$ 能对除挑战身份 id^* 之外的任意身份 $id\in\mathcal{ID}$(其中 $id\neq id^*$)进行秘密钥生成询问，挑战者 $\mathcal{C}$ 以阶段 1 中的方式进行应答。

② 挑战后的泄露询问。敌手 $\mathcal{A}$ 以高效可计算的泄露函数 $f_i^{Post}:\{0,1\}^*\rightarrow\{0,1\}^{\lambda_i}$ 作为输入，向挑战者 $\mathcal{C}$ 发出关于身份 id 的挑战后泄露询问。挑战者 $\mathcal{C}$ 首先运行算法 $sk_{id}\leftarrow\mathrm{KeyGen}(id, msk)$ 生成身份 id 所对应的秘密钥 sk_{id}，然后返回相应的泄露信息 $f_i^{Post}(sk_{id})$

给敌手 $\mathcal{A}$。虽然敌手可进行多项式有界次的泄露询问，但是在整个询问过程中关于同一秘密钥的挑战后泄露总量不超过 l_{Post}，即有 $f^{Post}(sk_{id})=\sum_{i=1}^{t'}|f_i^{Post}(sk_{id})|\leqslant l_{Post}$ 成立，其中 t' 表示挑战后泄露询问的总次数。

随机变量 $\text{View}_{\mathcal{A}}^{rl}(\Pi)=(Randomness, Params, sk_{id}, id^*, f_{Pre}(sk_{id^*}), C^*, f_{Post}(sk_{id^*}))$ 表示在真实游戏中敌手 $\mathcal{A}$ 的视图；M^{rl} 表示真实游戏中挑战者随机选取的加密消息，$(M^{rl}, \text{View}_{\mathcal{A}}^{rl}(1^{\kappa}))$ 表示在真实游戏中消息和敌手 $\mathcal{A}$ 视图的联合分布。特别地，由于敌手能够获得除挑战身份 id^* 之外任意身份 id 的私钥 sk_{id}，因此在 $\text{View}_{\mathcal{A}}^{rl}(\Pi)$ 中仅表示了挑战身份对应秘密钥 sk_{id^*} 的泄露信息。

模拟游戏 Game_{sm}。在该游戏中，使用模拟者 $Simu$ 代替上述游戏 Game_{rl} 中的挑战者，模拟者均匀随机选取消息 M^{sm} 作为输入，并为消息 $M^{sm}\in\{0,1\}^k$ 模拟相应的交互。给定相应的参数 (k, l_{Pre}, l_{Post})，模拟游戏的具体过程如下所述。

(1) 初始化：

模拟者 $Simu$ 运行初始化算法 $(Params, msk)\leftarrow\text{Setup}(1^{\kappa})$，产生公开的系统参数 $Params$ 和保密的主私钥 msk，并将 $Params$ 发送给敌手 $\mathcal{A}$。

(2) 挑战前的询问(阶段 1)：

在该阶段，敌手 $\mathcal{A}$ 可适应性地进行多项式有界次的秘密钥生成询问和挑战前的泄露询问。

① 秘密钥生成询问。敌手 $\mathcal{A}$ 发出对身份 $id\in\mathcal{ID}$ 的秘密钥生成询问。模拟者 $Simu$ 运行密钥生成算法 $sk_{id}\leftarrow\text{KeyGen}(id, msk)$，产生与身份 id 相对应的秘密钥 sk_{id}，并把它发送给敌手 $\mathcal{A}$。

② 挑战前的泄露询问。敌手 $\mathcal{A}$ 以高效可计算的泄露函数 $f_i^{pre}:\{0,1\}^*\rightarrow\{0,1\}^{\lambda_i}$ 作为输入，向模拟者 $Simu$ 发出关于身份 id 的挑战前泄露询问。模拟者 $Simu$ 首先运行算法 $sk_{id}\leftarrow\text{KeyGen}(id, msk)$ 生成身份 id 所对应的秘密钥 sk_{id}，并将相应的泄露信息 $f_i^{Pre}(sk_{id})$ 发送给敌手 $\mathcal{A}$。虽然敌手可进行多项式有界次的泄露询问，但是在整个询问过程中关于同一秘密钥的挑战前泄露总量不超过 l_{Pre}。

(3) 挑战：

敌手 $\mathcal{A}$ 输出挑战身份 $id^*\in\mathcal{ID}$(其中 $\mathcal{ID}$ 为相应 IBE 机制的身份空间)，其中 id^* 不能在阶段 1 的任何秘密钥生成询问中出现。模拟者 $Simu$ 计算挑战密文 $C^*=\text{Enc}(id^*, M^{sm})$，并将 C^* 发送给敌手 $\mathcal{A}$。

(4) 挑战后的询问(阶段 2)：

在该阶段，敌手 $\mathcal{A}$ 可适应性地进行多项式有界次的秘密钥生成询问和挑战后的泄露询问。

① 秘密钥生成询问。敌手 $\mathcal{A}$ 能对除挑战身份 id^* 之外的任意身份 $id\in\mathcal{ID}$(其中 $id\neq id^*$)进行秘密钥生成询问，模拟者 $Simu$ 以阶段 1 中的方式进行回应。

② 挑战后的泄露询问。敌手 $\mathcal{A}$ 以高效可计算的泄露函数 $f_i^{Post}:\{0,1\}^*\rightarrow\{0,1\}^{\lambda_i}$ 作为输入，向模拟者 $Simu$ 发出关于身份 id 的挑战后泄露询问。模拟者 $Simu$ 运行算法 $sk_{id}\leftarrow\text{KeyGen}(id, msk)$ 生成身份 id 所对应的秘密钥 sk_{id}，并返回相应的挑战后泄露信息 $f_i^{Post}(sk_{id})$ 给敌手 $\mathcal{A}$。虽然敌手可进行多项式有界次的泄露询问，但是在整个询问过程中关

于同一秘密钥的挑战后泄露总量不超过 l_{Post}。

随机变量 $\mathrm{View}_{\mathcal{A}}^{sm}(Simu)=(Randomness, Params, id^*, sk_{id}, f_{Pre}(sk_{id^*}), C^*, f_{Post}(sk_{id^*}))$ 表示在模拟游戏中敌手 $\mathcal{A}$ 的视图。

定义 7-1(IBE 机制的熵泄露容忍性)　对于相应的参数 k、l_{Pre} 和 l_{Post}，若存在一个模拟者 $Simu$，使得任意的敌手 $\mathcal{A}$ 满足下述两个条件，那么对应的 IBE 机制 $\Pi=$(Setup, KeyGen, Enc, Dec)是熵泄露容忍的。

(1) 敌手 $\mathcal{A}$ 的真实视图和模拟视图是不可区分的，即 $(M^{rl}, \mathrm{View}_{\mathcal{A}}^{rl}(\Pi))$ 和 $(M^{sm}, \mathrm{View}_{\mathcal{A}}^{sm}(Simu))$ 是不可区分的。

(2) 给出 $\mathrm{View}_{\mathcal{A}}^{sm}(Simu)$ 的前提下，消息 M^{sm} 的平均最小熵为

$$\widetilde{H}_{\infty}(M^{sm} \mid \mathrm{View}_{\mathcal{A}}^{sm}(Simu)) \geqslant k - l_{Post} - \omega(\log\kappa)$$

其中 $\omega(\log\kappa)$ 表示计算中产生的额外泄露量。则在敌手获得挑战后泄露的条件下 M^{sm} 具有足够的最小熵。

特别地，敌手获得秘密钥的挑战后泄露量至多为 l_{Post}，其通过挑战后泄露询问获得消息 M^{sm} 的信息至多为 l_{Post}。挑战前的泄露长度 l_{Pre} 并不影响消息 M^{sm} 的最小熵，M^{sm} 最小熵的改变仅与挑战后的泄露长度 l_{Post} 有关。除了挑战之后的泄露和额外消耗的 $\omega(\log\kappa)$ 比特外，消息 M^{sm} 保持了其最初的熵。由于模拟游戏和真实游戏是不可区分的，因此在真实游戏中消息 M^{rl} 保持了与 M^{sm} 相同的最小熵。

7.2.2　熵泄露容忍的 IBE 机制

本节将详细介绍第 4 章中基于 IB-HPS 提出的 CPA 安全的 IBE 机制的通用构造[20]事实上是熵泄露容忍的，能够抵抗有界的挑战后泄露。加密算法对 IB-HPS 的有效密文进行采样，并使用与该密文对应的封装密钥来隐藏消息。为了显示熵安全性，熵模拟器除了使用无效的密文外，还与加密算法进行了相同的操作。从有效封装密文与无效封装密文的不可区分性可以得出真实游戏和模拟游戏是不可区分的。此外，由于平滑性，无效密文中封装的密钥具有较高的最小熵，因此消息被很好地“隐藏”，消息具有较高的平均最小熵。

1. 具体构造

令 $\Pi=$(Setup, KeyGen, Encap, Encap*, Decap)是封装密钥空间为 $\mathcal{K}=\{0, 1\}^{l_k}$ 的平滑性 IB-HPS；$\mathrm{Ext}:\{0,1\}^{l_k}\times\{0,1\}^{l_t}\rightarrow\{0,1\}^{l_\eta}$ 是平均情况的 $(l_\varepsilon, \varepsilon)$-强随机性提取器，那么 Ext 的输入具有 l_ε 比特的平均最小熵，其输出与任意 l_η 比特长字符串间的统计距离是 ε。

熵泄露容忍的 IBE 机制的通用构造 $\Pi_1=$(Setup′, KeyGen′, Enc′, Dec′)由下述算法组成。

(1) $(Params, msk)\leftarrow\mathrm{Setup}'(1^\kappa)$：

输出 $Params\leftarrow(mpk, \mathrm{Ext})$ 和 msk，其中 $(mpk, msk)\leftarrow\mathrm{Setup}(1^\kappa)$。

(2) $sk_{id}\leftarrow\mathrm{KeyGen}'(msk, id)$：

输出 $sk_{id}=d_{id}$，其中 $d_{id}\leftarrow\mathrm{KeyGen}(msk, id)$。

(3) $C\leftarrow\mathrm{Enc}'(id, M)$：

其中 $M\in\{0, 1\}^{l_\eta}$。随机选取 $S\leftarrow\{0, 1\}^{l_t}$，并计算

$$(c_1, k)\leftarrow\mathrm{Encap}(id),\ c_2\leftarrow\mathrm{Ext}(k, S)\oplus M$$

输出 $C=(c_1, c_2, S)$。

(4) $M \leftarrow \mathrm{Dec}'(sk_{id}, C)$：

计算

$$k \leftarrow \mathrm{Decap}(sk_{id}, c_1), M \leftarrow \mathrm{Ext}(k, S) \oplus c_2$$

最后，输出 M 作为相应密文 C 的解密结果。

我们注意到，上述 IBE 机制通用构造的正确性可由底层 IB-HPS 和强随机性提取器的正确性获得。

2. 安全性证明

定理 7-1 若底层密码机制 $\Pi=(\mathrm{Setup}, \mathrm{KeyGen}, \mathrm{Encap}, \mathrm{Encap}^*, \mathrm{Decap})$ 是平滑性 IB-HPS，$\mathrm{Ext}: \{0, 1\}^{l_k} \times \{0, 1\}^{l_t} \rightarrow \{0, 1\}^{l_\eta}$ 是平均情况的 $(l_\varepsilon, \varepsilon)$-强随机性提取器，那么上述 IBE 机制的通用构造是熵泄露容忍的，其中参数 l_{Pre} 和 l_{Post} 满足下述关系：

$$l_{Pre} \leqslant \log\left(\frac{1}{l_k+\varepsilon}\right) - l_\varepsilon, \ l_{Post} \leqslant l_\eta - \omega(\log \kappa)$$

证明 由熵泄露容忍性的定义可知，需将真实的游戏转换为模拟游戏来分析 IBE 机制的熵泄露容忍性。真实游戏和模拟游戏的具体构造如下。

真实游戏 Game_{rl}：该游戏是原始的真实游戏，由挑战者 $\mathcal{C}$ 和敌手 $\mathcal{A}$ 执行。收到敌手 $\mathcal{A}$ 递交的挑战身份 id^* 后，挑战者 $\mathcal{C}$ 通过下述计算生成相应的挑战密文 $C^*=(c_1^*, c_2^*, S^*)$。

(1) 随机选取 $M^{rl} \leftarrow_R \{0, 1\}^{l_k}$ 和 $S^* \leftarrow_R \{0, 1\}^{l_t}$，并计算

$$(c_1^*, k^*) \leftarrow \mathrm{Encap}(id^*), c_2^* \leftarrow \mathrm{Ext}\{k^*, S^*\} \oplus M^{rl}$$

(2) 输出挑战密文 $C^*=(c_1^*, c_2^*, S^*)$。

游戏 Game_{mi}：该游戏与原始游戏 Game_{rl} 相类似，但该游戏使用挑战身份的私钥完成挑战密文的生成。收到敌手 $\mathcal{A}$ 递交的挑战身份 id^* 后，挑战者 $\mathcal{C}$ 通过下述计算生成相应的挑战密文 $C^*=(c_1^*, c_2^*, S^*)$。

(1) 计算 $sk_{id^*} \leftarrow \mathrm{KeyGen}'(msk, id^*)$。

(2) 随机选取 $M^{rl} \leftarrow_R \{0, 1\}^{l_k}$ 和 $S^* \leftarrow_R \{0, 1\}^{l_t}$，并计算

$$(c_1^*, k^*) \leftarrow \mathrm{Encap}(id^*), \tilde{k}^* \leftarrow \mathrm{Decap}(sk_{id^*}, c_1^*), c_2^* \leftarrow \mathrm{Ext}(\tilde{k}^*, S^*) \oplus M^{rl}$$

(3) 输出挑战密文 $C^*=(c_1^*, c_2^*, S^*)$。

游戏 Game_{mi} 中，使用挑战身份 id^* 对应的秘密钥 sk_{id^*} 对封装密文 c_1^* 进行解封装，并用解封装后的结果 $\tilde{k}^*$ 对消息 M 进行隐藏，因此由底层 IB-HPS 解封装的正确性可知游戏 Game_{rl} 与游戏 Game_{mi} 是不可区分的，故有

$$\mathrm{SD}((M^{rl}, \mathrm{View}_{\mathcal{A}}^{rl}(\Pi)), (M^{rl}, \mathrm{View}_{\mathcal{A}}^{mi}(\Pi))) \leqslant \mathrm{negl}(\kappa)$$

模拟游戏 Game_{sm}：该游戏由模拟者 $Simu$ 和敌手 $\mathcal{A}$ 执行，其中使用无效的密钥封装算法完成挑战密文的生成。对于输入的均匀随机消息 $M^{sm} \leftarrow_R \{0, 1\}^{l_k}$，$Simu$ 基于下述运算生成相应的挑战密文 $C^*=(c_1^*, c_2^*, S^*)$。

(1) 计算 $sk_{id^*} \leftarrow \mathrm{KeyGen}(msk, id^*)$。

(2) 随机选取 $S^* \leftarrow_R \{0, 1\}^{l_t}$，并计算

$$c_1^* \leftarrow \mathrm{Encap}^*(id^*), \tilde{k}^* \leftarrow \mathrm{Decap}(sk_{id^*}, c_1^*), c_2^* \leftarrow \mathrm{Ext}(\tilde{k}^*, S^*) \oplus M^{sm}$$

(3) 输出挑战密文 $C^*=(c_1^*, c_2^*, S^*)$。

游戏 Game_{sm} 中，使用无效密文封装算法 Encap^* 代替游戏 Game_{mi} 中的有效密文封装算法 Encap 完成密文元素 c_1^* 的生成。由底层 IB-HPS 有效封装密文与无效封装密文的不可区分性可知游戏 Game_{mi} 与游戏 Game_{sm} 是不可区分的，因此有

$$\text{SD}((M^{rl}, \text{View}_{\mathcal{A}}^{mi}(\Pi)), (M^{sm}, \text{View}(Simu))) \leqslant \text{negl}(\kappa)$$

则模拟者 $Simu$ 生成了与挑战者 $\mathcal{C}$ 几乎等价的游戏。由 IB-HPS 的平滑性可知，在已知 id^* 和 c_1^* 的前提下，封装密钥 k^* 的原始最小熵是 $\log\left(\frac{1}{l_k+\varepsilon}\right)$，其中 $|\mathcal{K}|=l_k$。为满足强随机性提取器 $\text{Ext}:\{0, 1\}^{l_k}\times\{0, 1\}^{l_t}\rightarrow\{0, 1\}^{l_\eta}$ 的输入要求（对于任意的随机变量，Ext 输入的平均最小熵为 l_ε），敌手在已知挑战前泄露的前提下，有下述关系成立：

$$\log\left(\frac{1}{l_k+\varepsilon}\right)-l_{Pre}\geqslant l_\varepsilon\Rightarrow l_{Pre}\leqslant\log\left(\frac{1}{l_k+\varepsilon}\right)-l_\varepsilon$$

即使敌手获知 id^*、c_1^*、挑战前的泄露信息和随机种子 S^*，$\text{Ext}:\{0, 1\}^{l_k}\times\{0, 1\}^{l_t}\rightarrow\{0, 1\}^{l_\eta}$ 的输出仍然是均匀随机的。由于 Ext 的输出与任意 l_η 比特的字符串是 ε 靠近的，故消息到达挑战阶段时的最小熵为 $l_\eta-\omega(\log\kappa)$，其中 $\omega(\log\kappa)$ 表示模拟者在模拟过程中的额外开支。由于挑战之后的泄露界为 l_{Post}，因此到达挑战阶段时消息的最小熵至少为 $l_\eta-l_{Post}-\omega(\log\kappa)$，故 $l_{Post}\leqslant l_\eta-\omega(\log\kappa)$。

综上所述，对于相应的泄露参数 $l_{Pre}\leqslant\log\left(\frac{1}{l_k+\varepsilon}\right)-l_\varepsilon$ 和 $l_{Post}\leqslant l_\eta-\omega(\log\kappa)$，上述 IBE 机制的通用构造具有熵泄露容忍的安全性，具备抵抗挑战后泄露攻击的能力。

（定理 7-1 证毕）

7.3 状态分离模型下 CCA 安全的 IBE 机制

7.3.1 挑战后泄露容忍的 CPA 安全性

在状态分离模型中，可以将密码学机制中的秘密状态划分为几部分，敌手可分别从其选择的部分获得相应的泄露，但不能通过一个全局函数作用于所有的秘密状态。对于 IBE 机制而言，可以将用户的秘密钥划分为相互独立的多个部分。

定义 7-2 当 IBE 机制 $\Pi=$(Setup, KeyGen, Enc, Dec)具备下述性质时，称其是 2-状态分离的 IBE 机制。

(1) 任意身份的秘密钥包含两部分，即 $d_{id}=(d_1, d_2)$，其中 d_1 和 d_1 是相互独立的。

(2) 密钥生成算法 KeyGen 包含两个子程序，即 KeyGen_1 和 KeyGen_2，其中对于 $i\in\{1, 2\}$，KeyGen_i 的输出为部分秘密钥 d_i。

(3) 解密算法 Dec 同样包含两个子程序，即 Dec_1 和 Dec_2，同时还包含一个拼接子程序 Comb。对于 $i\in\{1, 2\}$，Dec_i 输入密文 C 和相应的部分秘密钥 d_i，输出部分解密结果 t_i；拼接子程序 Comb 输入密文 C 和相应的部分解密结果 t_1 和 t_2，输出最终的明文 M。

在状态分离模型中，各部分的信息泄露是相互独立的。l_{Pre} 和 l_{Post} 表示游戏中各部分的泄露量，其中 l_{Pre} 表示收到挑战密文前的泄露量，l_{Post} 表示收到挑战密文后的泄露量。

给定相应的参数(l_{Pre}, I_{Post})，在状态分离模型下，IBE 机制 Π=(Setup, KeyGen, Enc, Dec)抵抗挑战后泄露的 CPA 安全性游戏的具体过程如下所述。

(1) 初始化：

挑战者 $\mathcal{C}$ 输入安全参数 κ，运行初始化算法($Params$, msk)←Setup(1^{κ})，产生公开的系统参数 $Params$ 和保密的主私钥 msk，并将 $Params$ 发送给敌手 $\mathcal{A}$。

(2) 阶段 1(训练)：

在该阶段，敌手 $\mathcal{A}$ 可适应性地进行多项式有界次的秘密钥生成询问和挑战前的泄露询问。

① 秘密钥生成询问。敌手 $\mathcal{A}$ 发出对身份 $id \in \mathcal{ID}$ 的秘密钥生成询问。对于 $i \in \{1, 2\}$，挑战者 $\mathcal{C}$ 运行密钥生成子算法 $d_i \leftarrow \text{KeyGen}_i(id, msk)$，产生与身份 id 相对应的秘密钥 $sk_{id}=(d_1, d_2)$，并把它发送给 $\mathcal{A}$。

② 挑战前的泄露询问。敌手 $\mathcal{A}$ 以高效可计算的泄露函数 $f_{1,i}^{Pre}: \{0, 1\}^* \rightarrow \{0, 1\}^{l_1}$ 和 $f_{2,i}^{Pre}: \{0, 1\}^* \rightarrow \{0, 1\}^{l_2}$ 作为输入，向挑战者 $\mathcal{C}$ 发出关于身份 id 的挑战前泄露询问。挑战者 $\mathcal{C}$ 运行算法 $sk_{id} \leftarrow \text{KeyGen}(id, msk)$ 生成身份 id 所对应的秘密钥 $sk_{id}=(d_1, d_2)$，并把相应的泄露信息 $f_{1,i}^{Pre}(d_1)$ 和 $f_{2,i}^{Pre}(d_2)$ 发送给敌手 $\mathcal{A}$。特别地，同一秘密钥 $sk_{id}=(d_1, d_2)$ 在挑战前所有泄露询问的长度和至多是 l_{Pre}，否则挑战者将忽略相应的泄露询问。

(3) 挑战：

敌手 $\mathcal{A}$ 输出两个等长的明文 M_0, $M_1 \in \mathcal{M}$ 和一个挑战身份 $id^* \in \mathcal{ID}$，其中 id^* 不能在阶段 1 的任何秘密钥生成询问中出现。挑战者 $\mathcal{C}$ 选取随机值 $\beta \leftarrow_R \{0, 1\}$，计算挑战密文 $C_\beta^* = \text{Enc}(id^*, M_\beta)$，并将 C_β^* 发送给敌手 $\mathcal{A}$。

(4) 阶段 2(训练)：

在该阶段，敌手 $\mathcal{A}$ 可适应性地进行多项式有界次的秘密钥生成询问和挑战后的泄露询问。

① 秘密钥生成询问。敌手 $\mathcal{A}$ 能对除挑战身份 id^* 之外的任意身份 $id \in \mathcal{ID}$(其中 $id \neq id^*$)进行秘密钥生成询问，挑战者 $\mathcal{C}$ 以阶段 1 中的方式进行回应。

② 挑战后的泄露询问。敌手 $\mathcal{A}$ 以高效可计算的泄露函数 $f_{1,i}^{Post}: \{0, 1\}^* \rightarrow \{0, 1\}^{l_1}$ 和 $f_{2,i}^{Post}: \{0, 1\}^* \rightarrow \{0, 1\}^{l_2}$ 作为输入，向挑战者 $\mathcal{C}$ 发出关于身份 id 的挑战后泄露询问。挑战者 $\mathcal{C}$ 运行算法 $sk_{id} \leftarrow \text{KeyGen}(id, msk)$ 生成身份 id 所对应的秘密钥 $sk_{id}=(d_1, d_2)$，并把相应的泄露信息 $f_{1,i}^{Post}(d_1)$ 和 $f_{2,i}^{Post}(d_2)$ 发送给敌手 $\mathcal{A}$。特别地，同一秘密钥 $sk_{id}=(d_1, d_2)$ 在挑战后所有泄露询问的长度和至多是 l_{Post}，否则挑战者将忽略相应的泄露询问。

(5) 猜测：

敌手 $\mathcal{A}$ 输出对挑战者 $\mathcal{C}$ 选取的随机数 β 的猜测 $\beta' \in \{0, 1\}$，如果 $\beta'=\beta$，则敌手 $\mathcal{A}$ 攻击成功，即敌手 $\mathcal{A}$ 在该游戏中获胜。

敌手 $\mathcal{A}$ 在上述游戏中获胜的优势定义为关于安全参数 κ、泄露参数 l_{Pre} 和 l_{Post} 的函数，即

$$\text{Adv}_{\text{IBE, 2-Post}}^{\text{CPA}}(\kappa, l_{Pre}, l_{Post}) = \left| \Pr[\beta' = \beta] - \frac{1}{2} \right|$$

定义 7-3(状态分离模型下 IBE 机制挑战后泄露容忍的 CPA 安全性) 若对于任意的概率多项式时间敌手 $\mathcal{A}$，其在上述游戏中获胜的优势是可忽略的，即有 $\mathrm{Adv}_{\mathrm{IBE},\ 2\text{-Post}}^{\mathrm{CPA}}(\kappa, l_{Pre}, l_{Post}) \leqslant \mathrm{negl}(\kappa)$，那么在状态分离模型中，对于参数 l_{Pre} 和 l_{Post}，相应的 IBE 机制 Π=(Setup，KeyGen，Enc，Dec)具备挑战后泄露容忍的 CPA 安全性。

与传统语义安全性相比，该模型中秘密钥有两个状态。挑战之前，敌手可适应性地进行任意多次的泄露询问，条件是同一身份对应秘密钥的所有挑战前泄露询问的信息总和未超过泄露界 l_{Pre}；挑战之后，敌手同样适应性地进行任意多次的泄露询问，条件同样是同一身份对应秘密钥的所有挑战后泄露询问的信息总和未超过泄露界 l_{Post}。特别地，对于挑战后泄露容忍的 CCA 安全性而言，在上述游戏的基础上增加了解密询问，敌手可就任意的身份密文对向挑战者提出解密询问，但是挑战后不允许对挑战身份和挑战密文对进行解密询问。

7.3.2 状态分离模型下 CPA 安全的 IBE 机制

本节在状态分离模型下 IBE 机制的构造中，秘密钥 $sk_{id}=(d_1, d_2)$保持两个独立状态，其中对于 $i=1, 2$，d_i是密钥生成子程序 KeyGen_i 为部分解密子程序 Dec_i 生成的部分秘密钥；由于状态分离模型的限制，导致敌手无法同时获得 d_1 和 d_2 的联合泄露，并且在存在泄露的情况下，两部分是相互独立的；由于 d_1 和 d_2 具有足够的最小熵，因此能够基于 d_1 和 d_2 使用二源提取器获得接近于随机的字符串完成对消息的隐藏。

1. 具体构造

令 Π=(Setup，KeyGen，Enc，Dec)是消息空间为 $\mathcal{M}=\{0, 1\}^{l_t}$ 和身份空间为 $\mathcal{ID}_1$ 的具有熵泄露容忍性的 IBE 机制，且相应的泄露参数为 l_{Pre} 和 l_{Post}；$H_1: \mathcal{ID}_2 \rightarrow \mathcal{ID}_1$ 和 $H_2: \mathcal{ID}_2 \rightarrow \mathcal{ID}_1$ 是两个安全的哈希函数；$2\text{-Ext}: \{0, 1\}^{l_t} \times \{0, 1\}^{l_t} \rightarrow \{0, 1\}^{l_u}$ 是平均情况的(l_u, ε)-二源提取器，其中 $\varepsilon = 2^{-l_u-\omega(\log\kappa)}$。特别地，2-Ext 的输入是两个 l_t 比特长的独立字符串，且其对应输出的平均最小熵至少为 l_u；此外，2-Ext 的输出与长度为 l_u 的随机字符串间的统计距离至多是 ε。

状态分离模型下 CPA 安全的 IBE 机制的通用构造 Π_2=(Setup″，KeyGen″，Enc″，Dec″)由下述算法组成。

(1) $(Params, msk) \leftarrow \mathrm{Setup}''(1^\kappa)$：

输出 $Params=(Params', H_1, H_2, 2\text{-Ext})$和 $msk=msk'$，其中$(Params', msk') \leftarrow \mathrm{Setup}(1^\kappa)$。

(2) $sk_{id} \leftarrow \mathrm{KeyGen}''(msk, id)$：

对于 $i=1, 2$，计算

$$id_i = H_i(id),\ d_i \leftarrow \mathrm{KeyGen}(msk, id_i)$$

输出 $sk_{id}=(d_1, d_2)$。

(3) $C \leftarrow \mathrm{Enc}''(id, M)$：

其中，$M \in \{0, 1\}^{l_u}$。随机选取 $x_1, x_2 \leftarrow \{0, 1\}^{l_t}$，对于 $i=1, 2$，计算

$$id_i = H_i(id),\ c_i \leftarrow \mathrm{Enc}(id_i, x_i)$$

计算

$$c_3 = 2\text{-Ext}(x_1, x_2) \oplus M$$

输出 $C=(c_1, c_2, c_3)$。

(4) $M \leftarrow \text{Dec}''(sk_{id}, C)$：

其中，$sk_{id}=(d_1, d_2)$，$C=(c_1, c_2, c_3)$。部分解密子程序 Dec_1'' 使用部分密钥 d_1 解密密文元素 c_1，输出相应的明文 $x_1 \leftarrow \text{Dec}(d_1, c_1)$。部分解密子程序 Dec_2'' 使用部分密钥 d_2 解密密文元素 c_2，输出相应的明文 $x_2 \leftarrow \text{Dec}(d_2, c_2)$。为拼接子程序 Comb 输入部分解密结果 x_1、x_2 和密文元素 c_3，输出相应的消息 $M=2\text{-Ext}(x_1, x_2) \oplus c_3$。

不失一般性，上述解密算法可表示为：对于 $i=1, 2$，计算 $x_i \leftarrow \text{Dec}(d_i, c_i)$；然后，计算 $M=2\text{-Ext}(x_1, x_2) \oplus c_3$；最后，输出 M 作为相应密文 C 的解密结果。

2. 安全性证明

定理 7-2 若 $\Pi=(\text{Setup}, \text{KeyGen}, \text{Enc}, \text{Dec})$ 是泄露参数为 l_{Pre} 和 l_{Post} 的熵泄露容忍的 IBE 机制，$2\text{-Ext}: \{0, 1\}^{l_t} \times \{0, 1\}^{l_t} \to \{0, 1\}^{l_u}$ 是平均情况的 (l_u, ε)-二源提取器，那么上述构造是状态分离模型下抵抗挑战后泄露的 CPA 安全的 IBE 机制，且泄露参数 l'_{Pre} 和 l'_{Post} 满足

$$l'_{Pre} \leqslant l_{Pre}, \quad l'_{Post} \leqslant \min(l_{Post} - l_u, \ l_t - l_u - \omega(\log\kappa))$$

证明 在状态分离模型下，下面将通过游戏论证的方式对 IBE 机制挑战后泄露容忍的 CPA 安全性进行证明。令事件 $\mathcal{E}_i$ 表示敌手 $\mathcal{A}$ 在游戏 Game_i 中获胜，即有

$$\Pr[\mathcal{E}_i] = \Pr[\mathcal{A}\ wins\ \text{in Game}_i]$$

特别地，证明过程中与挑战密文相关的变量均标记为“ * ”，即挑战身份和挑战密文分别是 id^* 和 $C_\beta^*(c_1^*, c_2^*, c_3^*)$。游戏中，$\mathcal{C}$ 是挑战者，$Simu$ 是熵泄露容忍的 IBE 机制 Π' 的模拟器，$\mathcal{A}$ 是语义安全性敌手，$\mathcal{A}^{ent}$ 是攻击机制 Π' 的泄露敌手，且敌手 $\mathcal{A}^{ent}$ 是敌手 $\mathcal{A}$ 的挑战者。其中，$\mathcal{A}^{ent}$ 与 $\mathcal{A}$ 间运行状态分离模型下挑战后泄露容忍的 CPA 安全性游戏，$\mathcal{A}^{ent}$ 与 $\mathcal{C}$ 间运行熵泄露容忍性的真实游戏，$\mathcal{A}^{ent}$ 与 $Simu$ 间运行熵泄露容忍性的模拟游戏。安全性证明过程中，各实体间的消息交互关系如图 7-2 所示。

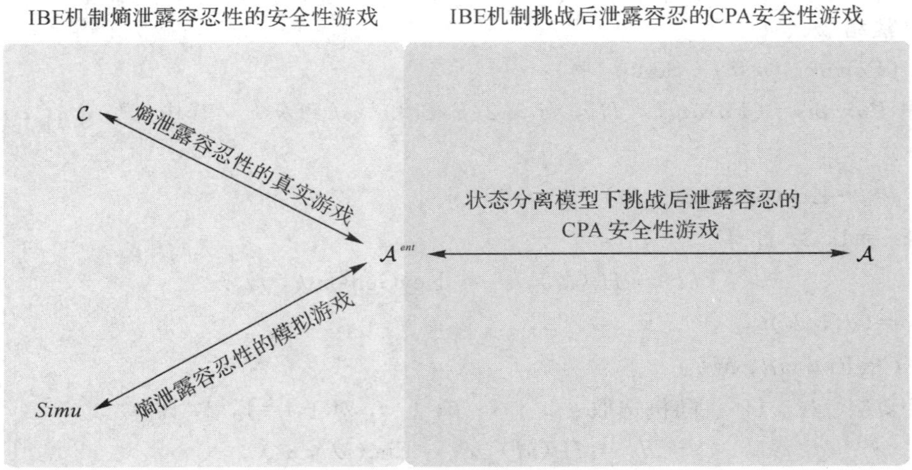

图 7-2 各实体间的消息交互关系

游戏 Game_1：该游戏是状态分离模型下挑战后泄露容忍的原始 CPA 安全性游戏。在该游戏中，熵敌手 $\mathcal{A}^{ent}$ 借助底层 IBE 机制 Π' 的挑战者 $\mathcal{C}$，使用真实游戏中的方法生成挑战密文的元素 c_1^* 和 c_2^*，并且使用真实的方法回答关于部分秘密钥 d_1 和 d_2 的泄露询问。

(1) 初始化：

在初始化阶段，挑战者 $\mathcal{C}$ 运行 $(Params', msk') \leftarrow \mathrm{Setup}(1^\kappa)$，并发送 $Params'$ 给敌手 $\mathcal{A}^{ent}$；然后 $\mathcal{A}^{ent}$ 发送 $(Params', H_1, H_2, 2\text{-Ext})$ 给敌手 $\mathcal{A}$，其中 2-Ext 是强随机性二源提取器，H_1 和 H_2 是两个安全的哈希函数。

(2) 挑战前询问(阶段 1)：

在秘密钥生成询问中，当 $\mathcal{A}^{ent}$ 收到敌手 $\mathcal{A}$ 关于身份 id 的秘密钥生成询问时，首先计算 $id_1 = H_1(id)$ 和 $id_2 = H_2(id)$；然后向挑战者 $\mathcal{C}$ 提出关于身份 id_1 和 id_2 的秘密钥生成询问，并获得相应的应答 d_1 和 d_2；最后 $\mathcal{A}^{ent}$ 返回 $sk_{id} = (d_1, d_2)$ 给敌手 $\mathcal{A}$。

在挑战前的泄露询问中，当 $\mathcal{A}^{ent}$ 收到敌手 $\mathcal{A}$ 关于身份 id 的挑战前泄露询问 $(f_{1,i}^{Pre}, f_{2,i}^{Pre})$ 时，首先计算 $id_1 = H_1(id)$ 和 $id_2 = H_2(id)$；然后向挑战者 $\mathcal{C}$ 提出关于 $(id_1, f_{1,i}^{Pre})$ 和 $(id_2, f_{2,i}^{Pre})$ 的挑战前泄露询问，并获得相应的应答 $f_{1,i}^{Pre}(d_1)$ 和 $f_{2,i}^{Pre}(d_2)$，其中 $d_1 = \mathrm{KeyGen}(msk', id_1)$，$d_2 = \mathrm{DeyGen}(msk', id_2)$；最后 $\mathcal{A}^{ent}$ 返回 $(f_{1,i}^{Pre}(d_1), f_{2,i}^{Pre}(d_2))$ 给敌手 $\mathcal{A}$。

(3) 挑战：

在挑战阶段，当收到敌手 $\mathcal{A}$ 提交的关于消息 $M_0, M_1 \in \{0, 1\}^{l_u}$ (其中 $|M_0| = |M_1|$) 和挑战身份 id^* 的挑战询问时，$\mathcal{A}^{ent}$ 均匀随机地选取 $x_1, x_2 \leftarrow \{0, 1\}^{l_t}$，并向挑战者 $\mathcal{C}$ 提交关于 x_1 和 x_2 的加密询问，获得 $\mathcal{C}$ 返回的相应应答 c_1^* 和 c_2^*；然后自行计算 $r = 2\text{-Ext}(x_1, x_2)$ 和 $c_3^* = r \oplus M_\beta$，其中 $\beta \leftarrow \{0, 1\}$；最后发送相应的挑战密文 $C_\beta^* = (c_1^*, c_2^*, c_3^*)$ 给敌手 $\mathcal{A}$。

(4) 挑战后询问(阶段 2)：

$\mathcal{A}^{ent}$ 对敌手 $\mathcal{A}$ 所提交的挑战后泄露询问的应答方式与挑战前泄露询问的应答方式一致，为了回答关于 id 的挑战后泄露询问 $(f_{1,i}^{Post}, f_{2,i}^{Post})$，$\mathcal{A}^{ent}$ 计算 $id_1 = H_1(id)$ 和 $id_2 = H_2(id)$ 后将 $(id_1, f_{1,i}^{Pre})$ 和 $(id_2, f_{2,i}^{Pre})$ 发送给挑战者 $\mathcal{C}$，并获得相应的应答 $f_{1,i}^{Post}(d_1)$ 和 $f_{2,i}^{Post}(d_2)$，其中 $d_1 = \mathrm{KeyGen}(msk', id_1)$，$d_2 = \mathrm{KeyGen}(msk', id_2)$；最后 $\mathcal{A}^{ent}$ 将相应的泄露 $(f_{1,i}^{Post}(d_1), f_{2,i}^{Post}(d_2))$ 返回给敌手 $\mathcal{A}$。挑战后敌手 $\mathcal{A}$ 可对除挑战身份 id^* 之外的任意身份 $id \neq id^*$ 进行秘密钥生成询问，$\mathcal{A}^{ent}$ 以挑战前密钥生成询问的应答方式进行回答。

(5) 猜测：

在猜测阶段，敌手 $\mathcal{A}$ 输出对 $\mathcal{A}^{ent}$ 选取随机数 β 的猜测 $\beta' \in \{0, 1\}$，如果 $\beta' = \beta$，则敌手 $\mathcal{A}$ 攻击成功。

游戏 Game_2：该游戏与游戏 Game_1 相类似，但在该游戏中，挑战者使用真实游戏中的方法生成挑战密文的元素 c_2 并回答关于部分秘密钥 d_2 的泄露询问；使用模拟器 $Simu$ 生成挑战密文的元素 c_1 并回答关于部分秘密钥 d_2 的泄露询问。

(1) 初始化：

初始化阶段，挑战者 $\mathcal{C}$ 运行 $(Params', msk') \leftarrow \mathrm{Setup}(1^\kappa)$，并发送 $Params'$ 给敌手 $\mathcal{A}^{ent}$；然后 $\mathcal{A}^{ent}$ 发送 $(Params', H_1, H_2, 2\text{-Ext})$ 给敌手 $\mathcal{A}$。

(2) 挑战前询问(阶段 1):

在秘密钥生成询问中，当 $\mathcal{A}^{ent}$ 收到敌手 $\mathcal{A}$ 关于身份 id 的秘密钥生成询问时，首先计算 $id_1=H_1(id)$ 和 $id_2=H_2(id)$；然后向 $\mathcal{C}$ 提出关于 id_2 的秘密钥生成询问，并获得相应的应答 d_2；向 $Simu$ 提出关于 id_1 的秘密钥生成询问，并获得相应的应答 d_1；最后 $\mathcal{A}^{ent}$ 返回 $sk_{id}=(d_1, d_2)$ 给 $\mathcal{A}$。秘密钥生成询问的具体应答过程如图 7-3 所示。

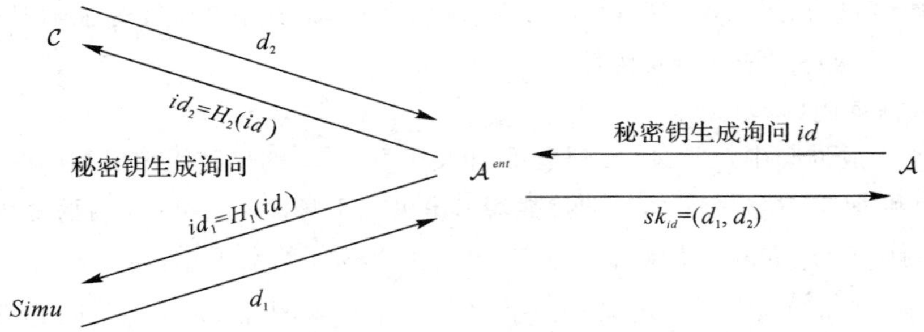

图 7-3 秘密钥生成询问的具体应答过程

在挑战前的泄露询问中，当 $\mathcal{A}^{ent}$ 收到 $\mathcal{A}$ 关于身份 id 的挑战前泄露询问($f_{1,i}^{Pre}$, $f_{2,i}^{Pre}$)时，首先计算 $id_1=H_1(id)$ 和 $id_2=H_2(id)$；然后向 $\mathcal{C}$ 提出关于(id_2, $f_{2,i}^{Pre}$)的挑战前泄露询问，并获得相应的应答 $f_{2,i}^{Pre}(d_2)$，其中 $d_2=\text{KeyGen}(msk', id_2)$；向 $Simu$ 提出关于(id_1, $f_{1,i}^{Pre}$)的挑战前泄露询问，并获得相应的应答 $f_{1,i}^{Pre}(d_1)$，其中 $d_1=\text{KeyGen}(msk', id_1)$；最后 $\mathcal{A}^{ent}$ 返回($f_{1,i}^{Pre}(d_1)$, $f_{2,i}^{Pre}(d_2)$)给 $\mathcal{A}$。挑战前泄露询问的具体应答过程如图 7-4 所示。

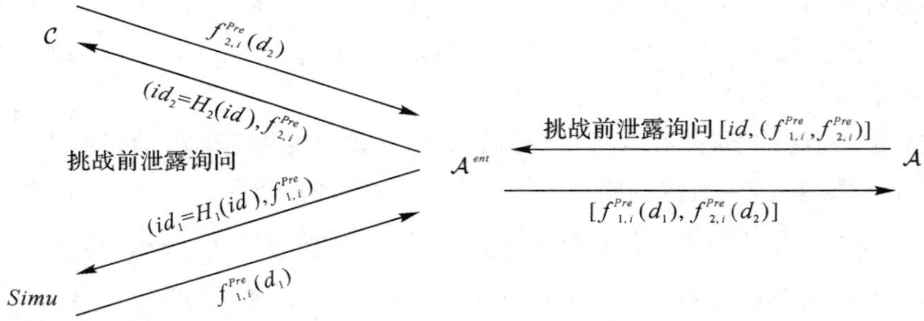

图 7-4 挑战前泄露询问的具体应答过程

(3) 挑战:

在挑战阶段，当收到敌手 $\mathcal{A}$ 提交的关于消息 M_0, $M_1 \in \{0, 1\}^u$ 和挑战身份 id^* 的挑战询问时，$\mathcal{A}^{ent}$ 均匀随机地选取 x_1, $x_2 \leftarrow \{0, 1\}^{l_t}$，并向 $\mathcal{C}$ 提交关于 x_2 的加密询问，获得相应应答 c_2^*；向 $Simu$ 提交关于 x_1 的加密询问，获得相应应答 c_1^*；然后自行计算 $r=2\text{-Ext}(x_1, x_2)$ 和 $c_3^*=r \oplus M_\beta$，其中 $\beta \leftarrow \{0, 1\}$；最后发送挑战密文 $C_\beta^*=(c_1^*, c_2^*, c_3^*)$ 给 $\mathcal{A}$。

(4) 挑战后询问(阶段 2):

$\mathcal{A}^{ent}$ 对 $\mathcal{A}$ 所提交的挑战后泄露询问的应答方式与挑战前泄露询问的应答方式一致，为了回答关于 id 的挑战后泄露询问($f_{1,i}^{Post}$, $f_{2,i}^{Post}$)，$\mathcal{A}^{ent}$ 计算 $id_1=H_1(id)$ 和 $id_2=H_2(id)$，然后将(id_1, $f_{1,i}^{Post}$)发给 $Simu$，将(id_2, $f_{2,i}^{Post}$)发给 $\mathcal{C}$，并将获得的应答 $f_{1,i}^{Post}(d_1)$ 和 $f_{2,i}^{Post}(d_2)$ 发送给 $\mathcal{A}$，其中 $d_1=\text{KeyGen}(msk', id_1)$ 和 $d_2=\text{KeyGen}(msk', id_2)$。挑战后 $\mathcal{A}$ 可对除挑战身

份 id^* 之外的任意身份 $id \neq id^*$ 进行秘密钥生成询问，$\mathcal{A}^{ent}$ 以挑战前密钥生成询问的应答方式进行应答。

引理 7-1　游戏 Game_2 中敌手获胜的优势与真实游戏 Game_1 中敌手获胜的优势是不可区分的，即有 $|\Pr[\mathcal{E}_2]-\Pr[\mathcal{E}_1]| \leqslant \text{negl}(\kappa)$。

若存在敌手能以不可忽略的优势区分游戏 Game_2 和游戏 Game_1，那么存在一个区分者能以显而易见的优势攻破底层 IBE 机制 Π 的不可区分性，因此由底层熵泄露容忍安全的 IBE 机制 Π 的模拟安全性可知，游戏 Game_2 和游戏 Game_1 是不可区分的。也就是说，若存在一个敌手 $\mathcal{A}$ 以不可忽略的优势攻破 IBE 机制 Π_2 挑战后泄露容忍的 CPA 安全性，那么就能构造一个熵泄露敌手 $\mathcal{A}^{ent}$ 以显而易见的优势攻破底层 IBE 机制 Π 的熵泄露容忍性。

游戏 Game_3：该游戏与游戏 Game_2 相类似，但在该游戏中，$\mathcal{A}^{ent}$ 使用模拟器 $Simu$ 生成挑战密文的元素 c_1^* 和 c_2^*，同时使用模拟器 $Simu$ 回答关于部分秘密钥 d_1 和 d_2 的泄露询问。

（1）初始化：

在初始化阶段，模拟器 $Simu$ 运行$(Params', msk') \leftarrow \text{Setup}(1^\kappa)$，并发送 $Params'$ 给敌手 $\mathcal{A}^{ent}$；然后，$\mathcal{A}^{ent}$ 发送$(Params', H_1, H_2, \text{2-Ext})$给敌手 $\mathcal{A}$。

（2）挑战前询问(阶段 1)：

在秘密钥生成询问中，当 $\mathcal{A}^{ent}$ 收到敌手 $\mathcal{A}$ 关于身份 id 的秘密钥生成询问时，首先计算 $id_1=H_1(id)$ 和 $id_2=H_2(id)$；然后向 $Simu$ 提出关于身份 id_1 和 id_2 的秘密钥生成询问，并获得相应的应答 d_1 和 d_2；最后 $\mathcal{A}^{ent}$ 返回 $sk_{id}=(d_1, d_2)$ 给敌手 $\mathcal{A}$。

在挑战前的泄露询问中，当 $\mathcal{A}^{ent}$ 收到敌手 $\mathcal{A}$ 关于身份 id 的挑战前泄露询问$(f_{1,i}^{Pre}, f_{2,i}^{Pre})$时，首先计算 $id_1=H_1(id)$ 和 $id_2=H_2(id)$；然后向 $Simu$ 提出关于$(id_1, f_{1,i}^{Pre})$和$(id_2, f_{2,i}^{Pre})$的挑战前泄露询问，并将从 $Simu$ 获得的相关应答 $f_{1,i}^{Pre}(d_1)$ 和 $f_{2,i}^{Pre}(d_2)$ 发送给 $\mathcal{A}$，其中 $d_1=\text{KeyGen}(msk', id_1)$，$d_2=\text{KeyGen}(msk', id_2)$。

（3）挑战：

在挑战阶段，当收到敌手 $\mathcal{A}$ 提交的关于消息 $M_0, M_1 \in \{0, 1\}^{l_m}$ 和挑战身份 id^* 的挑战询问时，$\mathcal{A}^{ent}$ 均匀随机地选取 $x_1, x_2 \leftarrow \{0, 1\}^{l_t}$，并向 $Simu$ 提交关于 x_1 和 x_2 的加密询问，获得 $\mathcal{C}$ 返回的相应应答 c_1^* 和 c_2^*；然后自行计算 $r=\text{2-Ext}(x_1, x_2)$ 和 $c_3^*=r \oplus M_\beta$，其中 $\beta \leftarrow \{0, 1\}$；最后发送挑战密文 $C_\beta^*=(c_1^*, c_2^*, c_3^*)$ 给敌手 $\mathcal{A}$。

（4）挑战后询问(阶段 2)：

$\mathcal{A}^{ent}$ 对敌手 $\mathcal{A}$ 所提交的挑战后泄露询问的应答方式与挑战前泄露询问的应答方式一致，为了回答关于 id 的挑战后泄露询问$(f_{1,i}^{Post}, f_{2,i}^{Post})$，$\mathcal{A}^{ent}$ 计算 $id_1=H_1(id)$ 和 $id_2=H_2(id)$ 后将$(id_1, f_{1,i}^{Pre})$和$(id_2, f_{2,i}^{Pre})$发送给 $Simu$，并将获得的相应应答 $f_{1,i}^{Post}(d_1)$ 和 $f_{2,i}^{Post}(d_2)$ 发送给 $\mathcal{A}$，其中 $d_1=\text{KeyGen}(msk', id_1)$，$d_2=\text{KeyGen}(msk', id_2)$。挑战后敌手 $\mathcal{A}$ 可对除挑战身份 id^* 之外的任意身份 $id \neq id^*$ 进行秘密钥生成询问，$\mathcal{A}^{ent}$ 以挑战前密钥生成询问的应答方式进行回答。

引理 7-2　游戏 Game_3 中敌手获胜的优势与真实游戏 Game_2 中敌手获胜的优势是不可区分的，即有 $|\Pr[\mathcal{E}_3]-\Pr[\mathcal{E}_2]| \leqslant \text{negl}(\kappa)$。

与引理 7-1 相类似，由底层熵泄露容忍安全的 IBE 机制 Π 的模拟安全性可知，游戏 Game_3 和游戏 Game_2 是不可区分的。

游戏 Game_4：该游戏与游戏 Game_3 相类似，但在该游戏中，敌手 $\mathcal{A}^{ent}$ 在挑战阶段仅发送挑战密文元素 c_1^* 和 c_2^* 给 $\mathcal{A}$，挑战后泄露询问结束后再发送挑战密文元素 c_3^* 给 $\mathcal{A}$。

与游戏 Game_4 相比，在游戏 Game_3 中，敌手 $\mathcal{A}$ 在挑战后泄露询问中具有适应性选择泄露函数的能力。由下述断言可知，在参数 l_u 的作用下，敌手 $\mathcal{A}$ 在游戏 Game_3 中的优势是有限的。

断言 若存在敌手 $\mathcal{A}$ 能以优势 ρ 在游戏 Game_3 中获胜，那么存在敌手 $\mathcal{A}'$ 能以优势 $\frac{1}{2^{l_u}}\rho$ 在游戏 Game_4 中获胜，即对于 $\rho \geqslant 0$，若有 $\Pr[\mathcal{E}_3] \geqslant \frac{1}{2}+\rho$，那么有 $\Pr[\mathcal{E}_4] \geqslant \frac{1}{2}+\frac{1}{2^{l_u}}\rho$ 成立。

证明 在游戏 Game_4 的挑战阶段，敌手 $\mathcal{A}'$ 随机选取密文元素 $\tilde{c}_3^* \in \{0, 1\}^{l_u}$，连同收到的元素 c_1^* 和 c_2^* 组成完整的挑战密文 $C_\beta^* = (c_1^*, c_2^*, \tilde{c}_3^*)$ 发送给敌手 $\mathcal{A}$。当 $\mathcal{A}'$ 收到真实密文元素 c_3^* 后，若其猜测错误($c_3^* \neq \tilde{c}_3^*$)，则 $\mathcal{A}'$ 终止；否则，敌手 $\mathcal{A}$ 获得了游戏 Game_3 中的交互消息。由上述基于敌手 $\mathcal{A}$ 构造敌手 $\mathcal{A}'$ 的通用形式可知，若 $\mathcal{A}'$ 猜测密文元素正确，那么当敌手 $\mathcal{A}$ 在游戏 Game_3 中获胜时，敌手 $\mathcal{A}'$ 将在游戏 Game_4 中获胜。综上所述，若存在敌手 $\mathcal{A}$ 能以优势 ρ 在游戏 Game_3 中获胜，由于敌手 $\mathcal{A}'$ 以概率 $\frac{1}{2^{l_u}}$ 猜测正确，因此敌手 $\mathcal{A}'$ 的优势是 $\frac{1}{2^{l_u}}\rho$。

下面我们使用最小熵的性质计算敌手 $\mathcal{A}'$ 在游戏 Game_4 中获胜的优势。在游戏 Game_4 中，令 T 表示敌手 $\mathcal{A}'$ 在挑战后泄露询问结束时(收到密文元素 c_3^* 之前)收到的消息集合。令 $T=(T_1, T_2)$，其中 T_1 表示包含密文元素 c_1^*(c_1^* 是 x_1 的加密密文)和关于部分秘密钥 d_1 的泄露信息的消息集合，T_2 表示包含密文元素 c_2^*(c_2^* 是 x_2 的加密密文)和关于部分秘密钥 d_2 的泄露信息的消息集合。由底层 IBE 机制 Π 的熵泄露容忍性可知 $l'_{Post} \leqslant l_t - l_v - \omega(\log\kappa)$(其中 l_t 是消息的原始最小熵，l_v 是隐藏消息的对称密钥的最小熵，$\omega(\log\kappa)$ 是计算中产生的部分额外泄露量)，因此有 $\widetilde{H}_\infty(x_1 | T_1) \geqslant l_t - l'_{Post} - \omega(\log\kappa) \geqslant l_v$。由状态分离模型的定义可知，$x_1$ 和 T_2 是相互独立的，那么有关系 $\widetilde{H}_\infty(x_1 | T) = \widetilde{H}_\infty(x_1 | T_1) \geqslant l_v$ 成立。类似地，可以得到 $\widetilde{H}_\infty(x_2 | T) \geqslant l_v$。

由于 x_1 和 x_2 在挑战后泄露询问结束时的平均最小熵为 l_v，故平均情况的 (l_v, ε)-二源提取器 2-Ext(x_1, x_2) 的输出与长度为 l_u 的随机字符串间的统计距离至多为 ε，因此两个分布 2-Ext$(x_1, x_2) \oplus M_0$ 和 2-Ext$(x_1, x_2) \oplus M_1$ 间的统计距离至多为 2ε。也就是说，对于任意的 $U_m \in \{0, 1\}^{l_u}$，有

$$\text{SD}(\text{2-Ext}(x_1, x_2) \oplus M_1, U_m) \leqslant \varepsilon$$

$$\text{SD}(\text{2-Ext}(x_1, x_2) \oplus M_2, U_m \leqslant \varepsilon$$

成立，因此有 $\text{SD}(\text{2-Ext}(x_1, x_2) \oplus M_1, \text{2-Ext}(x_1, x_2) \oplus M_2) \leqslant 2\varepsilon$。由上述分析可知，敌手 $\mathcal{A}'$ 在游戏 Game_4 中获胜的优势为 2ε。

由断言可知，敌手 $\mathcal{A}$ 在游戏 Game_3 中获胜的优势是敌手 $\mathcal{A}'$ 在游戏 Game_4 中获胜优势的 2^{l_u} 倍，因此 $\mathcal{A}$ 在游戏 Game_3 中获胜的优势为 $2^{l_u}\cdot 2\varepsilon=2^{l_u}\cdot 2^{1-l_u-\omega(\log\kappa)}=2^{1-\omega(\log\kappa)}=\text{negl}(\kappa)$。由游戏间的不可区分性可知，敌手在游戏 Game_1 中获胜的优势是可忽略的。

在游戏的挑战阶段之前，敌手 $\mathcal{A}^{ent}$ 所拥有的熵为 l_{Pre}，其所能回答的熵至多为 l_{Pre}，则有 $l'_{Pre}\leqslant l_{Pre}$。由于收到挑战密文后，敌手 $\mathcal{A}^{ent}$ 所拥有的熵为 l_{Post}，且挑战后泄露询问的应答长度至少为 l_u 比特，则收到挑战密文之后 $\mathcal{A}^{ent}$ 所能回答的熵为 $l_{Post}-l_u$，因此有 $l'_{Post}\leqslant l_{Post}-l_u$。

综上所述，对于泄露参数 $l'_{Pre}\leqslant l_{Pre}$ 和 $l'_{Post}\leqslant\min(l_{Post}-l_u,\ l_t-l_v-\omega(\log\kappa))$，上述 IBE 机制在状态分离模型下具有挑战后泄露容忍的 CPA 安全性。

（定理 7-2 证毕）

7.3.3　状态分离模型下 CCA 安全的 IBE 机制

对于 IBE 机制而言，CCA 安全性是性能更优的安全属性，下面将在上述构造的基础上提出状态分离模型下 CCA 安全的 IBE 机制。

令 $\Pi=(\text{Setup},\ \text{KeyGen},\ \text{Enc},\ \text{Dec})$ 是消息空间为 $\mathcal{M}=\{0,1\}^{l_t}$、密文空间为 $\mathcal{C}$ 和身份空间为 $\mathcal{ID}_1$ 的具有熵泄露容忍性的 IBE 机制，且相应的泄露参数为 l_{Pre} 和 l_{Post}；$H_1:\mathcal{ID}_2\rightarrow\mathcal{ID}_1$ 和 $H_2:\mathcal{ID}_2\rightarrow\mathcal{ID}_1$ 是两个安全的哈希函数；$2\text{-Ext}_1:\{0,1\}^{l_t}\times\{0,1\}^{l_t}\rightarrow\{0,1\}^{l_u}$ 和 $2\text{-Ext}_2:\{0,1\}^{l_t}\times\{0,1\}^{l_t}\rightarrow\{0,1\}^{l_u}$ 是两个平均情况的 (l_u,ε)-二源提取器；$\Pi_{\text{MAC}}=(\text{Tag},\ \text{Vrfy})$ 是安全的消息验证码，且 Π_{MAC} 的对称密钥空间为 $\mathcal{K}=\{0,1\}^{l_u}$，消息空间为 $\mathcal{C}\times\mathcal{C}\times\{0,1\}^{l_t}$。

状态分离模型下 CCA 安全的 IBE 机制的通用构造 $\Pi_3=(\text{Setup}''',\ \text{KeyGen}''',\ \text{Enc}''',\ \text{Dec}''')$ 由下述算法组成。

(1) $(Params,\ msk)\leftarrow\text{Setup}'''(1^\kappa)$：

输出 $Params=(Params',\ H_1,\ H_2,\ \Pi_{\text{MAC}},\ 2\text{-Ext})$ 和 $msk=msk'$，其中 $(Params',\ msk')\leftarrow\text{Setup}(1^\kappa)$。

(2) $sk_{id}\leftarrow\text{KeyGen}'''(msk,\ id)$：

对于 $i=1,2$，计算

$$id_i=H_i(id),\ d_i\leftarrow\text{KeyGen}(msk,\ id_i)$$

输出 $sk_{id}=(d_1,\ d_2)$。

(3) $C\leftarrow\text{Enc}'''(id,\ M)$：

其中，$M\in\{0,1\}^{l_u}$。随机选取 $x_1,\ x_2\leftarrow\{0,1\}^{l_u}$，对于 $i=1,2$，计算

$$id_i=H_i(id),\ c_i\leftarrow\text{Enc}(id_i,\ x_i)$$

计算

$$k_1=2\text{-Ext}_1(x_1,\ x_2),\ c_3=k_1\oplus M$$

计算

$$k_2=2\text{-Ext}_2(x_1,\ x_2),\ Tag\leftarrow\text{Tag}(k_2,\ (c_1,\ c_2,\ c_3))$$

输出 $C=(c_1,\ c_2,\ c_3,\ Tag)$。

(4) $M\leftarrow\text{Dec}'''(sk_{id},\ C)$：

其中，$sk_{id}=(d_1,\ d_2)$，$C=(c_1,\ c_2,\ c_3,\ Tag)$。对于 $i=1,2$，计算

$$x_i = \mathrm{Dec}(d_i, c_i)$$

计算

$$k_2 = 2\text{-}\mathrm{Ext}_2(x_1, x_2)$$

若有 $\mathrm{Vrfy}(k_2, Tag, (c_1, c_2, c_3))=1$ 成立，则计算 $k_1=2\text{-}\mathrm{Ext}_1(x_1, x_2)$ 和 $M=k_1 \oplus c_3$，并输出 M 作为相应密文 C 的解密结果；否则，输出终止符⊥。

定理 7-3 若 Π 是泄露参数为 l_{Pre} 和 l_{Post} 的熵泄露容忍的 IBE 机制，2-Ext_1 和 2-Ext_2 是两个平均情况的 (l_v, ε)-二源提取器，Π_{MAC} 是安全的消息验证码，那么上述构造是状态分离模型下抵抗挑战后泄露 CCA 安全的 IBE 机制，且泄露参数 l'_{Pre} 和 l'_{Post} 满足 $l'_{Pre} \leqslant l_{Pre}$ 和 $l'_{Post} \leqslant \min(l_{Post}-l_u, l_t-l_v-\omega(\log\kappa))$。

定理 7-3 的证明与定理 7-2 相类似，区别在于定理 7-3 中涉及消息验证码的运算和解密询问，一旦敌手对密文扩张后进行解密询问，那么底层消息验证码的安全性将被攻破。此外，文献[22]已明确给出了基于双封装密钥的身份基哈希证明系统和消息验证码的安全属性证明 IBE 机制 CCA 安全性的方法，因此不再赘述定理 7-3 的证明过程。

需要强调的是，综合上述两节的方案可知，上述方法是基于任意 IB-HPS 构造挑战后泄露容忍 CCA 安全的 IBE 机制的通用方法。

7.3.4 性能分析

将上述构造与现有的抵抗挑战后泄露的 IBE 机制[8]在性能方面进行对比，比较结果如表 7-1 所示。在文献[8]中，敌手基于相同的身份 id 通过两次运行底层熵泄露容忍的 IBE 机制的密钥生成算法输出上层 IBE 方案的用户秘密钥 $sk_{id}=(d_1, d_2)$，由于使用相同的身份基于概率性密钥生成算法生成 sk_{id} 相互独立的两部分 d_1 和 d_2，一旦所使用的随机数一致，那么秘密钥 $sk_{id}=(d_1, d_2)$ 中 d_1 和 d_2 将不满足状态分离模型所要求的相互独立性，因此文献[8]中部分秘密钥相互独立的概率是 $1-1/q$。然而，在上述构造中，基于两个安全的哈希函数 H_1 和 H_2 生成了两个互不相同的身份 id_1 和 id_2，然后基于底层熵泄露容忍的 IBE 机制的密钥生成算法输出上述两个身份所对应的秘密钥 d_1 和 d_2。由于身份 id_1 和 id_2 是互不相同的，故确保了 d_1 和 d_2 是相互独立的，满足状态分离模型所要求的部分密钥间的相互独立性。在辅助泄露模型下，文献[9]提出了具有挑战后泄露容忍性的 IBE 机制的具体构造，但该方案仅具有 CPA 安全性，并且合数阶群的使用导致该方案的计算效率较低；相较于具体构造而言，通用构造方法更具有普遍性和推广性。此外，上述构造采用了对称的消息验证码构造 CCA 安全的 IBE 机制，由文献[23]的分析可知，上述构造具有高的计算效率。

表 7-1 与现有抗挑战后泄露 IBE 机制的性能比较

类别	安全性	系统公开参数长度	主私钥长度	部分秘密钥间的独立性	构造模式
文献[8]	CPA	$2\|Params\|$	$2\|msk\|$	相互独立的概率是 $1-1/q$	通用构造
文献[19]	CCA	$\|Params\|$	$\|msk\|$	相互独立的概率为 1	通用构造

注：$|Params|$ 和 $|msk|$ 分别表示底层熵泄露容忍的 IBE 机制的公开参数和主私钥的长度。

特别地，文献[8]的方案是在泄露容忍的 IBE 机制的基础上构造的，但是作者并未给出该机制的具体性质要求及安全性定义；然而，文献[19]对熵泄露容忍 IBE 机制的性质要求和安全性定义进行了详细描述，并证明了现有基于 IB-HPS 和强随机性提取器构造的 IBE 机制已具备性能更优的熵泄露容忍性。

对于 IBE 机制的泄露容忍性，文献[24]和[25]研究了抗泄露 IBE 机制的具体构造；文献[26]提出了 IBE 机制有界泄露容忍性的通用构造；为实现对连续泄露攻击的抵抗，文献[27]研究了 IBE 机制的连续泄露容忍性；文献[28]提出了可更新身份基哈希证明系统的新工具，并基于该工具设计了 IBE 机制抵抗连续泄露攻击的方法。由于上述构造仅具有 CPA 安全性，文献[29]研究了抗泄露 IBE 机制 CCA 安全性的构造技术；此外，文献[30]和[31]对分层 IBE 机制和可撤销 IBE 机制的泄露容忍性进行了研究。然而，上述构造仅具有挑战前泄露容忍性，由于挑战后泄露容忍性更契合现实环境的实际需求，因此文献[8]实现了 IBE 机制对挑战后泄露攻击的抵抗，但仅实现了 CPA 安全性，并且系统公开参数较长，相应构造的计算效率较低。文献[14]基于合数阶群设计了抵抗挑战后泄露攻击的 IBE 机制，但该构造的存储和计算效率均比较低。对于加密机制而言，CCA 安全性是更实用的安全属性，针对上述问题，文献[19]提出了 IBE 机制挑战后泄露容忍性的通用构造方法。如图 7-5 所示，综合分析近年来对 IBE 机制泄露容忍性的相关研究工作，文献[19]对 CCA 安全的挑战后泄露容忍性进行了研究，实现了 IBE 机制挑战前和挑战后泄露容忍性研究的全覆盖。

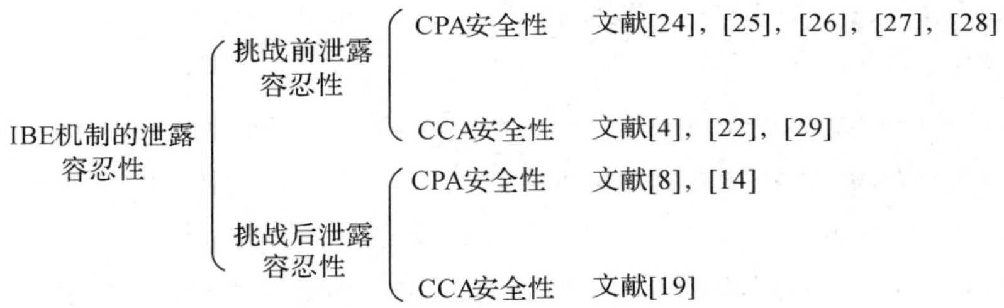

图 7-5　IBE 机制泄露容忍性的研究体系

特别地，第 6 章介绍了基于任意 IBE 机制构造适应性安全的 IB-HPS 的通用方法，结合文献[19]的结论，在状态分离模型下，基于任意 IBE 机制就能构造抵抗挑战后泄露攻击的 CCA 安全的 IBE 机制。

7.4 参考文献

[1] ZHOU Y W, YANG B, XIA Z, et al. Novel generic construction of leakage-resilient PKE scheme with CCA security[J]. Designs, Codes and Cryptography, 2021, 89(7): 1575-1614.

[2] ALWEN J, DODIS Y, WICHS D. Leakage-resilient public-key cryptography in the bounded-retrieval model[C]. 29th Annual International Cryptology Conference, Santa Barbara, CA, USA, 2009: 36-54.

[3] DODIS Y, HARALAMBIEV K, LÓPEZ-ALT A, et al. Efficient public-key cryptography in the presence of key leakage[C]. 16th International Conference on the Theory and Application of Cryptology and Information Security, Singapore, 2010: 613-631.

[4] LI J G, TENG M, ZHANG Y C, et al. A leakage-resilient CCA-secure identity-based encryption scheme[J]. The Computer Journal, 2016, 59(7): 1066-1075.

[5] ZHANG M W, ZHANG Y D, SU Y X, et al. Attribute-based hash proof system under learning-with-errors assumption in obfuscator-free and leakage-resilient environments[J]. IEEE Systems Journal, 2017, 11(2): 1018-1026.

[6] HALEVI S, LIN H J. After-the-fact leakage in public-key encryption[C]. 8th Theory of Cryptography Conference, Providence, RI, USA, 2011: 107-124.

[7] NAOR M, SEGEV G. Public-key cryptosystems resilient to key leakage[C]. 29th Annual International Cryptology Conference, Santa Barbara, CA, USA, 2009: 18-35.

[8] ZHANG Z Y, CHOW S M, CAO Z F. Post-challenge leakage in public-key encryption[J]. Theoretical Computer Science, 2015, 572: 25-49.

[9] ZHAO Y, LIANG K T, YANG B, et al. CCA secure public key encryption against after-the-fact leakage without NIZK proofs[J]. Security and Communication Networks, 2019: 8357241.

[10] CHAKRABORTY S, RANGAN C P. Public key encryption resilient to post-challenge leakage and tampering attacks[C]. Proceedings of the Cryptographers' Track, San Francisco, CA, USA, 2019: 23-43.

[11] FAONIO A, VENTURI D. Efficient public-key cryptography with bounded leakage and tamper resilience[C]. 22nd International Conference on the Theory and Application of Cryptology and Information Security, Hanoi, Vietnam, 2016: 877-907.

[12] CHAKRABORTY S, PAUL G, RANGAN C P. Efficient compilers for after-the-fact leakage: from CPA to CCA-2 secure PKE to AKE[C]. 22nd Australasian Conference on Information Security and Privacy Auckland, New Zealand, 2017: 343-362.

[13] FUJISAKI E, KAWACHI A, NISHIMAKI R, et al. Post-challenge leakage resilient public-key cryptosystem in split state model[J]. IEICE Transactions on Fundamentals of Electronics, Communications and Computer Sciences, 2015, 98-A(3): 853-862.

[14] LI J G, GUO Y Y, YU Q H, et al. Provably secure identity-based encryption resilient to post-challenge continuous auxiliary input leakage[J]. Security and Communication Networks, 2016, 9(10): 1016-1024.

[15] ALAWATUGODA J, BOYD C, STEBILA D. Continuous after-the-fact leakage-resilient key exchange[C]. 19th Australasian Conference on the Information Security and Privacy Wollongong, NSW, Australia, 2014: 258-273.

[16] ALAWATUGODA J, STEBILA D, BOYD C. Modelling after-the-fact leakage for key exchange [C]. 9th ACM Symposium on Information, Computer and Communications Security, Kyoto, Japan, 2014: 207-216.

[17] RUAN O, ZHANG Y Y, ZHANG M W, et al. After-the-fact leakage-resilient identity-based authenticated key exchange[J]. IEEE Systems Journal, 2018, 12 (2): 2017-2026.

[18] YANG Z, LI S Q. On security analysis of an after-the-fact leakage resilient key exchange protocol[J]. Information Processing Letters, 2016, 116(1): 33-40.

[19] 周彦伟，王兆隆，乔子芮，等. 身份基加密机制的挑战后泄露容忍性[J]. 中国科学：信息科学，2022，https://doi.org/10.1360/SSI-2022-0148.

[20] ALWEN J, DODIS Y, NAOR M, et al. Public-key encryption in the bounded-retrieval model[C]. 29th Annual International Conference on the Theory and Applications of Cryptographic Techniques, Monaco, French Riviera, 2010: 113-134.

[21] ZHOU Y W, YANG B, WANG T, et al. Novel updatable identity-based hash proof system and its applications[J]. Theoretical Computer Science, 2020, 804: 1-28.

[22] 周彦伟，杨波，夏喆，等. CCA 安全的抗泄露 IBE 机制的新型构造[J]. 中国科学：信息科学，2021，51(6)：1013-1029.

[23] BONEH D, KATZ J. Improved efficiency for CCA-secure cryptosystems built using identity-based encryption[C]. Proceedings of the Cryptographers' Track, San Francisco, CA, USA, 2005: 87-103.

[24] LUO X Z, QIAN P D, ZHU Y Q, et al. Leakage-resilient identity-based encryption scheme[C]. The 6th International Conference on Networked Computing and Advanced Information Management, 2010: 324-329.

[25] LI S J, ZHANG F T. Leakage-resilient identity-based encryption scheme[J]. International Journal of Grid and Utility Computing, 2013, 4(2/3): 187-196.

[26] CHOW S M, DODIS Y, ROUSELAKIS Y, et al. Practical leakage-resilient identity-based encryption from simple assumptions[C]. Proceedings of the 17th ACM Conference on Computer and Communications Security, 2010: 152-161.

[27] YUEN T H, CHOW S M, ZHANG Y, et al. Identity-based encryption resilient to continual auxiliary leakage[C]. 31st Annual International Conference on the Theory and Applications of Cryptographic Techniques, 2012: 117-134.

[28] ZHOU Y W, YANG B, XIA Z, et al. Anonymous and updatable identity-based

hash proof system[J]. IEEE Systems Journal, 2019, 13(3): 2818-2829.

[29] ZHOU Y W, YANG B, MU Y. The generic construction of continuous leakage-resilient identity-based cryptosystems[J]. Theoretical Computer Science, 2019, 772: 1-45.

[30] 周彦伟，杨波，胡冰洁，等. 抗泄露的(分层)身份基密钥封装机制[J]. 计算机学报，2021, 44(4): 820-835.

[31] 周彦伟，杨波，夏喆，等. 抵抗泄露攻击的可撤销 IBE 机制[J]. 计算机学报，2020, 43(8): 1534-1554.